리턴 투 네이처

리턴 투 네이처

Return to Nature

에마 로에베 지음 • 이성아 옮김

삶이 불안할 때
나는 숲으로 갑니다

위즈덤하우스

내 생애 최고의 뮤즈, 자연으로

차례

세상의 모든 곳을 충전 지대로 만들기

나무는 나에게 제2의 부모였다. 이른 아침에 스쿨버스를 타기 위해 마지못해 눈을 떴을 때 처음 보이는 것도, 잠이 들기 전 마지막까지 내 시야에 머무는 것도 나무였다. 거미줄처럼 얽힌 억센 나뭇가지들은 동네 다람쥐와 새들에게 언제든지 놀 수 있는 정글짐이 되어주었다. 나이를 먹으며 나무의 몸은 간혹 삐걱대기도 했지만, 그의 마음은 영원히 파릇파릇하여 언제라도 뒷마당에서 벌어지는 놀이의 심판이 되거나 바비큐 파티를 마련해줄 준비가 되어 있었다. 이층 창가에 있는 내 방 침대에서 보이는 풍경은 온통 나무였다. 나무는 그야말로 나의 세계 전부였다.

어린 시절의 기억은 희미해질지라도, 그 단풍나무들은 여전히 내 머릿속에 남아 있다. 벽난로가 어떤 색이었고 부엌 찬장이 무슨 재질이었는지 같은 세부적 기억들은 흐릿하지만, 지붕 위로 올라온 햇빛이 절묘하게 나무에 반사되어 반짝이던 기억은 바로 어제 일처럼 생생하여 이제는 나의 일부가 된 느낌이다.

우리에게는 누구나 어떤 깨달음을 얻거나 즐거움이나 고통을 느꼈던, 혹은 그저 어린 시절을 함께한 자신만의 나무나 바위, 풀밭, 해변 같은 장소가 있다. 자연이 준 경험은 그곳을 떠나온 후에도 오래도록 기억에 남는 신기한 면이 있어서, 우리는 자신도 모르게 그런 기억을 더 많이 만들고 싶다는 욕구를 느낀다.

자연을 향한 욕구의 흔적은 주위에서 쉽게 찾아볼 수 있다. 기술 속에서(그래픽 편집 기술로 다듬어진 모니터 배경 화면에는 언제나 반지르르한 광택의 일몰로 물든 요세미티 계곡과 붓으로 칠한 듯 생생한 파도, 무성한 나뭇가지를 통과하는 찬란한 햇빛이 있다), 언어 속에서("큰 산을 하나 넘었어", "파도를 타는 기분이야", "옆집 잔디가 더 푸르게 보이는 법이지"), 집 안에서(우리가 꿈꾸는 집에는 언제나 멋진 자연 전망이 있듯) 우리는 그 흔적을 본다.

그런데도 인간은 점점 더 실내 동물이 되어가고 있다. 1990년대에 환경보호국Environmental Protection Agency에서 실시한 설문조사[1]에 따르면, 미국인은 평균적으로 하루의 87퍼센트를 실내에서 보냈다(나머지 6퍼센트는 자동차나 대중교통 같은 이동 수단 안에서 시간을 보냈다). 좀 더 최근인 2017년 연구 보고서 〈미국인의 자연the nature of Americans〉에서는 "미국인은 자연에 많은 흥미가 있음에도 그 욕구를 충족할 만큼 노력하지 않거나 그럴 능력이 없으며, 그럴 기회도 현저히 적다"[2]라고 말했다. 응답자는 그 이유로 자연에 시간과 관심을 쏟을 만한 여유가 없거나 가는 길이 고되며, 무엇보다 전자기기 등 과학기술에 주의를 많이 빼앗긴다는 점을 꼽았다(정보 분석 기업인

닐슨Nielsen에 따르면 일주일 동안 미국인이 바깥에서 보내는 시간은 겨우 몇 시간인데 비해 스크린 앞에서 보내는 시간은 무려 77시간 이상이다.[3]

요즘에는 바람을 쐬러 교외로 나가는 일을 마치 직장 업무나 가정을 등한시하는 반항의 일종으로 보기도 한다. 그나마 여행 갈 여유가 있는 사람들은 주말이나 휴가철을 이용해 '자연에 목마른 허기'를 다급히 채우고 돌아오며, 또다시 에너지가 소진되어 충전이 필요해질 때까지 실내에 틀어박힌다.

아무리 인간이 자연 속에서 평온을 찾고 창조적 영감을 받으며 그 아름다움에 매료된다고 할지라도, 모든 장비를 갖춘 실내에서 우리는 안전하고 편안하며 생산성이 높아진다고 느끼도록 진화해 왔다. 그렇게 본다면 인간의 스트레스, 두려움, 불안의 정도가 이렇게까지 높게 치솟는 것이 놀랍지 않은가? 세계보건기구는 스트레스를 21세기의 유행병이라고 지칭하며, 우울증을 세계 각종 장애의 주된 원인이라고 말한다.[4] 2019년에는 미국에 사는 성인 5명 중 1명이 정신질환을 진단받았으며, 이 중 불안 장애가 가장 흔한 것으로 나타났다.[5]

정신 건강의 악화로 고통받고 스트레스 지수가 높아지는 와중에도, 한때 피난처로 삼았던 자연은 시시각각 우리 눈앞에서 사라지고 있다. 내가 이 글을 쓰는 동안에도 텍사스에 있는 수많은 사람이 북극 온난화가 원인으로 추정되는 백 년 만에 닥친 겨울 폭풍 때문에[6] 전기와 물 없이 생활하고 있다. 퓨리서치센터Pew Research Center

에서 지난해까지 한 조사에 따르면, 기후변화가 자신이 사는 지역에 영향을 주는 것 같다고 대답한 응답자가 전체의 63퍼센트에 달했다.[7] 인간이 초래한 방사 물질들이 지구의 기후를 근본적으로 변화시키고 있으며, 그것이 이미 세계를 추악하고 무서운 곳으로 변질시키고 있다는 사실에는 부인의 여지가 없다.

나는 지난 6년 동안 〈마인드보디그린mindbodygreen〉이라는 건강 웹진의 편집자로 일하며, 기후 담론이 점차 가열되는 것을 모니터 뒤에서 지켜봤다. 그때부터 나는 정신 건강과 기후변화라는 두 가지 위기가 서로 복잡하게 연결되어 있을지도 모른다고 생각하기 시작했다. 자연을 멀리하면 우리는 스트레스를 받고 병들며 뿌리를 잃고 부유한다. 이에 주변 환경도 영향을 받는다. 자연과의 접점을 잃으면서 우리는 자신을 잃었고 그 과정에서 자연에 많은 상처를 입혔다. 그러나 다행히도 아직 변화의 여지는 있다.

《리턴 투 네이처》는 인간과 자연을 다시 연결하여 서로를 소생시키는 방법의 틀을 제시하고자 한다. 긴 시간 도보로 여행하거나 해변에서 휴가를 보낼 때라면 자연에 흠뻑 몸을 맡기기 쉽지만, 그보다 나는 장소와 시간에 구애받지 않고 일상에서 자연과 함께할 수 있는 방법을 공유하고 싶다. 어떻게 하면 자연과 단절되지 않은 채, 발전한 도시와 교외에서 살 수 있을까? 어떻게 하면 우리는 모니터를 뒤로하고 야외로 향하는 것이 단순한 사치가 아니라 인간의 본질적 부분이라는 사실을 깨달을 수 있을까? 어떻게 하면 우리는 자연을 주말에 한 번씩 도피하는 장소가 아니라 언제나 현관 앞에 존재하는 안식처로 여길 수 있을까? 이 책에서는 이에 대해 답해보고자 한다. 중요한 것은 자연에서 무엇을 얻을지 논의할 때 반드시 자연에 무엇을 줄 수 있을까도 함께 생각해야 한다는 점이다. 나는 이 책이 주변의 자연뿐 아니라 먼 곳의 자연환경을 보호하는 방법에 대해서도 주의를 기울이는 기회가 되었으면 한다. 준비됐는가? 풍경과 경관을 지나며 자연으로 돌아가는 여정은 이제부터 시작이다.

> 머지않아 신경과학자들은 우리가 자연 속에 있으면 마치 사랑하는 이를 본 것과 같이 뇌에 빛이 들어온다고 말할 것입니다. (…) 밖으로 한 걸음 나와 자연과 얼굴을 맞대고 눈을 마주치며 야생 속에 완전히 스며들 때, 우리는 최상의 모습이 됩니다.
> ― 월리스 J. 니컬스, 〈테드 토크TED Talk〉, '신경 보존 ― 자연 속 인간의 뇌'

자연과 정신 건강 연구의 폭넓은 세계

이 책을 내가 좋아하는 단풍나무에 비유한다면 자연이 정신 건강에 주는 이점에 대해 연구한 두툼한 자료가 그 줄기가 될 것이다. 환경심리학은 인간과 자연환경, 혹은 인간과 인공환경의 관계를 탐구하는 연구 영역으로 이 책에서 자주 언급될 분야다. 연구 초기 단계였던 1980년대부터 학자들은 '왜 자연에서 시간을 보내면 기분이 좋아지는가?'라는 주제를 때로는 공원과 바닷가에서, 때로는 실험실과 가상현실 시뮬레이션 센터에서 연구해왔다.

이쯤 되면 자연을 접하면 건강해진다는 것은 뻔한 사실인데 굳이 과학이 필요한가 생각할 수도 있겠다. 자연이 건강에 좋다는 생각이 새롭지 않은 것은 사실이나, 탄탄한 과학적 근거가 뒷받침된다면 그 영향력은 더 광범위해질 수 있다. 더 많은 지역의 자연을 보호하는 수단이 될 수 있고, 영향력 있는 이들이 자연에 더 많은 투자를 하는 계기가 될 것이며, 야외로 나가는 일이 건강한 음식을 먹고 규칙적으로 운동을 하는 것과 동등한 효과가 있다는 객관적 근거를 의사들에게도 보여줄 수 있다. 인간과 자연이 더 많이 접촉하도록 장려함으로써 이 연구는 어쩌면 자연에서의 경험 자체를 새롭게 변화시킬 수도 있다.

몇 년 동안 기후 운동의 선두에 선 사람들을 인터뷰하면서, 나는 자신이나 사랑하는 이가 자연과 함께했던 기억이 그들의 원동력이라는 사실을 알게 되었다. 자연 속 경험에는 특별한 면이 있어서 사람들이 두려움이 아닌 사랑, 숭배, 존중의 마음으로 기후 위기에 대처하도록 한다. 나는 이것이야말로 가장 효과적이고 오래 지속될 방법이라고 생각한다.

기후 위기를 다루는 기자들 대부분이 그랬듯, 나도 무서운 이야기를 꽤 많이 써왔다(다 쓴 후에는 나 또한 무서워 떨었다). 그러나 두려움만으로 진정한 변화를 끌어내기는 역부족이라는 것을 점차 확신하게 되었다. 사랑이라면 어쩌면 가능할지 모른다. 그렇기에 이 책에서 나는 다른 방식으로 접근하려 한다. 사랑을 매개로 한 자연과 인간의 상호적 관계가 어떤 미래를 그려갈 수 있을지 탐구하려는 것이다. 그리고 그 시작은 무엇이 이런 상호적 관계를 특별하게 만드는지를 파헤친 과학 연구가 될 것이다.

자연은 역동적이며 끊임없이 변한다. 자연은 누군가에게 쉽게 투여하거나 제한할 수 있는 알약이 아니고, 특히 사람들에게 알리지 않은 상태에서는 실험이 매우 어렵다. 결국 이 분야의 연구자는 좀 더 창조적으로 실험을 설계하고 수행해야 한다.

예를 들면 자연에 노출된 정도를 제외한 나머지 삶의 방식이 비슷한 사람들을 찾아내 정신(기분, 인지능력 등) 혹은 신체(혈압, 심장박동수 등)의 건강상태를 추적하는 식이다. 그렇게 도출되는 차이점은 자연에서 기인했다고 추측하는 것이 가능하다. 어떤 연구자들은 질적 연구법을 택한다. 이들은 대상자에게 자연에서 겪은 경험을 듣고 그 안에서 경향과 패턴을 찾는다. 좀 더 광범위한 시야를 택하는 방식도 있다. 글로벌 위성을 사용해 녹지 분포도를 살피고 녹지 접근성에 따른 주민의 건강상태를 비교한다. 반대로 특정 범위에 집중하는 연구는 자연의 고유한 요소를 그 특질에 따라 나누어 실험실 안에서 소수의 사람에게 각각 적용한다. 첨단 기술을 이용한 연구는 한 지역의 야외 공간을 가상공간에 구현하여 모의실험을 하면서 피실험자의 반응을 추적 관찰하기도 하고, 수풀이 우거진 공원에 있는 사람들에게 휴대전화 애플리케이션을 통해 현재 기분이 어떤지 묻기도 한다. 이를 통해 수집된 건강 정보는 그 수만큼 다양하다.

정신 건강은 또 다른 방식으로도 측정될 수 있다. 부교감신경계의 활동 정도, 스트레스 상황에 분비되는 코르티솔 수치, 심박 변이는 모두 사람의 신체 기관이 얼마나 활성화되어 있는지, 스트레스 강도가 어느 정도인지 알려준다. 사람들은 보통 이런 수치를 스스로 측정할 수 있어서 자가 진단 자료로 활용하는 일도 흔하다.

이처럼 이 분야의 연구는 다양한 형태로 이뤄진다. 이는 그만큼 실험 결과들을 서로 비교하고, 재현하고, 검증하기 어렵다는 뜻이지만, 동시에 우리가 자연 속에 있을 때 일어나는 의식적·잠재의식적 현상의 다채로운 자료를 두툼하게 확보할 수 있다는 뜻이기도 하다.

비록 이런 연구들이 약간씩 다른 틀을 통해 주제에 접근하고 있지만 대다수는 지금까지 똑같은 결론에 도달했다. 건물, 도로 같은 인공 구조물에 비해 자연 공간이 사람을 좀 더 긍정적으로 만들고 스트레스를 낮춰준다는 것이다. 이처럼 다양한 연구가 비슷한 결론을 내렸다는 사실은 결국 회색 공간보다 녹색 공간을 추구해야 하는 분명한 이유가 있다는 뜻이다. 하지만 정확히 왜 그런 것일까?

수십 년간 연구자들은 이를 설명하기 위해 두 가지 이론에 의지해왔다. 가장 광범위하게 인용되는 것은 주의 회복 이론ART, Attention Restoration Theory으로, 1980년대 부부 환경심리학자인 레이철 캐플런 Rachel Kaplan과 스티븐 캐플런Stephen Kaplan이 제시했다. 몇 년간 자연에 대한 사람들의 인식을 연구한 끝에, 캐플런 부부는 자연이 우리 주의력을 회복시켜줄 수 있다는 학설을 제시하며 그 근거로 자연의 네 가지 핵심 특징을 제시했다. 규모가 크다(사람의 주의를 끄는 요소가 많다), 멀리 떨어져 있다(인지 자원을 소모하게 하는 것들에서 벗어난 느낌을 준다), 양립적이다(우리 예상에서 벗어나지 않으면서도 새롭다고 느끼게 한다), 매혹적이다(뇌가 휴식할 수 있는 공간이다). 이들의 이론에 따르면 자연경관은 주의력을 회복시켜 활력을 찾아주고 정신을 맑게 하여 다시 인지 소모적인 활동을 할 수 있게끔 한다. 전자메일, 인터넷, 그 외에 정신을 산란하게 하는 것들이 정신적 에너지를 담은 그릇을 비워버린다면, 자연은 그 그릇을 다시 채우는 것이다.

다른 하나는 주의 회복 이론이 나온 것과 비슷한 시기에 제시된 스트레스 감소 이론SRT, Stress Reduction Theory으로, 건축가 로저 울리치Roger Ulrich가 주창했다. 주의 회복 이론은 자연이 우리 인식에 미치는 영향에 초점을 맞추었다면, 스트레스 감소 이론은 그보다 정신적인 면, 즉 스트레스 지수에 미치는 영향에 집중했다. 이 이론에 따르면 사람은 전망이 탁 트인 곳, 몸을 숨길 수 있는 은신처가 있는 곳, 웅덩이나 물 같은 필수 자원이 있는 곳에서 본능적으로 안정감을 느낀다고 한다. 원시 조상들이 생존을 위해 그런 환경을 찾아다녔다는 것을 감안한다면, 우리가 아직도 그런 곳에서 보호받는 듯한 느낌을 받는 게 이해될 만하다.

주의력 회복과 스트레스 지수 완화라는 두 가지 긴장 완화 메커니즘과 직접 비교·대조할 만한 실험이 없었던 관계로 그 중요성이 완전히 인정받고 있지는 않다. 그러나 이 두 가설은 수십 년간 이 분야의 연구자들에게 좋은 출발점이 되어왔다.

환경심리학자들은 자연의 정확히 어떤 점이 마음에 안정을 주고 심신을 회복시키는지, 그리고 어떤 유형의 사람이 야외에서 보내는 시간을 통해 최대의 효과를 얻는지 등 좀 더 섬세한 질문을 던지면서 이 획기적인 이론들이 앞으로 더 확장될 여지가 있다는 것을 깨닫고 있다.

한편 주의 회복 이론과 스트레스 감소 이론은 왜 사람이 회색보다 녹색을 더 좋아하는지 이해하는 데 도움을 주지만 자연의 다른 색채들, 즉 바다의 파란색, 단풍의 빨간색과 주황색, 사막의 황토색, 설경의 하얀색 등에 대해서는 충분히 설명하지 못한다. 나는 좀 더 사적이고 다채로운 이 색채 접근법에 특히 매혹되어 이 책에서 좀 더 집중적으로 다루었다.

《리턴 투 네이처》에서는 공원, 바다, 산, 숲, 눈, 사막, 강, 도시라는 여덟 가지 경관을 여행하면서 우리가 느끼고, 보고, 생각하는 것이 환경마다 어떻게 다른지 최신 연구 자료들을 통해 살펴볼 것이다. 그 과정에서 자신만의 창조적 방식으로 이 주제에 접근한 연구자들의 이야기도 들어볼 것이다. 자연의 소리에 사람이 어떻게 반응하는지 연구하기 위해 BBC 숲 사운드트랙을 들려준 영국 과학자, 노후에 가장 좋아하는 자연환경을 찾은 사람의 신체에서 무슨 반응이 일어나는지 연구한 캐나다 간호사, 학교 온실에 새로운 유형의 자연 명상실을 만든 스웨덴 연구자의 이야기가 바로 그것이다.

각 경관을 지날 때마다 발견한 연구들을 한데 엮고 나면, 우리 앞에는 다양한 형태의 자연이 건강에 주는 이점에 대한 풍부한 생태계 지식이 펼쳐질 것이다. 그 지점에서 나는 과학이라는 이름표를 떼고 정신에 관한 이야기로 접어들려고 한다. 결국 자연과 우리 사이에는 말로 설명하기 힘들며, 오로지 느낄 수만 있는 무언가가 존재하기 때문이다.

수세기 동안 세계를 지배한 것은 이성이었지만, 과학의 가장 정교한 수식도 '어떻게'라는 질문에만 유려하게 대답할 수 있을 뿐 한 번도 '왜'라는 궁극적 질문에는 제대로 대답한 적이 없다.

— 웨이드 데이비스Wade Davis, 《생태심리학으로 본 과학, 토템, 과학기술 종in Ecopsychology: Science, Totems, and the Technological Species》

인간과 자연의 접점에서 생기는 영적 잠재력

자연 속 경험이 사람에게 미치는 영향을 설명할 때 과학은 필수적이지만 분명 한계가 있다. 과학은 측정되는 것을 연구한다. 이는 분명 넓은 그물을 던지지만, '자연이 건강에 주는 이점'처럼 광범위한 주제를 규명할 때면 과학의 그물은 언제나 약간 못 미치는 곳에 떨어진다. 과학이 버리고 떠난 곳에서 영적 사고가 출발한다. 나는 이 영적 감성을 어느 정도 무작위적 특성이 있는 연결고리라고 생각한다. 감정이 솟아날 때 우리는 그 실체를 완벽하게 설명하거나 그 시점을 정확히 잡아낼 수는 없지만, 그것이 지금 존재한다는 사실은 안다. 새로운 광경을 마주하며 느끼는 감정은 마치 황홀경의 순간

같기도 하고 완전한 평화, 설명할 수 없는 평온함, 명료한 깨달음의 순간 같기도 하다. 나의 경우 고향 근처의 해변을 거닐 때, 맨해튼에 있는 허드슨강을 따라 뛸 때, 아니면 거대한 나무 아래에 서 있을 때 그런 감정을 느끼곤 한다.

확장, 증가, 이익을 논한 서양철학이 인간에게서 자연을 배제해 왔는데도 이를 감지하는 인간의 타고난 영적 연결고리는 그대로 남아 있다. 캐플런 부부는 사람들이 야생에서 경험한 감정을 묘사할 때 완전함, 일체감, 순수함이라는 단어를 자주 사용한다는 것을 발견했다.[8] 자연에 사용하는 언어와 교회나 사원처럼 신성한 존재를 숭배하는 장소에 사용하는 언어 사이에서 유사점을 찾기란 어렵지 않다.

그 때문에 이 책에서 나는 수치화할 수 있는 영역을 넘어 증명되지 않았고 그럴 수도 없는 영역을 다뤄보고자 한다. 생태학자이자 인디언 부족 행정기관인 시티즌 포타와토미 네이션Citizen Potawatomi Nation의 일원이기도 한 로빈 월 키머러Robin Wall Kimmerer가《향모를 땋으며—토박이 지혜와 과학, 그리고 식물이 가르쳐준 것들》이라는 책에 쓴 것처럼, '과학적 언어와 영적 언어를 동시에 구사'[9]하고자 했다. 그래서 이 책에서는 심박변이도와 뇌파를 살피는 동시에, 자연이 사람의 정신과 육체에 어떤 영향을 주는지 한층 더 깊게 연구한 원형, 우화, 정신철학, 종교철학에 대한 설명을 나란히 배치했다. 영적 믿음과 과학을 하나로 합치려 하지 않고, 정밀한 논리적 연구(종교적 연구도 마찬가지다)의 중요성을 깎아내리지도 않도록 노력했다. 나는 이 둘이 함께 있을 때 좀 더 완전한 그림을 그릴 수 있다고 믿기 때문이다.

나는 내 생각만큼 중요한 존재가 아니며, 인류 또한 우리 생각만큼 중요한 존재가 아니다. 나는 그 사실이 아주 기쁘다. 정신은 초조함을 떨치고, 본성을 감지하며, 마침내 자유로워진다.

― 웬델 베리Wendell Berry, 《가볍게 생각하라Think Little》 중 '고향 언덕A Native Hill'에서

당연한 이야기지만 영적 세계는 굉장히 개인적이어서 이 분야를 이야기하기 위해 여러 사람의 도움을 받았다. 그런데 후에 알게 된 일이지만, 자연 또한 개인적이다. 개인의 신념, 경험, 기억들은 필연적으로 자연에서 어떤 방식으로 긴장을 풀고 주변 환경을 받아들이는지 결정하게 한다. 예를 들어 노련한 등산가들은 산봉우리를 보면 곧바로 오르고 싶은 충동을 느끼겠지만, 산에 신이 머문다고 믿는 토착민들은 이곳을 발도 들여서는 안 되는 신성한 곳으로 생각할 것이다.

이런 이유로 이 책에서 나는 가능한 한 다양한 목소리를 소개하려고 노력했다. 경관과 경관을 지나며 우리는 앞으로 히말라야 산지의 주민과 도보 여행자, 전문 서퍼, 구름 관찰자cloudspotter, 심해 잠수부, 삼림욕 안내인에게서 자연이 자아 발견에 어떤 역할을 했는지 들어볼 것이다.

번아웃 세대를 위한 과학적이면서
영적인 자연 여행

각 장을 읽고 난 뒤에는 그 장의 후반부에서 제안하는 일들을 바로 실행해보길 권한다. 후반부에는 자연경관 속 경험을 일상에서도 최대한 느낄 수 있도록 돕는 다양한 활동을 소개했다. 멀게 느껴지는 자연을 일상에 녹여냄으로써 회복력 있고 에너지로 충만한 삶, 진실한 나로 사는 삶을 느껴볼 기회를 가져보자.

활동의 형태는 다양하다. 몇 시간 걸리는 것도 있고 몇 분 안에 끝나는 것도 있다. 규칙적인 활동(오감을 열고 숲을 거닐어라)도, 단순히 관점을 전환해보는 것(영감을 찾는 예술가처럼 잔디밭에 앉아 주변을 관찰하라)도 있다. 각 장에서는 특정 경관이 주변에 없는 경우에 활용해볼 수 있는 방법과 실내에서의 활용법 또한 알려줄 것이다. 이렇게 다양한 방법을 제시하는 이유는 이 책을 읽는 모든 이가 매일, 매주, 매달 꾸준히 실천할 수 있도록 하고, 스트레스를 받을 때나 슬플 때 혹은 커다란 변화를 겪는 시기에도 잘 활용할 수 있길 바라기 때문이다.

각 장에서 소개하는 자연경관을 자신의 상황에 맞게 재해석해도 좋다. 이 책의 활동들은 특정 자연의 특색이 조금이라도 녹아 있는 곳이라면 어디서든 시도해볼 수 있다. 당신의 마당이 초원이 될 수도 있다. 집 주변의 나무 몇 그루가 숲이 될 수도 있다.

이제까지 배운 것을 잊어야 하는 때도 있다. 요즘은 자연을 국립공원, 외딴 바닷가, 산꼭대기처럼 어떤 웅장하고 멀리 떨어진, 인적 없는 곳으로 생각하는 사람이 많다. 앞서 언급한 2017년 연구 보고서 〈미국인의 자연〉에서는 전 연령대 미국인 1만 2,000여 명에게 물었을 때 압도적인 수가 자연을 "인간의 영향이나 흔적이 없는 곳"이라고 대답했다고 보고했다. 아이들과 달리 성인들은 자연을 "고립되고 멀리 떨어져 있는 곳이라고 생각하기 때문에 '진정한 자연', 인상에 깊이 남을 자연으로 인식하는 기준을 거의 닿기 불가능할 만큼 높게 잡고 있으며, 그로 인해 자연이 상대적으로 접근하기 어려운 곳이라고 여기는 인식이 더 강해지고 있다."

이런 생각이 놀랍지 않은 이유는 문화 저변에 깊게 뿌리박힌 환경 이론 때문이다. 1964년에 제정된 야생 지역 보호법Wilderness Act에서는 야생을 "인간의 통제가 미치지 않는 지역과 그 지역의 생명 공동체이며, 인간은 정착민이 아닌 방문자다"[10]라고 정의한다. 〈환경심리학 저널the Journal of Environmental Psychology〉의 1999년 논문에서는 이와 비슷하게 "정착민이 없고 자동차로 여행할 수 없는, 도보로 여행하는 사람은 노숙을 해야 할 만큼 넓은 지역"[11]이라 정의하고 있다.

그러나 야생이 곧 자연은 아니다. 이 둘을 혼동하면 많은 문제가 발생한다. 우선 길들지 않은 야생 지역은 모두가 접근할 수 있는 곳이 아니며 모든 이에게 매력적이지도 않다. 다음 장에서 곧 언급하겠지만 그나마 다행인 건 자연의 혜택을 얻기 위해 전기도 없는 곳으로 값비싼 여행을 할 필요가 없다는 것을 과학이 분명히 입증하고 있다는 사실이다. 약간의 조언에 따라 연습만 한다면 우리는 자연을 '소량으로 투여'(달리 표현할 방법이 떠오르지 않는다)받을 수 있다. 아침 출근길에서도 오지에 있을 때와 같은 경외심을 느끼고 머리가 맑아지는 경험을 할 것이며, 자연에 대한 고마움 또한 느낄 수 있을 것이다.

이를 위해서는 무엇이 자연이 될 수 있는가에 관해 새롭게 정의할 필요가 있다. 그래서 나는 새소리가 우리 기분에 주는 변화에 대한 질적 연구 결과를 여기에 대입해봤다. 이 연구의 참가자는 "자연과 마주하자, 살면서 겪는 힘겨운 일보다 더 진짜 같은 어떤 것과 연결된 것처럼 느껴졌다"라고 대답했다.[12] 간단히 말해 자연이란 우리가 만든 구조물 속 삶보다 더 진실한 어떤 것이다.

나는 예술가로서 항상 관심에 대해 생각해왔지만, 지속적인 관심이 어떤 결과로 이어지는지 이제야 완전히 이해하게 되었다. 결국 무언가에 꾸준히 주의를 기울이면 살아 있다는 것이 얼마나 행운인지 깨닫게 될 뿐 아니라, 내가 어쩔 수 없이 일조하게 되는 문화와 생태계의 파괴가 어떤 방식으로 계속되는지도 알고 싶지 않아도 깨닫게 된다. 다시 말해 깨달음은 책임감의 씨앗이다.

　—제니 오델Jenny Odell,《아무것도 하지 않는 법》

그렇다고 이를 위해 광적인 도보 여행가나 서퍼, 등산가가 될 필요는 없다. 나도 그렇지 않다. 야외 자연을 좋아하긴 하지만 걱정이 많고 높은 곳을 무서워하다 보니, 내가 가장 이상적으로 생각하는 여행은 하루 정도 공원에 가거나 오후에 잠시 숲속을 걷는 정도지, 일주일이 걸리는 오지 여행이나 급류 래프팅이 아니다. 한때는 이 점이 약간 부끄럽기도 했다. '자연다운' 자연을 탐험하는 전통적 의미의 여행을 해보지도 않고 어떻게 자연을 사랑하자는 책을 쓸 수 있을까? 하지만 시간이 흐르면서 나는 모든 사람이 자연 속에서 자신의 가장 이상적인 모습을 끄집어낼 잠재력이 있으니, 결국 모두에게 '자연다운' 면이 내재되어 있는 것이 아닌가 생각하기 시작했다. 자연 속 어떤 경험을 계기로 이 책을 펼쳤든, 이를 통해 당신 또한 가장 이상적인 모습을 끌어낼 수 있었으면 한다.

기후변화에 맞서는 개인적이고 의미 있는 활동

요즘처럼 기후 위기가 심각한 때 자연에 받은 만큼 보답해야 한다는 언급 없이 밖으로 나가라고만 말하는 것은 적절치 못한 듯하다. 건강한 관계라면 모두 그렇듯 자연과도 서로 주고받는 관계가 되어야 한다. 그래서 나는 각 장의 끝부분에 그 자연경관에 닥친 위기를 언급하고, 그것을 막기 위해 우리가 무슨 일을 할 수 있는지 이야기했다.

환경을 보호하는 시민이 되는 길이 한 가지만 있는 것은 아니다. 마당에 퇴비를 주고 출퇴근길에 자전거를 이용하라는 조언은 마당이 없거나 안전한 자전거도로가 없는 지역에 사는 사람들에게는 쓸모가 없다. 개인의 행동만 과도하게 질책하면 오히려 세계적인 오염물질 방출을 막기 위해 더 시급하게 세워야 할 대책을 마련하는 데 집중하기 어렵다. 지구에서 방출되는 탄소량을 기록한 2017년 자료에 따르면 인간이 방출한 온실가스의 70퍼센트 이상이 화석연료 기업 100여 곳 때문일 수 있다고 했는데도, 이들은 책임을 회피하기 위해 시민들에게 비난의 화살을 돌리려 한다.[13] 기업들의 플라스틱 빨대 사용을 걱정하는 것보다(이것도 문제이긴 하지만), 탄소 방출을 줄이도록 하는 정책과 시스템을 지원하는 데 힘을 모으는 것이 더 낫다. 개인의 실천이 무의미하다는 말은 아니지만 유일한 해답이 될 수는 없다. 사회구조의 변화 또한 필요하다.

한 번이라도 자연에서 시간을 보낸다면 이런 변화를 추구하는 활동을 더 쉽게 지지하게 될 것이다. 여러 연구 결과가 자연을 많이 찾는 사람일수록 환경친화적 활동에 참여할 가능성이 더 크다는 사실을 보여준다.[14] 자연의 녹색이나 (바다 같은) 청색 공간 가까이 사는 사람들은 그렇지 않은 사람들보다 사회경제적 수준과는 상관없이 환경친화적 활동에 더 잘 적응하는 것으로 나타난다.[15] 이 때문에 연구자들은 '도시계획을 통해 자연 접근성을 높이는 것도 환경의 지속 가능성을 강화하는 방법이 될지 모른다'라는 결론을 내렸다.

우리가 거대한 세계의 작은 일부에 불과하다는, 자연이 반복적으로 가르쳐주는 진실을 떠올려보면 이것이 더 직관적으로 이해가 된다. 그 진실 덕분에 스트레스가 줄기도 하고(문제를 더 큰 그림에서 볼 수 있게 하므로), 주변 세계와 곁에 있는 사람들과도 더 깊이 교감하기도 한다. 고립되고 자기중심적인 관점은 똑같이 고립되고 자기중심적인 행동으로 이어지지만, 좀 더 넓은 관점을 가진 사람은 마음 한편에 공공의 이익을 위한 자리를 마련해놓을 수 있을지 모른다. 이렇듯 자연으로 향하는 것은 장차 환경보호를 실천하는 우리의 열정에 불을 지필 기회다.

"희망이 있을까요?" 기후 운동가들은 끊임없이 이런 질문을 듣는다. 콘퍼런스에서 만난 환경 운동가 데이비드 오어David Orr의 대답은 오래도록 잊히지 않을 것이다. 오어는 희망을 품어야 한다고 말하면서 이렇게 설명했다. "희망이란 행동하기 위해 소매를 걷어붙인 동사verb와 같기 때문입니다. 낙관론자라면 아무것도 할 필요가 없죠. 비관론자라면 어떤 것도 할 수 없습니다. 하지만 희망을 품은 자라면 무슨 일이든 해야 합니다."

결국 가장 효과적인 기후 운동은 우리가 미래로 나아가기 위해 해야만 하는 활동과 다르지 않다. 우리는 자신의 힘으로 저마다의 기술, 흥미, 능력을 적극적으로 개발하여 이 위기를 헤쳐나가야 한다. 우리가 할 수 있는 일은 생각보다 많을 것이다. 그 때문에 이 책에서는 실천 방법을 세부적으로 제시하지 않았다. 대신에 좀 더 새롭고 희망적인 관점으로 이 문제를 대할 수 있도록 사고방식의 변화를 꾀하는 데 더욱 중점을 두었다.

이제 함께, 자연으로

당신이 둘레길 근처에 살며 걷기를 좋아하는 사람이든, 콘크리트에 둘러싸여 살며 실내에 있길 좋아하는 사람이든 상관없이 이 책을 다 읽고 나면 주변 세계와 어떤 식으로 관계를 맺어야 건강한 삶을 살 수 있을지 해답을 얻게 되길 바란다.

자연에서 시간을 보내면 스트레스에 건강하게 대처할 힘이 생기고, 부정적인 생각을 반복하지 않을 의지도 생기지만, 다양한 자연 경관들은 또 그 자체로 특별한 것을 선물한다.

1장에서는 녹색 공원과 정원을 산책하며 이들 덕분에 어떻게 우리가 지역사회 안에 존재한다는 것을 깨닫고, 그 속에서 제 역할을 할 수 있게 되는지 살펴본다. 2장에서는 해변을 여행하며 어떻게 바다와 파도가 우리에게 기억을 일깨워주는지 알아본다. 3장에서는 산으로 향하여 이곳이 경외심의 출입구이자 돌파구가 되는 과정을 생각해본다. 4장의 무대가 되는 숲에서는 왜 나무에 둘러싸이면 편안하게 직관적 지혜를 얻게 되는지 알아본다. 5장의 얼어붙은 땅에서는 어떻게 눈과 얼음, 추위로 인해 우리가 내면의 치유력을 찾게 되는지 살펴본다. 6장에서는 사막의 태양과 열기가 창조적 정신과 자아를 일깨우는 과정을 들여다본다. 7장에서는 어떻게 굽이치는 강줄기를 바라보며 우리 삶의 여정을 되새겨볼 수 있는지 살핀다. 마지막으로 8장에서는 도시 곳곳에 재단된 자연의 작은 주머니들이 얼마나 큰 치유의 힘을 가졌는지 알아볼 것이다.

우리가 살면서 겪는 일은 무척 개인적이고 감정적이다. 그래서 가슴 아플 만큼 인간답다.

— 메리 아네즈 헤글러Mary Annaïse Heglar, 웹진 〈인버스Inverse〉, '기후 위기와 싸우기 위해서는 새로운 내러티브가 필요하다'

특정 경관에 끌려 먼저 읽고 싶은 장이 있더라도 순서대로 보길 권장하는 것은 인접한 장의 주제가 서로 융화하고 연결되기 때문이다. 산에는 보통 숲이 있고, 얼음과 눈은 공원과 도시를 덮곤 한다. 이런 자연의 순환 때문에 각 경관을 전체 구조의 맥락 속에서 함께 바라볼 때 이 책을 가장 잘 이해할 수 있다.

각 자연경관이 당신이 사는 지역에서 어떤 모습을 하고 있는지는 좀 더 창의적인 방법으로 생각해보길 권한다. 눈이 잘 오지 않는 곳에 산다면 대신 비나 폭풍우를 떠올려보라. 근처에 사막이 없다면 햇빛에 집중해보라. 해변을 특히 좋아하거나 평소에 숲길 산책을 즐기는 등 뚜렷하게 좋아하는 자연경관이 있다면 이 책을 읽은 뒤 그 선호가 바뀌지는 않았는지 생각해보자. 처음 보는 경관을 접하면 당신의 새로운 면을 발견할 수도 있으며, 그곳이 당신에게 가장 필요한 조언을 품고 있을지도 모른다.

내가 언제나 숲에 강하게 끌렸던 이유는 아마도 어린 시절을 그 속에서 보냈기 때문일 것이다. 하지만 지금 뉴욕 아파트 12층에서 이 글을 타이핑하며 여섯 동 이상은 되어 보이는 아파트 건물들을 창밖으로 내다보고 있으려니, 문득 주의를 환기하고 이곳 경관에 집중한다면 몇 년 전 단풍나무를 보며 느꼈던 즐겁고 편안한 감정을 똑같이 느낄 수 있을까 궁금해진다. 나는 창문을 열고 눈을 감는다. 그리고 가능하다고 확신한다.

Return to Nature

1장

공원과 정원

공동체 안에서 나를 발견하는 방법

"우리가 해야 할 일은 현관문 바로 앞에서도
자연을 만날 수 있는 방법을 찾아내는 것이다."

오늘 공원은 사람들로 붐빈다. 땅바닥에 앉으니 나는 자못 겸허한 마음이 든다. 땅과 가까워질수록 스스로가 작게 느껴지는 것은 나와 같이 길을 나선 브루클린 토박이 친구도 마찬가지인 듯하다. 어떤 이는 독서 중이고, 어떤 이는 대화를 나누거나 구름을 바라보고 있다. 도시 끝자락의 분위기가 이렇게나 평화롭고 즐겁다니 어쩌면 인간의 문제란 자신을 지나치게 크게 바라보아 생기는 것이 아닐까 하는 생각이 든다.

잔디 밑에 무수히 뒤엉켜 있는 작은 세계들을 손가락으로 쓰다듬으며, 주름진 나무에 등을 기대앉은 채 눈을 감고 사람과 자연의 소리가 뒤섞이는 것을 가만히 듣고 있으니, 마치 고향에 온 것만 같다. 다시 눈을 뜨는 일은 아직 깨고 싶지 않은 꿈에서 깨어나는 일 같다.

공원과 정원의 치유법

초지는 사막이 되기에는 비가 많고 숲을 형성하기에는 충분치 않은 적당히 습기 찬 기후에서 생긴다. 초원 지대, 대초원, 방목지 등으로 불리는 이 광활한 공간은 땅이 비옥하고 풀과 초목이 많아 초식동물이 좋아하는 장소다. 미국은 산업과 농업을 위해 수많은 초원을 개조해버렸지만,[1] 그곳을 대체할 수 있는 공간을 생각해내기도 했다. 바로 공원이다.

　인간은 비록 허공에서 산이나 바다를 만들어낼 수 없지만, 공원은 상대적으로 쉽게 만든다. 우리는 이제 전국 도시와 교외 지역 곳곳에서 나무가 간간이 흩어져 있는 광활한 들판을 쉽게 찾아볼 수 있다. 이런 경관은 건강에 긍정적인 영향을 끼친다는 이유로 가장 폭넓게 연구되고 있으므로 놀랄 만한 일은 아니다.

어떻게 공원이 건강하게 장수하는 삶으로 이끄는가

단도직입적으로 말해, 녹지 가까이 사는 사람은 더 오래 산다. 이것이 2019년 세계보건기구가 자금을 댄 가장 큰 규모의 연구팀이 몇 년에 걸쳐 시행한 9개의 장기 프로젝트를 분석해 알아낸 결과다.[2] 이 9개의 장기 프로젝트를 통해 7개 지역에 사는 832만 4,652명의 전全원인 사망률all-cause mortality과 해당 지역의 녹지 분포 자료를 수집했다. 인공위성 데이터를 사용하여 각 지역의 녹지 분포를 수량화했기 때문에 숲과 공원도 여기에 포함됐다.

이 결과를 사회경제적 지위(소득수준이 낮은 지역은 녹지와 양질의 의료시설이 적은 경향이 있다)에 따라 다시 조정하니, 9개 프로젝트 중 7개에서 "주변 녹지 분포의 증가와 전원인 사망률 위험도가 반비례한다"라는 결과가 도출됐고, 이는 곧 "녹지 증가와 관리는 정부 차원에서 공중 보건 전략으로 다뤄야 한다"라는 결론으로 이어졌다. 이런 연구 결과는 세대 간에도 영향을 미쳐 소규모 연구팀들은 심지어 임신 중 녹지에 노출된 정도를 신생아의 체중 증가[3]뿐 아니라 출산 전반의 건강 수준[4]과 연결 짓기도 했다.

초목을 가까이하는 사람들이 왜 더 건강하고 장수하는 경향이 있는지에 관해 연구자들은 녹지에서 가능한 활동들과 부분적으로 관련이 있을 것으로 생각한다. 운동, 사회적 교류 등은 그 자체만으로도 장수에 도움이 된다. 녹지 공원은 주변 온도를 조절하고 오염을 줄이며 소음을 완화하는 데 효과가 있다. 즉 공원은 공기 질을 개

선하고 심장병 같은 각종 질병을 키울 확률을 낮춘다.[5]

공원, 정원, 그 밖의 공공 녹지대는 정신적으로도 좋은 영향을 주는데, 이 장에서는 이에 관해 집중적으로 이야기해보려고 한다. 연구에 따르면 녹지대 가까이 사는 사람들은 질병의 요인으로 꼽히는 것들, 즉 스트레스 호르몬인 코르티솔 수치가 낮고,[6] 불안 장애와 우울증에 걸릴 확률도 낮으며,[7] 전반적인 감정 상태 또한 더 좋은 것으로 나타난다.

우리는 왜 공원을 사랑하는가

공원과 녹지가 우리에게 정서적 편안함을 주는 이유에 대해서는 두 가지 이론이 있다. 하나는 진화론적 이론, 또 하나는 문화적 이론이다. 진화론적 학자들은 사람이 공원에 있으면 마음이 편안해지고 도시에 있으면 긴장하는 이유로 원시인이 진화해왔던 장소와 초원이 흡사하기 때문이라고 생각한다. 선사시대 인간은 어느 정도 나무가 자라고 언덕과 물이 있는 초원에 정착하면 생존 확률이 더 높았다. 약탈자가 침입하는 것을 훤히 내다볼 수 있었고, 쉴 수 있는 그늘과 길잡이 역할을 하는 지형지물이 있었으며, 식량과 물을 찾을 확률도 높았기 때문이다.

사방이 막힌 숲이나 하늘을 찌를 듯한 고산에 있으면 곰에게 공격당하거나 추락할지도 모른다는 두려움이 생기지만, 초원의 풍경은 그에 비해 안전하게 느껴진다. 이런 형태의 지형은 아마도 우리 선조들이 그 자체만으로도 목숨을 구하는 기술, 즉 긴장 푸는 법을 처음으로 터득했던 곳일 것이다. 유행병학자인 하워드 프럼킨 Howard Frumkin은 자신의 저서 《생태심리학Ecopsychology》에서 이렇게 쓰고 있다.[8] "당신이 고생대의 검치호(고양잇과의 화석동물 – 옮긴이 주)에게서 도망칠 수 있다면 생존 가능성은 커진다. 하지만 그 후에 평화로운 장소를 찾아내어 긴장을 풀고 힘을 비축한다면 생존 가능성은 한층 높아질 것이다."

우리가 공원에서 평온함을 느끼는 이유에 관해 좀 더 문화적으로 해석한 연구도 있다. 〈인간의 반半개방형 자연 선호도에 대한 비교 문화적 재검토〉[9]라는 논문에서 조경사이자 스웨덴대학의 농학 교수인 카롤린 헤기르헬Caroline Hägerhäll은 우리 무의식이 이런 지형을 갈망하는 이유가 오로지 진화 때문이라는 설명에 대해 회의적이다. "모든 사람이 비슷한 자연환경을 선호한다는 것은 다수의 가정일 뿐입니다. 물론 그럴지도 모르죠. 하지만 우리가 모든 자연환경과 인종을 조사한 것은 아니잖아요." 그녀는 나에게 이 연구를 하게 된 동기에 대해 이렇게 말한다. "우리는 매우 한정된 환경만을 연구해왔습니다. 대부분은 공원처럼 인공으로 조성된 서양식 자연이죠. 인종의 경우도 주로 서양 국가나 그게 아니라면 적어도 산업화되고 부유한 국가의 학생들을 대상으로 삼았죠."

이 가정을 새로운 참가자 그룹에도 대입해보기 위해 헤기르헬 연구팀은 말레이반도 출신의 자하이족, 수리남 공화국의 로코노족, 티

모르섬의 마칼레로족과 마카사에족, 콜롬비아의 와유족 등 5개 비서구 원주민 부족의 일원들과 손잡았다. 연구팀은 이들에게 3D 형태의 다양한 자연경관을 보여주며 선호를 물었고, 이를 스웨덴대학 학생들이 한 대답과 비교했다. 원주민들은 일반적으로 초목이 빽빽하고 땅이 평탄한 지형에서 사는 것이 좋다고 대답했고, 이에 반해 스웨덴 대학생들은 언덕이 많고 수목이 적은 지형이 더 낫다고 대답한 경우가 많았는데, 이런 곳이 진화론에서 말하는 사바나 지형에 가깝다. 어떤 원주민 부족은 솟아오른 땅에는 신이 산다고 믿어 언덕이 많은 풍경을 범접할 수 없는 곳으로 여겼을 수 있고, 아마도 그것이 선호에 영향을 미쳤을 것이다.

헤기르헬은 실험 표본이 적기 때문에 확정된 결과는 아니라고 잘라 말하지만, 자연 지형 선호도가 순전히 인간 진화의 결과라는 개념에는 분명 의문을 제시하고 있다. 문화와 교육도 한몫했을 것이다.

나는 두 이론이 공존할 수 있다고 생각한다. 뉴욕대학 그로스먼 의대의 재활의학부 원예치료사인 매슈 위크로스키Matthew J. Wichrowski가 BC 6세기에 지어진 바빌론의 공중 정원에 관해 알려진 이야기를 하는 것을 듣다 보면, 선사시대 낙원과 현재 공원이 유사하다는 생각을 떠올리지 않을 수 없다. 바빌론 정원에는 자생 꽃과 인공 폭포가 있고, 사방으로 탁 트인 전망이 있었다. 이곳은 정원 너머에 있는 사막을 피해 온 낙원이었으며, 이는 현대 근린공원이 과학기술, 직장 등 온갖 사회적 요구에서 잠시 피신하기 위한 장소인 것과 마찬가지다. 수천 년 후에도 바빌론 정원 같은 곳이 여전히 낙원으로 느껴진다는 사실은 초원에 대한 우리의 선호가 어느 정도는 본능적이고 영원한 것이라는 뜻이다.

하지만 자연에서의 경험에 대해 알아가는 연구자가 많아질수록, 사람이 자연에 무엇을 주는지가 자연이 우리에게 무엇을 주는지만큼 중요하다는 사실을 깨닫는 이도 늘어나고 있다. 우리가 풀로 덮인 평탄한 대지에 들어서면 어깨에 힘을 빼고 크게 심호흡하게 되는 이유를 어떤 무의식적 갈망만으로 설명하기는 힘들다. 에든버러 대학의 조경학 교수인 캐서린 워드 톰프슨Catharine Ward Thompson은 이렇게 말한다. "이는 그 장소에 대해 우리가 어떤 이야기를 들어왔는지, 그곳에서 어떤 경험을 했으며 그곳이 얼마나 친숙한지에 많은 영향을 받습니다."

초원에서 마음이 편해지는 이유가 본능에 기인한 것이라는 설명도 중요하지만, 그 기분을 잘 키워가는 것 또한 필요하다. 화창한 토요일 오후에 근처 공원을 둘러보면 그 방법에 대해 감을 잡을 수 있을 것이다. 우리가 이런 공공녹지에서 주로 하는 산책, 구름 구경 같은 다양한 활동은 모두 이 경관만이 제공하는 독특한 특성을 활용하고 있다.

함께 소풍 가는 곳: 녹지가 지역사회를 키운다

가족과 친구들이 저마다 공원으로 몰려가는 것은 이상한 일이 아니다. 녹지가 사회적 교류를 촉진하기 때문이다. 다양한 연구에서 녹지가 많은 지역에 사는 사람들이 더 사교적이고, 해당 지역사회에 더 강한 소속감을 느끼는 경향이 있다는 결과가 나왔다. 도시 환경에서조차도 풀이 우거진 공원과 나무 군락들이 있다면 이웃들 간의 유대감을 키울 수 있다.

1997년 시카고의 공공주택 2개 단지에서 했던 실험을 살펴보자.[10] 조경 연구가들은 주택 거주자들이 주로 모이는 곳을 지도로 만들었고, 주변에 나무가 많은 곳일수록 더 많은 사람이 모인다는 사실을 알아냈다.

이 기초 자료를 근거로,[11] 초목으로 둘러싸인 아파트에 사는 사람들과 콘크리트로 둘러싸인 아파트에 사는 사람들을 대상으로 사회적 유대감 정도에 관한 심층 인터뷰가 이어졌다. 이 연구에 참여한 일리노이대학 조경학 교수인 윌리엄 설리번William C. Sullivan에 따르면, 예상대로 초목 밀집도가 결과의 강력한 예측 변수가 되었다. 결국 나무가 많을수록 사회적 연대감도 강해진다는 것이다.

연구팀은 추가 조사를 통해[12] 초목이 더 많은 지역은 벽에 낙서가 적고 범죄율도 낮으며 사람들에게 안전한 지역이라는 인식을 준다는 사실을 알아냈다. 연구에 참여한 프랜시스 쿠오Frances E. Kuo는 2003년 논문에서 이렇게 고찰한다. "이웃들의 강한 사회적 유대감이 좀 더 활기차고 안전한 동네를 만드는 열쇠이며, 나무로 둘러싸인 공간이 이웃 간 유대감을 증진하는 데 도움이 된다면, 그 지역의 녹지 분포 정도가 안전과 보안 수준에 결정적인 영향을 끼친다고 볼 수 있다."[13]

그로부터 20여 년이 지난 후에도 여러 연구가 공원의 작은 녹지들이 그 지역의 공중보건에 깊은 영향을 미칠 수 있다는 사실을 계속 보여주고 있다. 유색인이 많이 사는 저소득층 밀집 지역에서는 그 영향이 특히 더 큰 것으로 드러났다. 하지만 이들 지역은 그동안 녹지화 사업에서 계속 소외당해 왔다.

그렇다면 왜 녹지가 사람들을 모이도록 하는 것일까? 이는 아마도 녹지가 각 개인에게 미치는 영향에서 시작될 것이다. 자연에서 시간을 보내면 기분이 좋아지고 스트레스가 경감되며, 그렇게 행복해진 사람은 남들에게도 좋은 사람이 되기 마련이라는 건 우리 모두 알고 있는 사실이다. "정신적으로 피로하면 짜증을 내기 쉽습니다. 마음이 딴 데 가 있기 쉽고, 대화를 놓친다든지 타인의 미묘한 감정을 알아차리지 못할 때가 많죠"라고 설리번은 말한다. 자연의 경치는 또 공감 능력을 관장하는 뇌 부위를 활성화하는 것으로 보이는데,[14] 이는 녹지에 둘러싸여 있으면 다른 이의 감정에 더 공감하기 쉽다는 것을 암시한다.

이렇게 형성된 사회적 유대감은 단지 기분만을 좋게 하는 것은 아니다. 우리 육체도 자연의 영향을 반긴다. 활발하게 사회적 교류를 하는 사람이 그렇지 않은 사람보다 더 장수하는 경향이 있으며,[15] 건강한 인간관계가 염증 완화,[16] 면역 기능 강화와 같은 건강 지표들과 연관되는 데는 충분한 이유가 있다.[17]

새들의 지저귐을 듣는 곳:
동물 관찰은 명상의 지름길이다

도시의 녹지와 공원은 사람들이 모이기 편한 장소만은 아니다. 동물을 구경하기에도 이곳은 좋은 무대다. 취미로든 직업으로든 동물을 관찰하면 마음이 편안해지고 즐거워지며 때로는 경이로움을 느끼기도, 깊은 명상에 빠지기도 한다. 흐르는 물이 있고, 방문객이 남긴 음식 찌꺼기가 많은 곳이라면 동물 관찰에 제격이다.

한 조류 관찰자가 귀를 활짝 열고 쌍안경을 손에 쥔 채 천천히 걸으며, 자연으로 깊숙이 들어가 무언가를 찾아 헤매는 것이 어떻게 경이와 기쁨, 안정을 주고 명상에 잠기도록 하는지 나에게 시범을 보인다. 호주 퀸즐랜드대학 교수인 보존생물학자 리처드 풀러Richard Fuller는 자칭 '광적인 조류 관찰자'다. "자연으로 들어가면 저는 자주 새를 관찰합니다." 그가 세상 반대편에서 줌을 통해 나에게 말한다. "저에게는 이것이 명상입니다. 새를 관찰할 때면 바로 지금 눈앞에서 벌어지고 있는 일에 완전히 빠져들죠. 과거도, 미래도, 그 어떤 곳도 안중에 없어집니다."

지금, 이 순간에 집중시키기 위해 새들은 먼저 우리 감각을 사로잡는다. 보통 우리는 새를 보기 전에 먼저 듣는데, 음향생태학자 고든 헴프턴Gordon Hempton에 따르면 이는 그 서식지가 안전하고 머물기 쾌적한 장소라는 것을 나타내는 주요 지표다. "사람의 청각 대역폭은 무척 좁고 섬세하여 귓바퀴에서 고막 사이에 머무르는 주파수

범위가 2.5~5킬로헤르츠 정도 됩니다. 이렇게 예민한 귀가 들을 수 있는 최대 주파수에 딱 들어맞는 소리가 우리 선조들의 환경에 있었을까요?" 그는 기자이자 작가인 크리스타 티펫Krista Tippett의 팟캐스트 〈온 빙On Being〉[18]에서 이렇게 말한다. "물론 있습니다. 바로 새소리죠."

이는 앞의 진화론적 가설을 떠오르게 한다. 울새의 새된 울음소리와 오색방울새의 감미로운 지저귐이 우리 마음을 편하게 해주는 이유는 어떤 측면에서 보면 생존에 필요한 자원들이 주변에 있다는 신호이기 때문이다. 서리대학 환경심리학 조교수 엘리너 랫클리프Eleanor Ratcliffe는 이 이론을 실험해보기 위해 20명의 사람에게 스트레스를 받거나 정신적으로 피로할 때 자연에서 어떤 경험을 하면 회복되는 느낌이 드는지 묘사해보라고 했다. 사람들의 묘사 속에서 새들의 노랫소리와 지저귐이 눈에 띄는 역할을 했고 "자연의 소리 중에서 스트레스 해소와 주의력 회복에 가장 보편적으로 영향을 미치는 것으로 밝혀졌다".[19]

새소리는 때로 긍정적인 기억을 불러일으키기도 했다. "이 회복의 힘은 어린 시절의 즐거운 기억과 관계가 있는 것으로 나타난다." 랫클리프 교수는 논문에 이렇게 쓰고 있다. 이 관계성은 우리가 '2장의 바다와 해안' 편에서 탐구할 주제, 즉 특정 자연의 소리가 우리에게 풍부한 기억의 입구를 마련해준다는 발상과 연결된다. 모든 새소리가 긍정적인 감정으로 연결되지는 않았지만(랫클리프는 참가자들이 까치가 내는 공격적이고 딱딱 끊어지는 소리보다는 굴뚝새의 울음처럼 부드럽고 음악 같은 선율을 더 선호했다고 회상한다), 평균적으로 사람들은 이 소리를 일상의 스트레스를 잊게 해주는 반가운 방해물, 주의를 잡아끄는 신선한 요소로 여겼다.

구름을 관찰하는 곳:
공원에서는 일상조차 매력적이다

따뜻한 날에 사람으로 붐비는 공원에 가면 잔디밭에 누워 하늘을 바라보고 있는 아이를 적어도 한 명은 발견하게 될 것이다. 아이들이 즐겨 하는 구름 관찰 놀이는 어른들에게도 유익할 수 있는데, 19세기 존 러벅John Lubbock이 자신의 책《삶에서 가장 즐거운 것》에서 "끊임없는 변화 속에서 눈부시게 아름다운 그림들이 연속해서 보이는 것"이라고 표현한 특징 때문이다. 1887년 존 러벅은 이미 "아름다운 하늘을 보고 즐거움을 느낄 수 있는 사람이 이렇게 적다니 놀랍다"라며 한탄했다.[20]

시간이 흐르면서 우리는 머리 위에서 벌어지는 이 영원히 진화하는 구름 쇼에 더더욱 무관심해지고 있다. 텔레비전에는 볼거리가 무한하고 인터넷에 양질의 콘텐츠가 넘쳐나면서 우리는 더 이상 오락거리를 찾아 하늘을 볼 필요가 없어졌다. 대신 흘러가는 구름을 태양을 가리는 장애물쯤으로, 비를 예고하는 신호로만 여긴다. 그러나 기후과학자 케이트 마블Kate Marvel이 〈테드 토크〉에 나와서 지적했듯 "맑은 날은 언제나 똑같다. 그러나 흐린 날은 모두 그 나름대로 흐리다."[21] 개빈 프레터피니Gavin Pretor-Pinney는 더 많은 사람이 흘러가는 구름을 바라볼 만한 여유를 가지도록 하는 것을 자신의 사명으로 삼았다. 자칭 구름 애호가들의 모임인 구름감상협회의 창립자 프레터피니는 구름을 관찰하는 데는 비용이 들지 않고, 거의 모든 사람이 할 수 있으며, 하루에도 몇 시간이고 할 수 있기에 심신 회복의 지름길이라고 생각한다.

"구름을 자연의 시詩이자 자연의 가장 공평한 작품이라고 생각하는 이유는 모든 사람이 자신만의 개성적인 시각으로 감상할 수 있기 때문이다." 프레터피니는 자신의 저서 《구름관찰자를 위한 가이드》 중 '구름감상협회 선언문'에서 이렇게 쓰고 있다.[22] "우리는 사람들에게 구름은 기후의 기분을 표현한 것이며 사람의 표정처럼 읽을 수 있는 것임을 알리고자 한다."

그는 구름을 자연의 형태 중 가장 민주주의적인 것으로 생각한다. 산의 절경을 보기 위해서 몇 시간을 운전해야 할 때도 있고 바다를 보기 위해서 비용을 들여야 할 때도 있지만, 구름은 언제 어디에서나 볼 수 있다. 또 구름에는 우리 마음을 평온하게 가라앉히는 힘이 있다. "구름을 관찰하는 일은 우리 두뇌를 일종의 한가한 상태로 돌려놓는 방법입니다." 프레터피니는 영국에 있는 구름감상협회 본부에서 영상을 통해 나에게 이렇게 말한다. "구름 속에서 형상을 찾으려면 자기를 내려놓아야 한다는 점은 불교의 선종과 비슷합니다. 구름을 응시할 때 뇌는 좀 더 잠재의식 차원에서 작동하게 되죠." 이 이론은 주의 회복 이론의 가설과 결을 같이한다. 구름은, 특히 하늘에 낮게 떠 있는 구름과 선명한 형태를 가진 구름은 정신적인 에너지를 소모하지 않으면서 우리 주의를 잡아끈다.

프레터피니는 구름 관찰이라는 회복적 활동을 연습하기에 가장 좋은 장소로 어디든 익숙한 곳, 잔디에 팔다리를 쭉 펴고 눕거나 벤치에 앉아 고개를 어정쩡하게 젖힌 채 몇 번이고 경외감에 빠질 수 있는 뒷마당이나 공원을 추천한다.

한가로이 거니는 곳:
걷기는 더 건강해지기 위한 길이다

공원이 건강에 좋은 가장 분명한 이유는 운동하게 된다는 점이다. 공원 근처에 사는 사람은 그렇지 않은 사람보다 걷기를 더 좋아하는 경향이 있는데,[23] 다른 곳에 비해 조용하고 잘 관리된 산책로가 조성되어 있기 때문일 것이다. 연구에 따르면 공원을 산책할 때 (휴식과 소화를 담당하는) 부교감신경 반응이 촉진되며, 날씨와 상관없이 부정적 감정과 불안이 가라앉을 수 있다.[24] 부슬비가 내리는 궂은날에도 걷기의 심리적 이점은 분명히 나타난다.

공원 걷기는 그 의료적 효과 때문에 전 세계 의사들도 적극적으로 처방하는 치료법이다. 파크 빅토리아Parks Victoria 같은 오스트레일리아 정부 기관과 파크 알엑스Park Rx 같은 미국 비영리단체는 공원 산책이 저비용의 부작용 없는 치료제가 될 수 있다는 사실을 앞다투어 대중에게 알리고 있다.

파크 알엑스에 있는 의사에게 진찰받은 환자는 일반적인 처방전이 아니라 오후에 자연을 산책하라는 글귀를 손에 들고나온다. 처방전에는 약 이름 대신에 일주일에 세 번, 30분가량 주변 공원을 걸으라는 메모가 적혀 있다. 어떤 식으로 걷기 프로그램을 짜야 하는지 궁금하다면 다음 진료 시간에, 혹은 바로 휴대전화 앱을 통해서 의사에게 물어볼 수도 있다. 의사의 처방에는 "자주 밖으로 나가 걸으세요"와 같은 뻔한 조언으로 들릴 수 있는 말이, 아침에 혈압약을 복용하라거나 밤에 수면제를 먹으라는 처방만큼 정말 필요한 것으로 느껴지게 하는 무게감이 있다.

걷기의 리듬에는 무언가 특별한 것이 있다. (…) 걷기는 인간의 본능적인 리듬이다. 아기를 재우고 싶다면 그대로 안고 서 있는 것보다 이리저리 움직이는 것이 훨씬 효과적인 것과 같은 이치다. 그런데 걷기의 리듬에는 또한 치료 효과도 있다. 그 예로, 집안에 문제가 생겼을 때 나는 그저 탁자에 둘러앉아 이야기를 나누는 것과 천천히 걸으면서 대화를 하는 것이 실제로 굉장히 다른 영향을 준다는 것을 자주 느껴왔다. 육체 활동, 리듬, 자연환경의 조화는 우리에게 특히나 가치 있는 무언가를 준다.
— 캐서린 워드 톰프슨, 에든버러대학 조경학 교수

오하이오에서 심장전문의로 활동하는 데이비드 새브거David Sabgir는 자연친화적 처방보다 좀 더 사회적인 접근을 채택한다. 몇 년간 환자들이 조금 더 활동적으로 움직이게 하는 데 좌절을 맛본 그는 자신이 그들과 함께 주기적으로 공원을 걷는다면 도움이 되지 않을까 생각했다. 2005년 처음으로 환자들과 야외로 나간 새브거는 그 이후로 꾸준히 걷기 프로그램을 만들어 더 많은 환자가 쉽게 운동에 참여할 수 있도록 했다. 지금은 그가 만든 '의사와 함께 걸어요Walk with a Doc'라는 프로그램이 37개 주에 걸쳐 574개나 되며, 다양한 분야의 의료 전문가들이 이 프로그램을 통해 환자들과 밖으로 나서고 있다.

설문조사 결과를 보면,[25] 이 프로그램에 참여한 환자들은 기분이 좋아지고, 에너지가 충전되며, 앞으로도 활동적으로 생활할 수 있겠다는 자신감을 얻었고, 여러 사람과 교류할 기회가 생겨 좋다고 일관되게 이야기한다. 도심 산책이나 러닝머신 훈련보다 자연 속 걷기를 고집하는 것에 대해 새브거는 단순한 이유 때문이라고 말한다. 사람들은 대부분 본능적으로 자연 속에 있는 것을 사랑하기 때문이라는 것이다. 때로 그들은 밖으로 나가야 할 구실이 필요할 뿐이다.

현재 의료 시스템을 고려했을 때 새브거는 의사와 함께 걷는 프로그램이 앞으로 더 일반화될 것으로 예상한다. "제 생각에 모든 의사는 저와 같은 좌절감을 느껴본 적이 있을 것으로 생각합니다. 리피토정(고지혈증약 - 옮긴이 주)이나 인슐린 주사만 계속 처방하고 있으면 원금 상환 없이 이자만 내는 것 같은 기분이 들죠."

새브거의 말처럼 미국 몇몇 주의 의료 서비스 기업들은 생활 방식 개선을 처방하는 데 주목하기 시작했다. 그 예로 카이저 퍼머넌트Kaiser Permanente 병원은 캘리포니아의 베이 에어리어에서 시작된 '건강한 공원, 건강한 사람Healthy Parks Healthy People' 활동에 투자하고 있다.[26] 이 활동은 공원을 잘 찾지 않는 사람들이 좀 더 자주 외출하도록 격려하고, 공원으로 나서는 진입 장벽을 낮출 수 있도록 고안된 프로그램들에 의사를 연결해주는 역할을 하고 있다. 이와 같은 협력 관계는 자연이 주는 건강상 이점을 주요 의료 기관들이 인정하기 시작했다는 것을 보여주며, 공원을 산책하는 이들이 더 늘어날 것이라는 신호이기도 하다.

마음을 챙기는 곳:
명상이 어렵다면 일단 밖으로 나서자

공원에서는 언제나 벤치나 잔디밭에 앉아 눈을 감고 명상에 잠겨 있는 사람들을 쉽게 볼 수 있다.

현재 잘 설계된 명상 프로그램은 주로 무미건조한 실내에서 행해지고 있지만, 스웨덴의 웁살라대학에서 건강심리학과 환경심리학을 전공한 임상심리학자 프레디 뤼메우스Freddie Lymeus는 최근 온실 정원이 있는 야외에 명상 장소를 만들어 어떻게 하면 내면에 더 깊이 몰입할 수 있을지를 연구했다.

몇 번의 실험과 시행착오 끝에, 뤼메우스는 회복기술훈련ReST, Restoration Skills Training[27]이라 불리는 5주 과정의 야외 명상 프로그램을 만들어냈는데, 자연을 방해 요소가 아니라 명상의 안내자이자 영감의 원천으로 이용하는 것이다. 그는 자연을 기반으로 한 야외 훈련 과정 중에 참가자들의 심신 회복 정도를 나타내는 주의집중력이 올라간 것을 발견했다. 이에 비해 전통적 방식의 명상 프로그램에 참여한 사람들은 야외 프로그램 참가자만큼 주의력 집중도를 향상하지 못했다.

회복기술훈련 참가자들과 전통적 프로그램 참가자들을 비교해볼 때,[28] 회복기술훈련 참가자들은 중도에 그만두는 경우가 더 적었고, 더 많은 이가 5주 과정의 명상 과제를 완수했다.

또 다른 연구에서는 회복기술훈련 프로그램이 더 손쉬워 보여도[29] 여기에 참가한 이들이 실내 프로그램을 완료한 이들과 같은 수준의 명상 기술을 습득한다는 사실을 발견했다. "회복기술훈련은 건강상태는 양호하나 스트레스가 심하거나 집중력 저하를 보여, 좀 더 노력을 요구하는 전통적 방식의 명상 프로그램을 완수하기는 힘든 이들이 굉장히 효과를 볼 수 있는 대안이다"라고 연구는 결론지었다.

사람들이 야외 명상을 더 쉽게 느끼는 이유에 관해 묻자 뤼메우스는 자연환경이 우리의 주의력 회복을 도와 침착하고 차분한 명상상태로 우리를 인도해주기 때문이라고 말했다. "자연환경의 질이 좋으면 참가자들에게 잡념과 감정, 그리고 육체의 감각에 대해 어떻게 대처해야 하는지 세세히 알려줄 필요가 없습니다. 참가자들은 자연환경과 자연스럽게 상호작용하는 과정에서 점차 마음을 열고 주변을 수용하며, 자신에게 얽매이지 않게 되기 때문입니다."

이것은 주의 회복 이론의 고안자 스티븐 캐플런이 한 세기가 바뀔 무렵에 했던 생각과 매우 비슷하다. 2001년 연구 논문[30]에서 캐플런은 자신의 이론과 동양의 명상은 본질적으로 유사하다고 썼는데, 둘 다 번민하는 마음을 가라앉혀 좀 더 느긋하고 유연한 상태가 되도록 도와주기 때문이다.

주변 소음에 영향받지 않고 마음을 가라앉히고 싶다면 자연이 도움을 줄 것이다. 더 좋은 점은 이를 위해 그림 같은 초원이나 인상적인 풍경의 해변까지 갈 필요가 없다는 점이다. 조용한 잔디밭 한쪽이면 족하다.

자연이 언제나 장엄할 필요는 없다. 인터넷에 '미국에 있는 공원'을 검색하면 국립공원 홈페이지나 옐로스톤, 그레이트스모키산맥의 빼어난 풍광이 나오지만, 이런 머나먼 여행지에 있을 때만큼이나 주변의 작은 공원에서도 위에서 이야기한 이점들을 얻을 수 있다.

"오지의 자연에 파묻히는 강렬한 경험을 통해 황홀감에 젖고 깊은 사색에 빠질 수 있습니다만 건강한 삶을 위해서는 그것만으로는 부족합니다. 우리가 해야 할 일은 현관문 바로 앞에서도 자연을 만날 수 있는 방법을 찾는 것입니다." 일리노이대학의 윌리엄 설리번 교수는 이렇게 설명한다.

녹색 공간과 건강의 관계에 대해 설리번은 야외에 잠깐이라도 나가는 것이 아예 나가지 않는 것보다 훨씬 낫다고 말한다. 이와 관련하여 근처의 큰 공원이나 뒷마당, 혹은 도심의 작은 잔디밭 같은 녹지를 일상에서 접하는 몇 가지 방법을 제시해보려 한다.

공원과 정원에서
우리가 할 수 있는 일

5~10분이 생긴다면

전자기기 없이 휴식하기

잔디가 있는 풍경과 새소리가 마음을 바로 안정시킨다면 전자기기는 정반대다. 소셜미디어를 훑어보거나 인터넷에 올라온 글을 읽는 것이 몇 분을 편히 보낼 수 있는 휴식처럼 보이지만, 내가 이야기를 나눈 심리학자들은 모두 그것이 인지 자원을 소모하는 일이라는 데 동의한다. "우리는 편히 쉬고 스트레스를 풀려고 이런 활동을 하죠. 하지만 실제로는 더 심한 주의력 결핍이 일어납니다. 이런 활동 전후로 인지 기능을 시험해보면 보통은 활동 이후의 결과가 훨씬 안 좋습니다." 미시간대학의 자연환경 프로그램 조교수 제이슨 듀발Jason Duvall은 이렇게 말한다.

반면 오스트레일리아에서 했던 연구[31]에 따르면 40초 정도 짧은 시간 푸른 나뭇잎을 바라보는 것만으로도 판단 능력이 개선될 수 있다. 이 연구에서 대학생 150명은 컴퓨터로 밋밋한 지붕 사진과 정원 속 녹색 지붕 사진을 40초 동안 쳐다본 후 인지 기능 시험을 받았다. 녹색 지붕을 본 학생들은 밋밋한 지붕을 본 학생들보다 평균적으로 오답을 더 적게 냈다. 때로는 자연을 보며 아무것도 하지 않는 것이 가장 생산적인 일이 될 수 있다는 증거다.

그러니 업무, 집안일, 육아 등을 하다 잠시 휴식할 때는 아무 생각 없이 인터넷을 들여다보는 대신(결국 아무 생각 없는 것이 아닐지 모른다), 근처 공원이나 잔디밭을 찾아보라. 밖으로 나갈 수 없다면 몇 분 동안이라도 창밖을 내다보며 눈에 띄는 초록에 마음을 주자. 당신이 무슨 일을 하든 간에 휴대전화는 잠시 잊어보자.

통찰 명상하기

조용한 공원이나 풀밭처럼 몇 분간 눈을 감거나 멍하게 주변을 응시하고 있어도 안전한 야외에 가서 명상하면서, 실내에서보다 더 오래 집중할 수 있는지 실험해보자. 공원만큼 매력적이고 활기찬 환경에서 중요한 것은 주변 환경을 잊어버리는 게 아니다. 호흡에 집중하거나, 당신의 숨결이 입술을 스치는 기분이 어떤지 느껴보고, 생각이 자유롭게 흘러가도록 내버려두는 것이다.

예를 들어 수면 위로 물방울이 떨어지는 모습을 보았다고 치자. 물결이 사방으로 퍼지는 장면이 우리의 남은 생 전체가 퍼져가는 모습을 은유한다는 생각이 들 수도 있다. 이런 통찰 명상open monitoring meditation은 집중 명상과 달리 우리 시선을 잡아끄는 자연이라는 공간 특유의 방식으로 마음을 안정시키고 스트레스를 풀어준다.

1시간이 생긴다면

뜬구름 잡아보기

공원에 가기 위해 날이 맑기를 기다릴 필요는 없다. 오로지 구름을 구경하려고 야외로 향한 적 있는가? 어렵사리 짬을 내어 야외로 나갈 수 있게 되면 돗자리를 깔고 누워 하늘을 구경해보자.

(부푼 솜사탕처럼 뚜렷한 형태를 가진) 산뜻한 적운만 찾아볼 가치가 있는 것은 아니다. (하늘 높이 솜이불처럼 펼쳐져 있는 물방울 형태의) 고적운부터 심지어는 (비행기가 가느다랗게 남기고 간) 비행운까지 모든 구름에서 어떤 형태가 보이는지 살펴보라. 구름감상협회의 프레터피니는 모든 구름이 가치 있다고 말한다. "구름을 잘 읽으려면 하늘에서 일어나는 일에 마음을 열고 바라봐야 합니다. 이는 관점을 달리해서 사물을 보는 일이고, 우리 주변의 평범한 일상에서 아름답고 진귀한 것을 찾아내는 일입니다."

시간을 내어(5분이 아니라 한 시간이라는 사실을 기억하자) 저 위의 경치가 매 순간 어떻게 변하는지 관찰해보라. 압박감 없이 집중하는 연습이 될 수 있다. 프레터피니는《구름관찰자를 위한 가이드》

에서 아리스토텔레스가 큰일을 성취한 무렵에 꿈을 구름에 비유했다는 점에 주목한다. 성취는 기대를 버렸을 때 비로소 찾아온다.

공원을 놀이터로 생각하기

어떤 공원은 공중사다리, 미끄럼틀, 그네 한두 개를 완비하여 아이들이 따로 놀 수 있는 공간을 마련해둔다. 하지만 구름 읽는 법에서 말한 것처럼, 동심이 느끼는 경이의 감정은 성인이 되었다고 해서 반드시 없어지는 것이 아니며, 꼭 정글짐 같은 놀이기구에서만 이루어지는 것도 아니다.

공원에 가게 된다면 이곳을 놀이터처럼 즐기기 위해 어떻게 해야 하는지 생각해보라. 첫발을 디디는 순간, 당신의 이성이 뜯어말리기 전에 몸이 본능적으로 원하는 것은 무엇인가? 햇빛 아래에 누워 잠자기? 신발을 벗고 맨발로 잔디 밟기? 이제 가면을 벗어던지고 무엇을 해야 하고 어떻게 행동하며 놀아야 하는지 설교받기 전으로, 사회적 제약을 모르던 어린 시절로 돌아가보자.

더 많은 시간이 생긴다면

시간에 따라 변하는 새소리 녹음하기

자연은 실내 생활의 단조로움에서 벗어나도록 도와준다. 근처에서 들려오는 새소리에 귀를 기울이면 시간에 따른 역동성을 느낄 수 있다. 공원, 뒷마당 같은 녹지에 가서 한번 새소리를 엿들어보라. 엘리너 랫클리프가 실험을 위해 사람들에게 요청했던 것처럼, 어떤 새소리가 유난히 마음을 움직이거나 과거를 회상하게 하는지 생각해보라. 특별히 듣기 좋은 소리가 있는가? 혹은 정말 듣기 싫은 소리가 있는가?

다 들었다면 이번에는 하루 동안, 한 달 동안, 그리고 일 년 동안 그 소리가 어떻게 변화하는지 떠올려보자. 어떤 새가 겨울에 떠나 봄에 돌아오는가? 새의 노랫소리가 시간에 따라 달라지는 것을 알아차릴 수 있을 것이고(새들은 주로 새벽에 가장 높은 소리로 울고 그 후로 서서히 가늘게 울다가 황혼 무렵에 다시 소리 높여 울곤 한다), 계절의 양상에 따라서도 달라진다는 것을 알게 될 것이다(새들은 비가 올 때 노래하는 것을 좋아하지 않는다. 구름이 소리가 퍼지는 속도를 늦추고 거친 바람이 새들의 전갈을 헝클어뜨리기 때문이다). 새들의 노래는 또 장소에 따라 변하는데, 사람들 사이에서 사투리가 튀게 들리듯 새들 사이에서도 그런 면이 있다.[32] 도시에 사는 새들은 인간의 소음을 뛰어넘으려면 최대한 크게 노래해야 한다. 그래서 자동차 소리, 공사 소음, 그리고 사람들의 소리를 뚫기 위해 부자연스러울 정도로 높은 주파수로 노래하는 경향이 있다.[33] 가로등 같은 인공물도 새들의 시간 감각을 뒤바꿔놓아서 도심의 수컷 새들은 자연 빛의 신호에 따르는 새들보다 더 일찍 노래를 시작하는 것으로 나타난다.[34]

이렇게 시간에 따른 무수한 차이점을 계속 살펴보다 보면 우리는 자연환경과 교감하는 새로운 방법을 익히게 된다. 이것은 또 아무리 침체해 있다고 느끼더라도 실은 언제나 움직이고 있다는 매우 인간다운 교훈을 던져준다.

새로운 방식으로 산책하기

호기심을 품고 공원에 가면 경이의 순간으로 보상받을 가능성이 커진다. 미시간대학에서 제이슨 듀발이 했던 연구에 따르면 '인식 계획awareness plan'을 가지고 산책하는 사람은 그렇지 않은 사람보다 환경을 좀 더 긍정적으로 평가하는 경향이 있다고 한다.[35] 인식(하려는) 계획이란 다시 말해 새로운 자아를 몸에 걸치는 것으로, 예를 들면 예술가의 자아를 입고 일상에서 아름다움을 찾으며 산책하는 것이다. 녹지에 있을 때 무언가를 적극적으로 찾다 보면 주변 환경을 좀 더 만족스럽게 바라보게 된다는 사실을 보여준 실험 결과도 있다.

화가처럼 그릴 풍경을 찾고, 식물학자가 된 듯 독특한 식물 종種을 찾아 헤매고, 혹은 작가가 되어 글로 표현하고 싶은 생기 넘치는 장면을 찾다 보면 우리는 좀 더 호기심 어린 눈으로 공원을 경험할 수 있다.

새로운 관점으로 사물을 보면 우리는 익숙한 광경 속에서 낯선 세부 특징들을 발견할지 모른다. 듀발은 자신만의 인식 계획을 갖고 자연을 접하는 일의 미덕에 대해 이렇게 말한다. "전에는 보지 못했던 것을 발견하고, 보고 경험할 것들이 우리 앞에 풍부하게 놓여 있다는 사실을 깨달을 것입니다. 경험에 색다른 색을 덧칠하는 일이죠."

공원과 정원이 가까이 없다면

자신만의 공원 만들기

근처에 공원이 하나도 없는가? 그렇다면 마당을 나만의 쉼터로 만들어 녹지 공간의 이점을 누릴 수도 있다. 앞서 나온 진화 이론을 마당에 적용하여 본능적으로 안정감을 느낄 수 있는 공간을 만들어보라. 풀밭 일부를 개방하여 탁 트인 느낌을 주고, 무성한 나무 아래에 앉을 자리를 만들어 쉼터를 조성하라. 곁에 수반水盤을 두어 흐르는 물소리가 나도록 해보자(물소리가 야생동물들을 유인할 수도 있다). 마지막으로 당신이 가장 좋아하는 향기로운 토종 식물로 개성을 가미하자. 특별한 기억을 떠올리게 하는 것이면 더욱 좋다. 이렇게 완성된 공간을 재충전의 장소로, 잠시나마 모든 것을 뒤로한 채 짧은 휴식을 취할 수 있는 공간으로 삼아보자.

이 장에서 개괄적으로 이야기한 마음의 안정과 친사회적 효과 외에도, 집 안의 작은 공원은 정신 건강에 도움이 되는 새로운 취미를 만들어준다. 바로 정원 가꾸기다. 정원 가꾸는 일은 자연 특유의 차분한 속성에 육체노동이 합쳐져 나이와 상관없이 효과적인 운동이 될 수 있다. 이는 인지 기능을 개선하고[36] 스트레스를 줄여주기 때문에[37] 특히 나이를 먹을수록 꾸준히 하면 좋다. 오스트레일리아에서 60세 이상의 고령자 2,805명을 대상으로 한 연구에서 매일 정원을 가꾼 이들은 병원에서 치료받거나 치매로 요양원에 입원하는 수가 초목을 가꾸지 않은 이들보다 36퍼센트 낮은 것으로 나타났다.[38]

실내에서 화초 키우기

원예치료사로 일하는 매슈 위크로스키는 녹색 식물이 가득 담긴 카트를 굴리며 뉴욕대학 재활의학부를 가로지르다가 입원실에 잠깐 들러 환자들에게 식물을 나눠준다. 환자들은 온갖 종류의 식물을 심고 만지고 가꿀 수 있다. 과학적으로 입증된 것은 아니나, 위크로스키는 환자들이 정원 가꾸기 덕분에 스트레스가 많은 입원 생활을 안정적으로 해나간다고 생각한다. 이 이론을 뒷받침할 연구 자료들도 가지고 있다. 심장 재활로 입원한 환자 107명을 대상으로 그가 시행한 연구[39]에서 원예 치료를 받은 사람들은 전통적 방식의 재활 치료를 받은 사람들보다 감정 상태가 좋고 심박수가 낮은 경우가 많았다.

> 많은 사람이 자연 속에서 정신적 편안함을 느낀다. 자연은 영적 수행과 만물의 관계성 고찰에 도움이 되는 수많은 이미지를 전해주기 때문이다.
> — 매슈 위크로스키, 뉴욕대학 원예치료사

위크로스키는 실내용 화초가 병원이 아닌 환경에서도 치료 효과를 낼 수 있다고 말한다. 집 안 한쪽에 다양한 녹색 식물을 심은 실내용 화초를 두면 공원이나 뒷마당의 정원과 유사한 기능을 할 수 있다. 이곳은 하품이 나오거나, 같은 곳만 반복해서 읽고 있다거나, 피곤해지기 시작하면 언제라도 가서 쉴 수 있는 장소다. 위크로스키는 화초 곁에 앉아 '잠시 함께 있는 것'을 추천한다. 조금 더 자랐는지, 색깔이 변했는지 살펴보고, 화초의 무늬와 감촉을 확인해보며, 몸과 마음이 제자리로 돌아올 때까지 기다리자. 스트레스가 정말 심하다면 화초 곁에서 짧은 명상, 호흡법, 혹은 고민거리에 대한 시각화 연습 등 다양한 심리 치료를 함께해보라고 위크로스키는 덧붙인다.

추억 속 자연과 교감하기

녹지를 향한 인간의 본능적 끌림을 생각해볼 때 특히 공원의 경관은 역사를 돌이켜보고 전통을 탐구하는 데 도움이 된다. 같은 지역에 사는 연상의 친척이 있다면 어릴 때 자주 다녔던 공원이나 근처 녹지에 관해 물어보라. 옛날 사진을 함께 보며 배경에 있는 자연 경관이 지금도 가족과 방문하곤 하는 장소를 떠올리게 하는지 알아보라. 당신이 제일 연장자라면 어린 친척들과 함께 추억을 나누어보라. 세대 간에 공통으로 선호하는 특정 경관이 있는지, 시간이 지나면서 선호가 바뀐 경관이 있다면 무엇인지 이야기를 나누어보자.

공원과 정원에서 더 생각해볼 것

공원과 풀밭은 타인과 교류하고 스스로에 대해 성찰할 때 찾아갈 수 있는 우리에게 본능적으로 친숙한 장소다. 아래 질문에 답하면서 공동체, 명상, 그리고 발견이라는 공원과 정원의 주제가 당신

삶 속에서 어떤 역할을 하는지 파헤쳐보라. 이 대답을 타인과 공유할 필요는 없으니 글이 유려하거나 논리 정연하지 않아도 된다. 당신의 생각이 종이 위에 자유롭게 흘러나오도록 하고, 그 과정에서 새로운 통찰이 떠오르는지 살펴보라.

• 휴식이 필요할 때 무엇을 하는가? 그것이 단기적으로 또 장기적으로 어떤 기분을 주는가?
• 지역사회에 속해 있다는 느낌이 드는가? 지역사회에서 좀 더 적극적으로 활동하려 한다면 어떤 일을 할 것인가?
• 완전히 다른 정체성을 가질 수 있다면 누가 되고 싶은가? 종이에 적어보고 그 상상의 삶을 현실 속에 끌어들이기 위해 무엇을 해야 할지 생각해보라.
• 정말 아무것도 하지 않았던 때가 마지막으로 언제였는가? 그때 느낌이 어떠했으며, 언제 또 그럴 수 있을까?

공원과 정원이
지속 가능하도록

때로 겉모습은 수수할지라도 공원은 우리 건강에 직접적으로 좋은 영향을 주며 유익한 활동을 할 수 있는 무대를 제공한다. 공원은 그 가치를 당연하게 여겨도 되는 곳도, 마음대로 남용해도 되는 곳도 아니다.

관련 연구에 따르면 사람들은 공원이 보기 흉하고 훼손되고, 위험하다고 느끼면 그곳을 멀리하게 되고 결과적으로 정신적, 육체적, 그리고 사회적 이점을 놓치는 경우가 많다.[40] 따라서 공원에 접근하기 쉽다는 것만으로 우리 건강이 보장되는 것은 아니다. 공원은 깨끗하고, 가고 싶은 곳이어야 한다. 우리 지역사회와 그 너머에 있는 녹지를 지탱하고 보호하는 몇 가지 방안을 제시한다.

동식물 서식지의 상실

인간만이 초원을 집처럼 느끼는 것은 아니다. 많은 육지 동물도 식량과 물, 은신처를 구하기 위해 탁 트인 녹지에 모여든다. 그러나 시간이 갈수록 이런 녹지는 찾기 힘들어지고 있다. 국립야생동물연맹National Wildlife Federation이 2018년에 발표한 바에 따르면[41] 미국에 서식하는 생물 중 3분의 1에 달하는 종이 멸종 위기에 처해 있고, 토종 동식물 1,661종이 현재 멸종 위기 목록에 올랐다. 멸종을 불러오는 주요 원인은 서식지의 상실이다. 녹지가 도시, 신도시, 농장으로 계속 개조되는 한 야생생물들은 끊임없이 생명의 위협을 받을 것이다.

이런 지역사회와 농장은 대부분 동물이 서식하기에는 지나치게 개발되고, 분산되어 있으며, 비자연적이다. 일부 종은 이 변화에 적응하여 생존할 수 있지만, 또 어떤 종들은 생존할 만큼 재빠르게 변화하지 못한다. 유엔에 따르면 100만 종에 달하는 생물이 앞으로 수십 년 안에 멸종할 수도 있다.[42]

연방정부와 주정부가 좀 더 많은 땅을 보호구역으로 지정한다면 이런 추락은 다시 제 궤도에 오를 것이다. 보호구역에서는 서식지가 없어질 가능성이 사유지보다 절반 정도로 낮기 때문이다(보호구역 지정을 후원하는 방법에 대해서는 '3장 산과 고지대'를 참고하라).[43] 그동안 우리는 초원의 서식지를 보호하기 위해 개인이 취할 수 있는 행동을 할 수 있다. 그 시작은 바로 우리의 뒷마당부터다.

사고방식의 전환:
마당은 나만을 위한 공간이 아니다

우리는 완벽하게 관리된 잔디밭이 좋을 수 있지만, 주변 생물들은 안 그렇다. 사실 이들에겐 정말 지루한 곳이다. 나비, 새, 벌과 같은 야생 곤충들에게 이상적인 땅은 풍부한 먹이, 물, 은신처가 있는 곳이다. 미국 산림청US Forest Service의 생태학 연구원 수재나 러먼 Susannah Lerman이 말한 것처럼, 동물은 '자신은 먹으면서 남에게 먹히지 않을 수 있는' 장소가 필요하다. 끊임없이 깎이고 다듬어지며 화학 제초제나 살충제로 관리되는 짧은 잔디밭은 그런 장소가 되어주지 못한다.

마당이 야생생물에게 좋은 서식지가 되길 바라는 사람들은 자연에 존재하는 녹지를 표본으로 삼아야 한다. 인공적으로 다듬을 생각을 버리고 (견과, 꽃가루, 산딸기 같은) 먹이에 대해, (수반, 빗물 정원 같은) 물에 대해, (빽빽한 관목, 사철나무 같은) 보호막에 대해 고민하라. 그 지역의 야생종이 어떤 초목을 좋아하는지 궁금하다면 자연 보호단체인 국립오듀본협회National Audubon Society와 국립야생동물연맹 홈페이지를 참고하라. 가능하면 토종 초목을 고르고 이웃들에게도 이를 추천하는 것이 좋은데, 그러면 그 지역에 적합하면서도 다양한 서식 환경이 조성될 수 있기 때문이다. "우리가 계속해서 같은 형태의 마당, 즉 깔끔하게 손질된 잔디밭으로만 정원을 조성한다면 미국 전역의 정원에는 모두 똑같은 야생종만이 서식하게 될 것입니다"라고 러먼은 설명한다.

마당이 준비됐다면 일부는 저절로 자라게 내버려두어라. 인공 물질로 관리하지 말고 끊임없이 깎지 마라(러먼의 조사에 따르면 일주일이 아니라 2주일에 한 번씩 잔디를 깎아야 벌에게 더 좋다고 한다.[44] 좀 더 과감해지고 싶다면 앞머리는 짧게 치고 뒷머리는 기르는 '울프컷' 스타일 유행에 합류해 뒷마당 잔디를 아예 깎지 마라. 생태학자 일카 한스키Ilkka Hanski가 핀란드에 있는 자신의 조촐한 뒷마당을 야생 상태로 내버려두자 멸종 위기에 처한 식물 2종을 포함하여 375종의 식물이 그곳에서 떼 지어 자라났다.[45]

이렇게 완성된 마당은 그 지역 생물들의 본거지이자 그곳을 오가는 생물들의 '테이크아웃 음식점'이 될 수 있다. 그리고 이 장의 앞부분에서 이야기한 것처럼 이런 생물들을 근처에서 보고 관찰하는 것으로 우리 기분도 좋아질 수 있다.

방치하거나 남용하거나

토종 생물은 지나치게 손질된 곳도 좋아하지 않지만 지나치게 방치된 곳도 좋아하지 않는다. 지역 공원과 녹지가 난잡해지면 그곳에 사는 생물도 고통받는다.

우리는 플라스틱을 먹이로 착각한 해양 생물들의 끔찍한 결말에 대해 자주 들어왔는데, 육지 동물에게도 그런 사고가 일어나곤 한다. 예를 들어 공원에 쓰레기가 쌓이면 새들은 이것을 둥지 짓는 재료로 착각할 수 있다. 환경보호 활동가들은 사탕 껍질, 담배꽁초, 비닐봉지는 물론이고 플라스틱 삽, 깃발, 폴리에스테르 원단 모자 같은 이상한 물건들이 둥지에 섞여 있는 것을 세계 곳곳에서 발견했으며, 새와 그 새끼들이 그런 물건들에 엉키거나 질식할 가능성도 있다고 말했다.[46] 쓰레기는 덫이 되어 다람쥐나 너구리 같은 공원의 단골손님까지 가둬버릴 수 있다.

부식현상 또한 남용되거나 관리되지 않은 공원의 또 다른 걱정거리다. 유동 인구가 너무 많아 녹지가 감소하는 수준까지 짓밟히면 그 하부의 땅은 물을 흡수할 능력을 일부 상실해버린다. 한번 침수되기 시작하면 땅은 점점 더 손상되어 폭풍이 한번 지나갈 때마다 야생종은 물론이고 인간도 살 수 없는 땅으로 변해간다.

사고방식의 전환: 주변 쓰레기를 인지하기

쓰레기 문제의 심각성을 실감하는 데는 공원 청소만한 것이 없다. 교외 사람들은 공원에서 신고할 정도로 많은 쓰레기를 발견하지 못할지 모르지만, 도시 사람들은 유동 인구가 많은 녹지에서 엄청난 양의 쓰레기를 발견할 수 있을 것이다.

오늘만 해도 나는 동네 공원의 한 블록 정도 되는 길이의 가느다란 오솔길에서 연필, 레드불 캔, 조개껍데기 등의 쓰레기 96개를 발견했다. 나뭇잎들이 여기저기 쌓여 시야를 가리고 있어 아마도 실제 쓰레기 수는 더 많을 것이다.

쓰레기 100개를 찾아 줍는 일은 지구가 직면하고 있는 문제에 비하면 작고 사소하며 소용없는 짓처럼 보일지 모른다. 하지만 내 경험상 쓰레기 청소는 진정한 변화의 초석을 쌓을 수 있는 개인 차원의 실천 방법이다. 사실 쓰레기 줍기 덕분에 나는 환경 운동 분야에서 일을 시작할 수 있었다. 고등학교 때 나는 쓰레기 줍기 모임에서 활동하면서 사회를 위해 무언가를 했다는 사실(돌아보면 무척 사소한 일이었지만)에 크게 고무됐고, 앞으로도 이쪽 분야에서 더 많은 일을 하고 싶다는 열망에 부푼 채 그곳을 나왔다.

공원에서 쓰레기 몇 개 줍는 일이 기후 위기를 해결해주지 못하는 것은 사실이다. 하지만 그렇게 함으로써 우리는 실제로 기후 위기를 해결할 수 있는 자신의 능력과 잠재력을 깨닫게 될지 모른다.

불공정과 불평등

저소득층, 소수 인종이 사는 지역은 고소득층, 백인이 사는 지역보다 녹지가 적은 경우가 많다.[47] 유색인들이 대다수 거주하는 지역의 공원은 평균적으로 백인 거주 지역에 있는 공원의 절반 크기이지만 거의 5배는 더 붐빈다.[48] 환경보호 비영리단체인 공유지신탁기금TPL, Trust for Public Land이 보도한 자료에 따르면 저소득층 거주 지역과 고소득층 거주 지역의 공원 크기는 30평 대 124평 정도로, 4배 가량 차이 난다.

이런 소외 지역들은 녹지 대신 오염물로 가득 차 있을 가능성이 크다. 쓰레기 매립지, 고속도로, 산업 설비들은 인종과 수입에 따라 불균형하게 분포되어 있다.[49]

이런 불평등은 전혀 새로운 일이 아니다. "이는 역사와 많은 관계가 있습니다." 메릴랜드대 공중보건대학 조교수인 제니퍼 로버츠Jennifer D. Roberts는 이렇게 말한다. 20세기 초, 부동산 담보 대출 업자들이 경제적 이득이 창출될 지역(주로 백인 거주 지역)을 구분하기 위해 지역을 구분해놓은 미국 지도를 보면 충격적인 추세를 발견할 수 있다. 최상으로 평가된 '녹색'이나 준수하다고 평가된 '파란색' 구역은 현재까지도 가장 잘 관리되는 공원이 있는 지역이다. 유색인이 주로 살았고 투자하지 말아야 할 지역으로 꼽혔던 '붉은색' 구역은 아직도 미국에서 녹지가 가장 적은 지역이다.[50] "도시 재개발이나 특정 경계 구역 지정으로 인해 이곳에 있는 많은 지역이 끊임없이 투자가 중단되거나 손해를 보고 있습니다. 공원과 녹지의 배치, 투자, 보호는 이런 거주 선호 지역의 패턴을 그대로 따라갑니다." 로버츠는 이렇게 설명한다.

"저는 이 현상을 제 고향인 뉴욕 버펄로에서도 봅니다. 프레더릭 로 옴스테드Frederick Law Olmsted가 디자인한 귀중한 델라웨어 공원은 녹색과 파란색 지역의 중간에 있죠. 이런 경우는 수도 없습니다……. 결코 우연히 일어나는 일이 아니죠."

저소득층과 유색인 거주 지역에 있는 공원들은 대부분 질이 낮다. 초목이 별로 없고, 관리가 안 되며, 차량 배기가스 같은 위협 요소들과 근접해 있다. '녹색 사막(또는 개조 사막, 공원 사막)'으로 불리는 이런 곳들은 열악한 건강상태와 관계가 있어 흔히 식품 사막으로 더 잘 알려져 있다. 주유소 편의점의 식품 진열대가 질 좋은 상품으로 가득 찬 대형 상점의 식품 코너와 비교될 수 없는 것처럼, 황폐하고 위험한 공원이 맑고 깨끗한 공원과 똑같은 서비스를 제공할 수는 없다. 겉으로는 그럴듯해 보일지 모르나 실제로는 영양가가 없다.

녹지 부족은 저소득층과 유색인 거주 지역 사람들이 고소득층 지역 사람들보다 만성 폐쇄성 폐질환COPD, 천식, 일부 암처럼 오염과 관계된 공해병뿐 아니라 고혈압, 비만, 심장병 같은 생활습관병에 더 많이 걸리는 원인 중 하나다.[51] 이들은 또한 기후 위기의 위협에 더 노출되어 있다. 집 주변에 그늘을 제공할 나무가 없거나, 더위에서 도망칠 공원이 근처에 없다면 높아지는 기온은 더 참기 힘들어진다. 저소득층과 유색인이 사는 지역은 여름에 볼티모어, 댈러스, 덴버, 마이애미, 포틀랜드, 뉴욕 등 미국의 고소득층, 백인 거주 도시보다 3~10도 이상 더 더운 것으로 나타난다.[52]

그러므로 이런 지역에 질 좋은 공원을 만드는 것은 공중보건에 긍정적인 영향을 주어 결과적으로 같은 환경을 조성하는 평등화 조치다.[53]

사고방식의 전환:
자연은 모두를 위한 것, 공유하는 것이다

공유지신탁기금에 따르면[54] 2020년 기준 미국에서 가장 인구가 많은 100개 도시의 1,120만 사람들이 사는 지역에는 집에서 10분 이내 거리에 공원이 없다. 이 단체는 인구 밀집 지역인 로스앤젤레스, 휴스턴, 마이애미 등에 전략적으로 배치된 1,500개 녹지가 접근성 문제 중 500만 가지는 해결할 수 있을 것으로 추정한다. 이는 지역사회의 지지가 있다면 충분히 도달할 만한 숫자이다. "외부와 단절된 상태로 해결할 수 있는 문제는 없습니다. 시민들이 자신의 지역에 투자하고 문제 해결을 위해 시간과 열정을 쏟지 않으면 아무 일도 일어나지 않습니다." 공유지신탁기금의 전략책임자 지넷 콤프턴Jeannette Compton은 이렇게 말한다.

거주 지역에 녹지를 조성하는 데 도움을 줄 방법을 알고 싶다면, 첫 번째로 해야 할 일은 공유지 보호 자선단체의 홈페이지 파크스코어ParkScore 지수[55]를 찾아서 거주 지역의 공원 접근성이 미국 전체 평균과 비교하여 어느 정도인지 알아보는 것이다. 이 홈페이지는 공원이 거주 지역의 어디에 있는지, 또 앞으로 어느 지역에 생겨야 가장 많은 사람이 접근할 수 있는지를 지도로 보여준다.

다음 단계는 단체를 조직하는 것이라고 콤프턴은 말한다. "원하는 것을 체계화하고 그것을 분명히 표현할 수 있는 공동체를 갖는다면 굉장한 힘을 얻을 수 있습니다." 자료로 무장하고 서로 지지해주는 세력을 형성한다면 공원 조성과 보호, 유지에 필요한 재원을 모으기 위해 지방 의원들과 접촉할 수 있다. "토지 계획과 이용에서 수동적일 필요는 없습니다. 이것은 우리를 위한 것이고, 우리가 넘겨받아야 할 소유권입니다. 우리에게는 그럴 권리가 있습니다."

스스로 주도자가 되어 움직일 준비가 안 되었다면 일원으로 참여할 수 있는 단체를 고려해보아도 좋다. 미이용 토지의 녹지화는 미국을 비롯한 여러 나라에서 점점 더 인기를 얻고 있는 사업이다. 방치된 토지를 국립공원과 정원으로 개조하는 사업을 추진 중인 이들의 조직망이 대도시에 많으므로, 기존 공간을 가꾸거나 새로운 개조 프로젝트에 참여할 수 있는지 알아보는 것도 좋다.

마지막으로, 주민 투표안으로 나온 토지 보호 정책은 없는지 꾸준히 살펴보라. 2020년에 있었던 투표의 양극화와 혼란 속에서도, 공유지신탁기금이 지원하는 붉은색 지역과 파란색 지역에 걸쳐져 있는 주에서 관련 법안 26개가 통과됐다. 콤프턴은 이것이 지역사회의 조직화와 녹지의 필요성에 대한 폭넓은 공감대가 지닌 힘의 증거라고 말한다.

공원을 보존하는 일은 지역사회를 가꾸는 일이기도 하다. 우리가 취할 수 있는 수많은 행동이 지역사회에 뿌리를 두고 있다는 사실을 잊지 말자.

2장

바다와 해안

행복을 일깨워주는 기억

"바다는 때로 일어나는 얕은 일렁거림은
자연스러운 일이라는 것을 일깨워준다."

나는 창백한 푸른빛의 수평선이 그보다 더 선명한 색조로 약동하는 바다와 맞닿는 곳을 보고 있다. 파도는 해안선의 울퉁불퉁한 바위에 철썩거리며 부딪히고, 소리는 서로 겹치며 마치 케이크 층처럼 쌓인다. 이 소리를 듣고 있으니 갑자기 몸이 무거워지며 눈을 감고서 눕고 싶어진다. 가벼운 바람에 정신을 차린 후, 오늘은 바다에 누가 있는지 주위를 둘러본다. 한 남자가 바닷물에 몸을 담근 채 서 있다가, 크게 심호흡을 한 후 재빨리 머리를 물속으로 담그고, 몇 초 후에 승리에 찬 숨을 내뱉으며 고개를 들기를 반복한다. 해안가 가까이에선 한 연인이 파도가 밀려오는 끝자락까지 의자를 바싹대고 나란히 앉아 검푸른 바닷물에 다리를 발목까지 담근 채 앉아 있다. 그들 뒤에는 한 무리의 사람들이 자전거를 타고 지나가다 어깨 너머로 바다를 보기 위해 속도를 살짝 늦춘다.

이 풍경을 보고 있으니 내가 어린 시절을 보낸 뉴잉글랜드의 바닷가에서 보았던 사람들이 떠오른다. 해변은 나와 친구들이 파도치는 소리를 배경으로 편하게 드러누워 못다 한 이야기들을 신나게 나누던 곳이었다. 태양은 오늘처럼 머리 위로 뜨겁게 내리쬐었고, 우리는 열기를 못 참을 때까지 이야기를 나누다가 바다로 뛰어들곤 했다.

바다와 해안의 치유법

바다는 지구의 70퍼센트 이상을 이루며 세계 대부분을 가리고 있는 매혹적인 경관이다. 그 바닷가가 바로 우리가 헤엄쳐 들어갈 출발 지다. 2007년 기준으로 세계 인구의 약 40퍼센트 이상이 해안 지대에서 100킬로미터 이내에 살았다.[1]

휴가철에는 그보다 더 많은 사람이 해변으로 향한 것을 생각해 볼 때, 바다는 우리에게 오랫동안 휴식을 의미했다는 것을 알 수 있다. 소금기 섞인 공기를 맛보고, 갈매기 소리를 듣고, 발목에 파도가 휘감기는 감촉을 느낄 때 분명 우리 몸에는 어떤 변화가 생긴다. 환경심리학 중 상대적으로 신생 분야에 속하는 '청색 공간 연구blue space research'는 바다가 우리에게 정확히 어떤 영향을 미치는지, 그리고 어떻게 하면 좋은 영향을 더 찾아낼 수 있는지 이제 막 밝히려고 한다.

해안, 모든 자연 지형 중 가장 편안한 풍경

자연 건강 연구에서는 흔히 자연을 두 가지로 나눈다. 하나는 1장에서 살펴본 공원처럼 나무나 풀로 덮인 녹색 공간이고, 또 하나는 자연과 인공 등 모든 형태의 물을 아우르는 청색 공간이다. 과학자들의 시선을 먼저 끈 것은 녹색 공간이었다. 2000년대 초반에 와서야 과학자들은 바다가 건강에 끼치는 해악(녹조현상과 병원균, 위험한 심해 생물 등) 이상의 것에 주의를 기울여 물이 가진 잠재력을 파헤치기 시작했다.

엑서터의과대학원에서 독립한 블루헬스BlueHealth 같은 곳이 바로 이런 연구를 이끄는 단체다. 이들은 대체로 영국의 해안 인구가 대륙 인구보다 평균적으로 더 행복하다고 느끼는 경향이 있다는 것을 발견했다. 영국 전역의 도시인구 통계자료를 분석한 결과, 연구팀은 도보 거리에 바다가 있는 지역 사람들은 그렇지 않은 사람들보다 자신을 건강하다고 느낀다는 사실을 알아냈다.[2] 흥미롭게도 여기에 가계 수입을 변수로 집어넣자,[3] 저소득층 가정이 해안가에서 5킬로미터 이내에 산다면 경제적 수준이 비슷한 50킬로미터 이상 되는 거리에 사는 가정보다 불안감이나 우울증을 겪은 일이 현저히 적다는 결과가 나왔다. 고소득층의 경우에는 해안 가까이에 사는지가 정신 건강과 크게 연관이 없었다. 이는 해안가의 접근성이 사회경제적 계층 간의 건강 불균형을 완화하는 데 도움이 될 수 있다는 사실을 시사한다.

서식스대학 경제학과 부교수인 조지 맥커런George MacKerron은 청색 공간이 행복감을 주고 스트레스를 경감시킨다는 여러 근거를 제시한다(2장에서 제시되는 연구의 상당수는 영국에서 시행됐는데, 영국이 바다로 둘러싸여 있는 데다, 정부가 이 분야의 연구를 오랫동안 재정적으로 지원해왔기 때문이다). 맥커런은 사용자가 하루 두 번 행복 지수를 자가로 진단하면 개발자가 이를 무작위로 전송받는 휴대전화 앱 '매피니스Mappiness'를 개발했고, 영국에 사는 6만 6,000여 명이 이 앱을 설치했다.[4] GPS 자료를 통해 맥커런 팀은 사람들이 행복 지수를 작성할 때 어디에 있었는지 볼 수 있었다. 7년 동안 약 450만 개의 응답 위치를 추적했다. 연구 초반에 수집된 기초 자료에 따르면, 응답자들은 0에서 100까지의 행복 지수 중 도시에 있을 때보다 녹지에 있을 때 1.8~2.7지수 더 행복하다고 답했다. 그런데 물이 있는 곳이나 강어귀에 있을 때는 6지수나 더 높았다. 내가 왜 이런 지역에서 사람들이 행복하다고 느끼는지 묻자, 맥커런 교수는 아마도 녹색 공간과 야생 동식물, 청색 공간이 섞여 있기 때문이었을 것이라고 말했다. 사람들은 녹색과 청색의 혼합에 본능적으로 끌리는 것이다.

영국에서 4,000명이 넘는 참가자를 대상으로 실시한 다른 조사에서도 사람들은 다른 지형에서보다 해안을 방문했을 때 심신이 한층 더 회복된다고 느낀다는 사실을 알아냈다.[5]

아일랜드에서 실시한 연구에서는 사람들이 단순히 바다를 바라보는 것만으로도 안정감을 느낀다는 결과가 나왔다. 이 연구는 탁 트인 해안선이 보이는 곳에서 살았던 50대 이상 사람들의 정신 건강 상태가 가장 양호하다는 사실을 보여주었다.[6] 일본에서 했던 이와 비슷한 연구에서는 바다가 보이는 곳에서 살았던 사람들이 그렇지 않은 사람들보다 긍정적인 성향을 나타내는 것으로 드러났다.[7] 바다의 경관을 보며 사람들은 경외심과 평온함을 느꼈고, 특히 여자와 노인에게서 그런 경향이 두드러졌다. 타이완 연구자들은 혈류 변화를 감지하여 어떤 부위의 신경이 활성화되는지 측정하는 기능성 자기공명영상fMRI 기계를 참가자들에게 연결한 후 각 자연경관의 이미지가 뇌 활동에 어떤 영향을 주는지 살펴봤다. 주로 바다 사진이 사람들의 심신 회복에 제일 효과적이라는 사실을 발견했는데, 이는 시각과 집중력에 관여하는 뇌 부위의 활동이 줄어들며 나타난 현상이었다.[8]

그저 보는 것만으로도 마음이 편안해지는 이유

해변에 있으면 마음이 편해지고 좀 더 긍정적이고 희망적인 감정을 느끼는 이유와 관련해서는 몇 가지 이론이 있다. 그리고 이 이론들은 마치 파도처럼 하나의 큰 해답으로 합쳐진다.

그중 좀 더 직관적인 가설은 이렇다. 바다는 운동하기 좋은 경관을 제공한다. 그 때문에 사람들은 바닷가에서 자연스럽게 다양한 신체 활동을 하게 된다. 그러면 몸에서 엔도르핀이 생성되고, 뇌에 더 많은 산소를 공급하여 인지 기능을 개선시키며 기분도 좋게 만든다는 것이다.[9] 해안을 따라 걷거나 달리고, 바다에서 수영하고, 모래사장에서 원반던지기를 하는 것은 모두 대표적인 해변 운동이다. 앞서 블루헬스에서 했던 연구는 우리가 물 곁에 있을수록 더 많이 움직인다는 이론에 과학적 근거를 제공한다.

블루헬스 팀은 앞서 조사한 사람들이 다양한 자연환경[10]에서 어떻게 시간을 보냈는지도 분석했다. 그 결과, 녹지에서 더 고된 육체활동을 하게 되는 것이 일반적이지만, 영국인들은 녹지보다 해안가에 좀 더 오래 머무르는 경우가 많아서 결과적으로 해변에서 더 많은 에너지를 사용했다. 또 어떤 연구에서는 물 근처에서 운동하면 녹지에서 운동할 때보다 자존감을 올리는 데 도움이 되는 것으로 보인다고 발표했는데, 그 이유에 대해서는 확실하게 밝혀진 바가 없다.[11]

사실 바다에서는 가만히 서 있기만 해도 좋다. 바다 공기에 유익한 것이 많기 때문이다. 어떤 연구자는 물 분자가 서로 부딪치고 회전해 공기 중에 음이온을 형성하는데(폭포수 효과waterfall effect로도 알려져 있다),[12] 이것이 우울한 감정을 개선해주고,[13] 숲의 나무처럼(좀 더 자세한 내용은 '4장 숲과 나무' 편에서 다룰 것이다) 감염균과 싸우는 자연살해세포natural killer cells[14]를 활성화한다고 주장하기도 하지만, 여기에 대해서는 다소 논쟁의 여지가 있다.

또 어떤 이들은 바다의 치유 능력이 상당 부분 높은 소금 함량 덕분이라고 생각한다. 이 소금 치료법이 생긴 것은 몇 세기 전으로, 당시 유럽 의사들은 폐병 환자에게 소금기 섞인 바다 공기를 들이마시거나 바닷물을 마셔보라고 권했다.[15] 비록 바닷물과 그 성분을 이용한 치료 요법인 탈라소테라피thalassotherapy[16]가 항생제의 출현과 함께 시들해지긴 했지만, 바다와 직사광선은 습진이나 건선과 같은 염증성 피부 질환으로 고통받는 사람들에게 여전히 효과적인 치료제다.

해양과 건강에 관해 많은 연구서를 저술한 블루헬스의 환경심리학자 매슈 화이트Mathew White는 우리가 바다를 보며 상념에서 벗어나 파도의 시각적 패턴에 집중하게 되는 것에도 치료 효과가 있다고 추측한다.[17] 주의 회복 이론의 관점에서 보면, 파도는 우리 주의를 끌어당길 만큼 역동적이면서도 정신적 피로감을 유발할 정도로 자극적이지는 않기 때문에 일시적일지라도 복잡한 마음에서 우리를 자유롭게 해준다. 인지 치료법에 따르면, 이 마음을 누그러뜨리는 파란 색조는 창조성과 연계 능력[18]을 고무시키는 보편적으로 선호되는 색이다.

또 파도 소리는 어떠한가. 해양생물학자 월러스 니콜스Wallace J. Nichols가 자신의 저서 《블루 마인드》[19]에서 짚어냈듯, 잔잔하게 철썩거리는 파도 소리는 부드럽고 규칙적이며 친숙한 자궁 소리와 비슷하다. 이 논리대로라면, 깊이 잠수한 후 몸에 힘을 빼고 물속을 부유할 때 마치 고향으로 돌아간 느낌이 든다고 말하는 사람의 말이 그렇게 근거 없는 소리는 아니다.

바닷물에 뛰어들면 느낄 수 있다

최근 떠오르는 해양 치료 분야에서 의사와 연구자들은 잠수가 어떻게 각종 상처를 치료할 수 있는지에 관해 탐구하고 있다. 대화 치료와 명상 훈련의 요소를 결합한 서핑 그룹 치료의 사례연구에서는 잠수가 우울증, 불안, 외상후스트레스장애PTSD[20] 등 재향군인들의 증상을 완화하는 데 유용하다는 사실을 발견했다. 또 낙후된 남아프리카 지역에서 위험에 노출된 청년들의 감정 조절 능력을 키우고 인생관을 개선하며 신체 건강을 증진시키고,[21] 장애가 있는 아이들의 전반적인 건강상태를 나아지게 하는 데도 잠수가 많은 도움이 되었다.

해양 건강 연구자이자 아일랜드 최초의 빅웨이브big-wave 서퍼 중 한 사람인 이스키 브리턴Easkey Britton은 훈련 효과를 좀 더 질적인 면에서 평가하는 작업을 하고 있다. 여름이 두 번 지날 동안 그녀는 서핑 치료에 보디 매핑body mapping[22]으로 알려진 독특한 기술을 접목하여 자폐가 있는 10대 이하 아이들을 가르쳤다. 매 수업 전에 아이들은 모래 위에 누워 자기 몸 전체와 각 부위의 형태, 기능, 이와 연관된 감정을 파악하는 보디스캐닝body-scanning을 했다. 그런 후, 모래를 비롯해 해변에 있는 사물들을 자유롭게 이용해 자기 몸을 지도처럼 표현하고 이를 통해 스스로의 신체 구조를 어떻게 바라보고 있는지 파악했다. 서핑이 끝난 후에 아이들은 모두 함께 하나의 커다란 보디맵을 그리면서 서핑하며 느낀 몸의 상태와 감정을 공유했다. 브리턴과 그녀의 팀은 아이들이 표현한 보디맵의 발전 과정을 통해 '자존감이 낮은 아이들의 정체성과 자기 인식이 변화했고, 자연과 더 깊이 교감했으며 자신감과 대인 관계, 의사소통 기술이 개선된 것'을 알게 되었다. 아이들은 수업을 돌이켜보며 행복과 자유("몸이 우주에 있는 것 같이 깃털처럼 가볍고 자유로워요"라고 한 아이가 말했다), 공동체와 평등의 감각("모두가 서프보드에서 떨어져요." 누군가가 덧붙였다), 자부심("마음먹은 건 다 할 수 있어요")을 느꼈다고 이야기했다.

결혼·가족 상담치료사 내털리 스몰Natalie Small은 다른 서퍼 그룹에서 이와 유사한 성공 사례를 목격했다. 바로 트라우마를 극복한 성인 여성 그룹의 사례다. 스몰이 속해 있는 그라운드스웰 커뮤니티 프로젝트Groundswell Community Project라는 단체의 상담치료사들도 서핑을 이용하여 성인 여성들이 자기 몸을 재인식하고 주도권을 되찾도록 도와준다. 파도 타는 데 성공할 때마다 참가자들은 잠시 멈춰서 자신의 성취를 맛보고 동료들과 기쁨을 나누도록 지도받는다고 스몰은 말한다. 그렇게 해야 물에서 배운 교훈을 일상으로 가져갈 수 있다고 믿는다. "이 훈련은 뇌에 감정 제어와 자아 인식을 강화하는 새로운 신경 통로를 만들죠." 많은 상담치료사가 서프보드 위에서 새로운 돌파구를 찾는 환자들을 목격했다고 스몰은 덧붙인다.

해양 치료에 서핑만 있는 것은 아니다. 보트 항해 치료법과 수영 프로그램도 많이 사용된다. 결국 물에 들어가는 행위 자체가 육지에서 일어나는 일에 대해 조금 더 건강한 관점을 가질 수 있도록 돕는 것이다.

바다에서 보낸 기억에 달려 있다

기분을 북돋우고 마음을 회복시키는 것뿐 아니라 바다는 우리를 편안하게 해주는, 마치 꿈과 같은 정서를 품고 있다. ('1장 공원과 정원'에서 만난) 엘리너 랫클리프가 해안가나 내륙 산책길 중 한 곳을 선택해 11킬로미터를 걸은 100명 이상의 수면 패턴을 조사했다. 두 그룹 다 산책 후 눈에 띌 정도로 기분이 좋아졌다고 말했지만, 수면 패턴에는 다소 차이가 났다. 해안가 그룹은 그 전날보다 평균적으로 47분 더 오래 취침한 데 비해[23] 내륙 산책길 그룹은 그 전날보다 12분 더 취침했다. 두 산책로는 모두 비슷한 수준의 난이도였다.

그렇다면 무엇 때문에 해안가를 걸은 사람들이 마음의 안정을 찾아 더 오래 수면할 수 있었을까? 랫클리프는 이것이 기억을 끌어내는 바다의 능력과 관련 있을 것으로 생각했다. 물가를 산책한 이들은 내륙을 산책한 이들보다 더 많은 시간 동안 과거의 삶을 고찰했다. "해안은 다른 경관보다 자신을 성찰하고 사색하게 만드는 힘이 더 큰 것으로 여겨지며, 이것은 마음을 치유하고 정신 건강을 증진하는 환경의 개념과 연관된다." 그녀는 보고서에 이렇게 적고 있다. 사실 이 연구는 자연보호단체가 의뢰한 작은 규모의 실험에 불과하고 다른 연구자들의 동료 심사를 거치지 않았으므로 여기서 도출된 결과를 완전한 진리로 받아들일 필요는 없다. 하지만 해변이 마음을 편안하게 해주는 기억을 되살리며 육체가 여행할 때 마음 또한 과거로 여행하도록 도와준다는 생각이 그렇게 이상한 이야기 같지는 않다.

그런데 우리에게 회상할 수 있는 바다에 대한 기억이 많지 않다면 어떨까? 어떤 경관을 처음 본다면 누구라도 익숙해질 시간이 필요할 텐데, 바다는 유독 더 그런 것 같다. 역사와 개인의 경험은 우리가 물을 어떤 식으로 인지하고 얼마나 편안하게 여기는지에 큰 영향을 미친다. 바닷가에서 자란 사람은 이를 한 번도 본 적 없는 사람보다 바다와 더 끈끈한 관계를 맺을 것이다. 바다가 낯선 사람에게는 파도의 시끄러운 소리와 강력한 에너지, 거품을 내며 바닷물을 철썩거리는 모습이 무서울 정도로 생경할지 모른다.

디지털로 구현된 자연에 사람이 어떻게 반응하는지 연구하는 엑시터대학의 앨릭스 스몰리Alex Smalley 박사는 경관과 기억 사이에 흥미로운 연결고리를 발견했다. 현재 진행 중인 버추얼 네이처Virtual Nature 연구를 위해 스몰리는 다양한 무생물 소리(바람이나 파도 같은 자연경관의 소리), 생물 소리(동물 우는 소리), 사람의 말소리(자연에 관한 시적 글을 읊는 소리) 등 다채로운 소리로 자연경관을 느껴볼 수 있도록 하는 사운드스케이프soundscapes를 '숲Forest 404' 시리즈의 일부로 BBC 팟캐스트를 통해 방송했다. 방송을 들은 약 8,000명이 그 소리를 듣고 어떻게 느꼈는지, 특히 스트레스를 받거나 피곤할 때 얼마나 치유 효과가 있었는지 이야기했다. 결론은 이러했다. "기억이 정말 중요한 역할을 하는 것으로 보입니다. 여러 연구에서 얻어진 결론은, 사람들은 특정한 자연환경을 경험한 기억이 있는 경우 디지털로 구현된 자연경관에서 좀 더 치유 효과를 본다는 사실입니다."

스몰리는 파도 소리를 예로 들었다. 바베이도스 섬나라의 해변 사진은 아름다워 보일 수는 있으나, 이를 보고 사람들이 미국 로드 아일랜드 해변을 방문했던 어린 시절을 떠올리지는 않는다. 바베이도스 해변의 소리 자체는 개인의 해석에 따라 달라질 수 있고, 각자의 기억과 일치시키기 더 쉽다.

해변에서 철썩거리는 파도 소리를 듣는다면 뇌는 기억하는 해변이 있다는 전제하에 그 모습을 떠올릴 수 있다. 연구를 통해 스몰리는 해변에 가보지 못한 사람들은 바다의 사운드스케이프를 즐기거나 거기에서 특별한 이득을 얻지 못할 수 있다고 말한다. "이 사실이 사람과 자연 공간의 교감에 관해 굉장히 중요한 점을 시사합니다" 하고 그는 덧붙인다.

그렇다고 해변을 처음 접한 사람이 그 효과를 전혀 누릴 수 없다는 말은 아니다. 기억만으로 자연에서의 경험이 좋아지거나 나빠지지 않는다. 그러나 물의 이미지에서 죠스나 바다 괴물을 떠올린다면 그 경관에 익숙해지고 새로운 감정과 연관시킬 수 있을 때까지 시간이 조금 걸릴 것이라는 뜻이다.

내털리 스몰은 바다를 처음 접했다는 이유로 서핑 치료 마지막 시간까지 물속에 들어가기를 두려워했던 한 여성을 떠올린다. 마침내 용기를 내어 잠수한 후 물에서 나왔을 때 그녀의 얼굴은 눈물로 뒤덮여 있었다.

"울음을 겨우 멈춘 후에 그분은 자신 안에서 지금까지 무슨 일이 일어나고 있었는지 깨달았다고 말했습니다. 처음 파도 아래로 들어간 경험을 통해 그 거친 파도와 혼란은 그저 바다의 겉모습일 뿐이었다는 것을 깨달은 거죠. 그 아래에는 훨씬 더 깊은 공간과 고요함, 평화가 있다는 사실을요. '이게 바로 제 모습이에요.' 그분은 그렇게 말했습니다. '제 머릿속은 온통 혼란이고 트라우마를 자극하는 것들에 끊임없이 반응하지만, 거친 파도가 그저 바다 표면의 모습일 뿐이듯 제 머릿속의 혼란도 그런 것뿐이에요. 저는 너무나 오랫동안 거친 파도 속에 갇혀 있었어요. 하지만 그 파도 아래로 내려가보니 제 안에 파도 이상의 것이 있음을 알게 되었어요. 더 깊은 평화와 고요가 제 안에 있다는 것을요. 저는 이제 언제라도 제 안으로 깊이 다이빙할 수 있습니다. 그냥 숨을 한번 크게 들이마시고 잠수하면 되니까요.'"

이 경험은 바다의 정신적인 가르침에 관해 이야기한다. 바다는 항복과 정복, 그리고 혼돈과 고요라는 이중성의 스승이다.

경영 컨설턴트로 일하다 자신의 다른 면모를 찾기 위해 사무직을 그만두고, 여성의 몸으로는 최초이자 지금까지도 유일한 기록을 세운 로즈 새비지Roz Savage는 홀로 노를 저어 대서양, 태평양, 인도양을 횡단하며 거친 파도를 수없이 경험했다. "저는 바다와 애증의 관계예요. 바다에서 거의 520여 일 동안 낮과 밤을 보냈으니 그럴 만하죠." 새비지는 이렇게 말한다. 그녀가 처음으로 노를 저어 바다를 횡단한 것은 특히나 폭풍이 심하고 기후가 최악이던 대서양에서였다. "거대한 파도는 마치 저를 덮쳐야 할 순간을 정확히 아는 것 같았어요. 처음에는 도발로 받아들였죠. 바다와 의지력을 다투면서 이기려고 안간힘을 썼지만, 결국에는 제 주제를 깨달았죠."

바다에 통제권을 넘겨주고 자잘한 항복의 순간을 맛보는 연습이 궁극적으로 항해를 조금은 감당할 만한 일로 만들어주었다. 바다에 완벽히 고요해지는 순간이란 있을 수 없지만, 어느 순간 바다가 던지는 시험 덕분에 그녀는 자기 본모습을 발견하기 시작했다. "모든 것이 계획대로만 흘러갔다면 저 자신에 대해 그만큼 알지 못했을 거예요."

물은 거울 역할을 한다. 우리는 물에 육체의 겉모습을, 그리고 좀 더 상징적인 모습을 비춰본다. 바다는 스트레스를 줄이고 행복을 느끼도록 도와줄 뿐 아니라 우리의 정체성과 의지력을 굳세게 만들어 때로 일어나는 얕은 일렁거림은 자연스러운 일이라는 것을 일깨워준다.

바다와 해안에서
우리가 할 수 있는 일

다행히도 우리는 이 경관과 다채로운 관계를 맺기 위해 수천 킬로미터 노를 저을 필요는 없다. 심지어 물이 주는 교훈을 배우기 위해 물에 머리를 담그는 것도 싫다면 그렇게 하지 않아도 된다. 앞으로 나올 이야기들은 수영 능력이나 해변으로의 접근성과 상관없이 누구나 물을 가르고 그 품으로 들어갈 수 있도록 도울 것이다.

5~10분이 생긴다면

파도의 움직임 관찰하기

바다 표면의 끊임없는 파도와 예측하기 힘든 격랑은 인간의 생각과 감정을 닮았다. 변덕스럽게 움직이다가도 결국 점차 약해지는 모습은 마치 매 순간의 상념이 의식 너머로 사라지는 것과 같다.

180센티미터 높이에 하얀 거품을 토해내는 불길한 모습의 파도도 언젠가는 해안이라는 그 마지막 지점에 다다른다.

이를 생각하며 매슈 화이트의 파도 가설을 떠올려보자. 해안가에 앉아 숨을 깊게 들이마시고 바다의 패턴에 주파수를 맞춰보라. 그러면서 공기 중에 떠도는 촉촉한 물기와 피부에 와닿는 바람의 느낌에, 그리고 공기의 냄새에 차례차례 주의를 돌려보라. 파도 하나를 시선으로 좇아보라. 놓치면 또 다른 파도를 찾아 집중하라. 이 짧은 휴식으로 사물의 관점이 바뀌거나 마음에 맺힌 무언가가 물과 함께 떠나가는지 지켜보라.

바닷가에서 규칙적으로 명상하기

서퍼이자 물 치료water therapy 연구원인 이스키 브리턴은 바다가 특별한 이유는 부분적으로 역동적이고 끊임없이 변화하기 때문이라고 생각한다. 파도는 오직 한 번만 탈 수 있는 에너지 덩어리다. "바다는 만날 때마다 그 모습이 완전히 달라서 이에 반응하는 저의 모습도 새롭게 발견하는 것 같습니다." 그녀는 이렇게 말한다. 바다는 그 강렬한 매력 때문에 '제자리 명상sit spot'으로 알려진 감각 집중 명상을 시험해보기도 좋다.

- 바다 근처 오래 앉을 수 있는 곳에 자리를 정하라. 자리에 앉아 눈을 감고서 몇 분 동안 주변 소리를 듣고 몸의 감각에 주의를 기울이며 그 장소에 녹아들어라.

- 준비되면 눈을 뜨고 바다와 육지가 만나는 지점에 집중하라. 시야로 무엇이 들어오고 무엇이 나가는지 논리적 판단 없이 관찰해보라.
- 그리고 나서 과녁의 둘레를 정중앙부터 한 층씩 넓히듯 천천히 시야를 확대하라. 응시의 범위를 넓히며 움직임을 포착해보라.
- 세상과 인생의 덧없음을 떠올릴 때마다 이곳으로 돌아오라.

1시간이 생긴다면

자신을 정화하기

다이빙을 할 수 있을 만큼 수영에 자신이 있다면 바다로 내보낼 준비가 된 것들을 마음속으로 적어보라. 어떤 식으로든 버리지 못하고 있는 습관, 관계, 혹은 상념이 무엇인지 잠시 생각하자. 그리고 나서 물에 들어가 눈을 감고 이런 것들이 바닷물에 씻겨 내려가는 상상을 해보라. 하나씩 하나씩, 그 작은 짐들이 파도에 실려 마침내 해안가에서 산산이 부서지는 것 같은 감각을 느껴보라. 수영에 자신이 없다면, 얕은 물에서도 이런 정화 의식을 치러볼 수 있다. 마음이 편한 곳까지 물결을 헤치며 나아가 몸을 씻어내고 마음의 짐을 한 줌씩 걷어내자.

바다에 대한 기억을 반추하기

물에 대한 최초의 경험들은 그것이 긍정적이든 부정적이든 강한 인상을 남기는 듯하다. 바다에 대한, 혹은 바다가 아니더라도 당시 거대하게 느껴졌던 물에 대한 최초의 기억은 무엇인가? 누구와 함께였는가? 그 물이 어떤 모습이었고, 어떤 느낌이었는지 기억하는가? 그 기억을 떠올릴 때면 어떤 감정이 느껴지는가?

이 질문들을 생각해보면 이 경관에 대해 어떻게 느끼고, 왜 그런 느낌이 드는지 캐내볼 수 있다. 최대한 자세하게 적으며 일일이 파헤쳐보자. 그런 기억들이 현재 당신이 바다를 대하는 모습에 어떤 영향을 끼쳤는가?

물에 대한 최초의 기억은 내가 거의 익사할 뻔했던 일이다. 아직 걷지도 못하던 갓난아기였을 때다. 여름이었고, 엄마와 나는 오두막집을 빌려 휴가를 보내고 있었다. 엄마가 선창에 느긋하게 누워 잠시 한눈판 그 찰나의 순간, 나는 물속에 얼굴을 집어넣었다.

깨끗한 물 아래로 모랫바닥을 내려다본 것이 기억난다. 햇빛이 수면을 통과하며 무지갯빛 물결을 만들어내던 것도 기억난다. 몹시 더운 날이었고 물은 정말 시원했다. 나는 그저 아름다움만을 기억한다. 그다음으로 기억나는 것은 남청색 운동화 한 켤레가 내 앞에 떨어지던 광경, 휙 튀겨 들어온 모래진흙과 묶이지 않은 흰색 운동화 끈이 물속에서 둥실 떠오르던 장면이다.

엄마가 나를 집어 올려 껴안았다. 엄마는 비명을 지르고 있었다. 하지만

나는 재밌게도, 그저 까르르 웃고 있었다. 이 사건은 나에게 충격적인 상처로 남지 않았다. 물은 그 이후로 가장 좋아하는 장소가 되었다.

— 질 하이너스Jill Heinerth, 세계기록을 보유한 심해 동굴 다이버

자, 이제 다시 물가를 찾아가라. 이번에는 순전히 감각에 집중한 명상을 해보라. 그곳이 어떻게 보이는지, 냄새는 어떤지, 소리는 어떻게 들리는지 깊게 느껴보라. 세계기록을 보유한 동굴 다이버로 육지보다 물속을 더 편안하게 느끼는 질 하이너스는 성인반 수영을 가르치고 있다. 하이너스는 물에 안 좋은 경험이 있는 사람들이 물과 연결된 부정적 감정에서 육체를 분리하고 짙푸른 바다에 새로운 매력을 느낄 수 있도록 이 명상 전략을 이용한다고 한다.

물에 몸을 맡긴 채 나를 지지하는 감각 느껴보기

바다에 몸을 띄워본 경험이 있는 사람이라면 아래에서 몸을 떠받치고 있는 것 같은 편안한 감각, 하늘과 얼굴을 마주한 채 순간적으로 중력이 사라지는 듯한 느낌을 알고 있을 것이다. 물은 누구에게나 공평하다. 물에서는 누구나 중력을 초월하고, 자유로워지는 느낌을 받을 수 있다. 물은 육지에서와는 달리 모든 사람을 끊임없이 공평하게 지지한다.

배영 휴식Flotation-REST이나 환경 자극 최소화 치료법은 이와 유사한 경험을 실내에서도 할 수 있게 해준다. 칠흑처럼 어두운 공간에서 사리염Epsom salt을 뿌린 물 위에 떠 있으면 신경계로 입력되는

감각이 줄어들어 스트레스와 불안증이 완화된다는 것을 보여주는 경험적(얼마간은 과학적[24]) 증거가 있다. 2018년에 실행했던 한 연구에서 환자들은 배영 휴식을 한 시간 정도 하니 스트레스가 줄고 근육의 긴장과 고통, 우울증이 완화됐으며 전보다 평온함, 편안함, 행복을 더 느끼는 등 전반적으로 건강해진 것 같다고 말했다. 걱정이 많은 사람일수록 이 휴식으로 더 강한 효과를 얻은 것으로 보였다.

아버지는 해양구조원이었고, 그 때문에 나는 어린 시절부터 물의 위험에 노출되어 있었다. 아버지는 항상 이렇게 말씀하셨다. "절대 바다를 무시해서 등을 돌리면 안 된다." 이는 비유가 아니라 실제 행동을 의미한다. 바다에 등을 보인다면 파도가 와서 우리를 삼킬 것이다.

나는 자라면서 바다를, 함께 노는 방법을 알아가는 일종의 상상 친구로 대했다. 그러나 바다는 마치 무작정 달려가서 등에 업힐 수 없는 거대한 용 같아서 존경심을 가지고 대해야 한다. 나는 그때 아버지가 하신 말씀을 항상 마음에 새기고 있다.

게다가 내가 잊을 만하면 바다는 즉시 자신이 거친 야생의 존재이며 인간의 태생적 거주지가 아니라는 것을 상기시킨다. 나는 우리가 바다를 깊이 존경하고 존엄성을 가진 존재로 대한다면 어느 정도는 그곳과 가까워질 수 있으리라 생각한다.

— 에미 코크Emi Koch, 서퍼·인도주의자·사회생태학자

잔잔하고 소금기 있는 물에 들어갈 기회가 생긴다면 상담 치료를 한 번만 미루고 그저 물 위에 떠 있어보라. 눈을 감고 밑에서 당신의 몸 전체를 떠받쳐주는 느낌이 들면 마음이 자유롭게 떠돌도록 풀어줘라.

더 많은 시간이 생긴다면

바다에 대해 더 깊이 알아가기

우리는 대부분 어릴 때부터 육지에서의 안전 교육, 예를 들어 길을 건널 때는 좌우를 살피라는 등의 가르침을 받았지만, 에미 코크가 배웠던 방식으로 바다에 대한 소양을 쌓지는 못했을 것이다. 바다와 깊은 유대감을 쌓기 위해서는 우선 처음으로 되돌아가 차근차근 알아가야 한다. 사는 지역의 조수와 격랑, 바다 생물과 해초에 대해 시간을 들여 공부한다면 물은 이전보다 예측할 수 있고 덜 위협적으로 느껴질 것이다.

자녀가 있다면 아이들이 일찍 바다를 경험하게 해 물과 좋은 관계를 형성하도록 도와줘라. 수족관 견학이든, 하루 일정의 바다 여행이든, 수영장에 가든 물과 긍정적인 관계를 맺을 수 있는 활동이라면 모두 언젠가는 도움이 될 것이다.

해양 스포츠 배우기

서핑, 보디보딩, 심지어 수영마저 얼핏 보면 바다를 정복하는 활동 같지만, 사실은 바다에 자신의 통제권을 넘기는 활동이다. 이런 스포츠를 하면서 긴장하거나 바다를 통제하려고 애쓰면 매번 싸움에서 이기는 것은 바다가 될 것이다. 바다에서 새로운 기술을 배우면서 정말 보람을 느끼는 순간은 바다와 함께 기술을 완성한다고 느낄 때다. 바다와의 상호 소통과 성취감을 느껴보고 싶다면 새로운 해양 스포츠에 관심을 가져보기를 권한다.

낮 동안 해변에서 충전하기

마음을 편안하게 해주는 파도 소리만큼 몸과 마음도 안정을 찾고 싶다면, 태양 에너지가 당신을 충전시키고 있다고 상상해보라. 얼굴을 위로 향하게 모래에 누워서 배터리가 되었다고 상상하며 에너지와 열기를 비축하라. 열기가 발가락에서 시작해 무릎으로 올라오고, 그다음 엉덩이로, 가슴으로, 그리고 마침내 머리까지 올라와 마치 휴대전화의 배터리 아이콘처럼 꽉 찬 모양이 되면 충전을 마친 것이다. 따뜻한 열기와 빛을 소중히 품고, 이제 그 힘이 당신의 일부가 된 것을 인식하며, 이를 세상과 공유할 방법들을 생각해보라.

밤바다에서 밀물과 썰물, 그리고 달 관찰하기

이를 위해서는 몇 가지 계획이 필요하다. 그리고 해가 져도 해변으로 나갈 수 있어야 한다. 밤의 밀물 때, 서서히 썰물이 시작되기 몇 분 전에 바다로 나가보라. 발을 바닷물에 담근 채 발목에 흔적을 남기며 밀려왔다 밀려가는 파도와 교감해보라. 조수가 어떻게 점진적으로 이동하고 어떻게 달로 인해 뒤로 밀려나는지 지켜보라. 물결이 몇 센티미터씩 물러나 결국 해변 저 아래로 멀어지는 과정을 관찰하라.

밀물, 썰물과 이 두 흐름의 합작에서 배울 부분이 많다. 물이 발치에서 멀어져가는 몇 분 동안, 당신의 삶에서 이 두 흐름은 어떤 모습일지 생각해보라. 기분, 에너지, 관점이 하루 동안 어떻게 변화하는가? 그 변화가 유연하게 이어지는가, 아니면 갑작스럽게 일어나는가? 바다를 관찰하는 것이 새로운 관점을 유연하게 받아들일 수 있도록 해주는가? 당신의 달은 무엇인가? 다시 말해 당신을 끌어당기는 힘은 무엇인가? 그것은 사람일 수도, 목표일 수도, 아이디어일 수도 있다. 당신이 그 힘에 좀 더 능숙하게 반응한다면 어떤 모습일까? 바다 표면을 바라보며 위 질문들에 대한 답에 도움을 받아보자.

바다와 해안이 가까이 없다면

인공 폭포나 분수 등을 보러 가기

내륙에 사는 사람들에게 분수 같은 인공 구조물은 꽤 그럴싸한 바다의 대체물이 될 수 있다. 거기에도 우리 주의를 끌고 마음을 회복시키는 힘을 지닌 파도와 물결이 있기 때문이다.

근처에 분수, 연못 등의 인공 구조물이 있다면 그 옆에 앉아 물의 움직임과 소리에 특히 주의를 기울이며 우리 이론이 맞는지 시험해 보자. 혹은 탁자 위에 놓을 수 있는 작은 분수 장식물, 정원에 놓는 수반처럼 물이 흐르는 인공 구조물을 집 안에 두고 그 곁에 있으면 마음이 편안해지는지 지켜보라. 현대건축에 자연 요소를 접목하는 바이오필릭biophilic 디자인을 지지하는 사람들[25]은 폭포, 수족관, 물체 표면에 비치는 물그림자, 심지어는 물의 이미지를 공간에 들이면 편안해질 수 있다고 말한다.

녹음한 바닷소리 듣기

철썩거리는 바닷소리를 녹음한 디지털 음향도 실제와 거의 비슷한 감정을 끌어낼 수 있다. 2017년에 브라이턴&서식스 의과대학 연구자들은 녹음된 자연의 소리가 우리 주의를 외부로 끌어내어 긴장을 풀어준다는 것, 특히 스트레스를 많이 받은 사람일수록 그 효과가 더 좋다는 것을 발견했다.[26]

앞서 앨릭스 스몰리에게 배운 바와 같이 좋아하고 뭔가 떠올릴 만한 기억이 있는 풍경의 소리에 우리는 가장 긍정적인 반응을 보인다. 그러므로 해변을 좋아한다면 내면의 갈등으로 어쩔 줄 모르거나 감정이 격해져 마음을 다스릴 수 없을 때, 구글에서 검색되는 1억 8,300만 가지 이상의 바닷소리 중 하나를 골라 틀어놓고, 당신이 고른 상상의 해변에서 눈을 감고 휴식을 취하라. 그러나 자연의 추출물이 진짜와 견줄 수 없는 것만은 사실이다.[27] '1장 공원과 정원'에서 소개했던 프랜시스 쿠오가 이에 대해 "자연은 마치 종합비타민제 같다. 우리는 디지털의 각 요소에서 각기 다른 이득만을 취할 수 있다…. 모든 것을 한꺼번에 얻기 위해서는 자연 속에 있어야 한다"[28]라고 말한 것에 나도 동감하지만, 그래도 아무것도 없는 것보다는 분명 나을 것이다.

사리염으로 목욕하기

사운드스케이프를 듣는 동안 욕조에 몸을 담그고 있으면 더 입체적인 감각을 느낄 수 있다. 바다 경험을 한층 더 풍부하게 재현하기 위해 물에 사리염을 뿌려보자. 욕조에 자리 잡고 눈을 감으면 소리가 당신을 욕실 밖으로, 어쩌면 한동안 생각해보지 않았을 해변으로 이끌 것이다.

비가 내려 바다에 나갈 수 없다면

앨릭스 스몰리의 연구에 따르면 사람들은 새소리처럼 야생동물의 소리가 포함된 사운드스케이프에서 치료 효과를 더 느끼는 경우가 많다. 생명이 느껴지지 않는 자연경관의 소리는 위협적이지 않은 동물 소리가 더해지면 더욱 풍요로운 효과를 낸다. 해변에 갔는데 비가 와서 실망스럽다면 해변 근처 방 안에서 자연의 사운드스케이프를 들어보자. 수면을 두드리는 빗방울 소리, 해안에 부딪히는 파도 소리, 그리고 기압의 변화를 알리는 갈매기 소리가 합쳐져 정말 감미로운 사운드트랙을 만들어낸다. 꼭 창문을 열어 모든 소리를 받아들이는 것을 잊지 마라.

바닷가에서 발견한 것들을 새롭게 바라보기

나는 여느 사람들처럼 조개껍데기를 무척 좋아한다. 한때 조개껍데기를 보면 그것을 주웠던 해변과 그때 같이 즐겁게 시간을 보낸 사람들이 떠올랐다. 그러나 앤 머로 린드버그Anne Morrow Lindbergh가 자신의 저서 《바다의 선물》에서 홀로 바닷가 여행 중에 발견한 달팽이 껍데기에 관해 쓴 이야기를 읽고 이 기념품들을 새로운 관점으로 보게 되었다.

"달팽이 껍데기는 단순명료하다. 텅 비어 있다. 아름답다. 겨우 내 엄지손가락만 한 작은 껍데기의 구조는 그 세밀한 부분까지 완벽하다. (…) 하지만 내가 가진 껍데기는 그렇지 않은 듯하다." 그녀는 바쁜 엄마로 사는 자신의 삶을 조개껍데기에 빗대어 이렇게 쓴다. "얼마나 난잡한 모습이 되었나! 이끼에 얼룩지고 따개비가 들러붙어 울퉁불퉁해져 더 이상 원래 형체를 알아보기 힘들 정도다. 물론 내 껍데기도 한때는 완전한 형체였다. 내 마음속에는 아직도 그렇게 남아 있다. 내 삶의 완전한 형체는 어떤 모습인가?"

그녀는 결국 껍데기에서 벗어나 바다에서 사는 삶의 단순함에 매료된다. 경관은 단순히 주의를 분산시키는 오락물이나 시시한 유희의 대상이 아니다. 그것은 각 요소의 가장 순수한 형태다. 해변은 껍데기를 쓰는 대신 벗기 위해, 더 단순한 기쁨과 다시 마주하기 위해 가는 곳이다. 지금 내 껍데기를 보니, 이들의 소박함과 단순함에 약간 질투도 나고, 어떻게 하면 나도 이들처럼 삶을 단순하게 만들 수 있을까 하는 생각이 들기도 한다.

바다와 해안에서 더 생각해볼 것

인간과 바다의 관계는 신뢰, 통제, 순응에 관한 사례연구다. 이 주제들이 당신의 삶 속에서 어떻게 운용되는지 생각해보자. 시간을 조금만 투자하여 아래 질문에 자유롭게 답해보자(녹음된 파도 소리를 틀어놓고 가장 좋아하는 해변 사진을 옆에 둔 채 해보면 어떨까?).

- 가장 최근에 집중했던 일은 무엇인가?
- 완전히 새로운 일을 한 것이 마지막으로 언제였는가? 무슨 일을 했는가? 그 후에 무엇을 느꼈나?
- 당신이 지금 마주하고 있는 도전 과제는 무엇인가? 어떻게 하면 그 상황을 통제하려는 마음을 약간 내려놓을 수 있을까?
- 당신이 가장 편안하게 느끼는 자연경관을 세밀하게 묘사해보라. 그리고 스트레스를 받거나 버거운 상황이 닥쳤을 때 다시 떠올릴 수 있도록 마음속에 간직하라.

바다와 해안이
지속 가능하도록

우리는 선천적으로 더럽고 황폐한 환경보다 깨끗하고 수생생물이 풍부한 환경을 더 좋아한다. 쓰레기는 바닷가의 정신 회복 능력을 해친다.[29] 사람들은 비어 있는 수족관을 볼 때보다 다양한 수생생물로 가득 차 있는 수족관을 볼 때 심박수가 감소하고 행복 지수가 더 올라간다고 한다.[30]

그러므로 바다 생태계를 지속할 수 있는 방식으로 가꾸는 일은 대양에 고마움을 표시하는 일일 뿐 아니라 결국 우리 건강에 힘이 되는 일이기도 하다. 바닷가에서 파도를 만끽하거나 그 사운드트랙에 심취해본 일이 있다면 이제는 은혜를 갚을 때다. 여기 바다가 처한 가장 긴급한 세 가지 위협과 이에 맞서 우리가 할 수 있는 일들을 소개한다.

플라스틱 쓰레기

매년 육지에서 만들어진 플라스틱이 얼마나 많이 바다로 가게 되는지 확실하게 말하긴 어렵지만, 가장 자주 인용되는 연구 모형에서는 그 수치를 480만 톤에서 1,270만 톤으로 보고 있다.[31] 이해를 돕기 위해 예를 들자면, 그 중간 수치인 800만 톤은 맨해튼보다 34배 넓은 지역을 발목 깊이의 플라스틱 쓰레기로 뒤덮을 수 있는 양이다.[32] 바다에 갇힌 플라스틱은 옷가지의 초미세 합성섬유나 고무 타이어의 중합체 화합물 같은 길거리 쓰레기들이 비에 씻기거나 하수구로 휩쓸려 내려가 바다로 흘러들어 생긴다. 쓰레기 처리 시스템이 낙후된 개발도상국에서 버려진 플라스틱들은 대부분 쓰레기 매립지에서 바다로 직행한다.

플라스틱 쓰레기가 바다에 끼치는 영향은 맨눈으로도 확인할 수 있다. 우리는 이미 맥주 캔들을 연결하는 플라스틱 고리에 걸린 거북이나 뱃속이 빨대로 가득 찬 물고기 사진을 보고 충격받은 바 있다. 하지만 눈에 보이지도 않고 알려지지도 않은 플라스틱 위협이 또 존재한다. 시간이 지날수록 썩지 않는 플라스틱은 작은 조각으로 변하고, 결국 미세플라스틱 상태가 되는데, 이때 크기는 5밀리미터 정도이거나 이보다 더 작다. 우리가 이 미세플라스틱을 맨눈으로 볼 수 있는 건 아니지만 모든 곳에 존재한다고 짐작할 수 있다. 공기 중에, 음식 속에, 땅에, 그리고 바다 전체에 흩어져 있을 것이다. 바다에 있는 플라스틱의 99퍼센트는 눈에 보이지 않는다.[33]

바다를 항해하며 플라스틱 오염이 바다에 끼치는 영향을 연구하는 여성 환경 단체 이엑스페디션eXXpedition의 공동 설립자인 에밀리 펜Emily Penn은 현미경으로 바닷물 표본을 들여다보면 미세플라스틱과 플랑크톤을 구분하기 힘들 정도라고 말한다. "이것을 보면 문제의 심각성을 이해할 수 있습니다. 바다 한가운데 커다란 플라스틱 섬 하나가 있는 것이 아닙니다. 너무나 작아 인간의 맨눈으로도 구분할 수 없는 조각들이 널려 있으니 물고기는 말할 필요도 없죠."

미세플라스틱이 인간과 수생생물의 건강에 장기적으로 어떤 영향을 미칠 것인지 판단하기에는 아직 이르다(왜냐하면 플라스틱은 큰 그림에서 볼 때 비교적 최근 발명품이기 때문이다). 그러나 플라스틱이 너무 흔해졌다는 사실만으로도 충분히 걱정거리가 된다.

사고방식의 전환:
'완전히' 사라지는 것은 없음을 안다

"완전히 사라지는 것은 없다"라는 문구는 쓰레기 배출량을 줄이자는 환경보호 캠페인에서 많이 쓰인다. 쓰레기를 쓰레기통이나 재활용 수거함에 던져 넣는다고 그냥 사라지지 않는다는 것을 명심하라는 취지다. 이 말을 들으면 나는 보통 바다를 떠올린다. 내가 몇 년 동안 사용한 플라스틱이 쌓이고 쌓여 더 이상 모래조차 볼 수 없는 해변의 모습을 상상한다. 플라스틱 쓰레기의 심각성을 상기하기 위한 굉장히 어둡고 우울한 방식이지만(당신에게도 이 광경을 떠오르게 했다면 정말 미안하게 생각한다) 효과적이긴 하다!

그 모습을 떠올릴 때마다 나는 플라스틱으로 포장된 새 상품을 보며 나한테 정말 필요한 물건인지 생각해본다. 이를 완벽히 제거할 방법이 없다는 것을 알기 때문이다. 내가 쉽게 피할 수 있는 일회용 플라스틱은 슈퍼마켓에서 주는 비닐봉지(포장되지 않은 상품을 카트에 넣어 구매한 후 집에서 씻어 쓰거나 천 가방을 가져가 담아온다), 비닐랩(빈 통에 음식을 담거나 알루미늄포일을 재사용하고, 혹은 다시 쓸 수 있는 실리콘 지퍼백, 벌집에서 채취한 천연 고체인 밀랍랩을 사용한다), 커피와 음료병(내가 마실 음료는 직접 만들자), 클렌징과 세안 용품들(재활용 용기에 든 클렌징 제품을 사고, 종이로 포장된 비누와 샴푸바를 고른다)이다. 대용량 보관함을 마련하고 농산물 직판장을 이용해서 가능하면 비포장 식품을 구매하며 재사용·재활용 용기에 든 물티슈, 비누, 샴푸들을 배달해주는 서비스도 이용해보자.

개인이 플라스틱 쓰레기를 줄이는 것도 중요하지만, 결국 플라스틱 오염 문제는 환경문제 대부분이 그렇듯 개인의 행동만으로 해결되지 않는다. 정부와 대기업이 적극적으로 개입해서 애초에 원치 않았던 것을 사서 잘 버릴 방법까지 생각해야 하는 소비자들에게 그 책임이 떨어지지 않도록 해야 한다(치약을 살 때 우리는 안의 내용물 때문에 사는 것이다. 같이 따라붙는 귀찮은 치약 통은 단지 치약을 우리에게 운반해주는 용기일 뿐이다). 결국 기업들은 용기 안에 든 제품뿐 아니라 용기 자체도 책임져야 한다.

수산물 남획

유엔에 따르면 세계 해양 수산업의 3분의 1은 수산물을 무분별하게 남획하고 있다. 이는 수산물의 숫자가 자연적으로 증가하는 속도보다 더 빠르게 감소하여 수생생물 수가 격감하거나 붕괴할 위험에 처했다는 뜻이다.[34] 남획의 영향은 이미 신속하게 번졌다. 나는 캐나다 밴쿠버섬 서해안의 헤스키어트 원주민 단체Hesquiaht First Nation 원로인 줄리아 루커스Julia Lucas와 이야기를 나누었는데, 그녀는 자신이 어릴 때 살던 곳에 물고기가 얼마나 풍부했는지 기억한다고 말했다. 지금 그녀는 1년에 6킬로그램 정도의 수산물밖에 잡지 못한다. 현재의 남획량이 이어진다면 2050년에는 수생생물의 88퍼센트가 남획될 것으로 예상된다.[35]

바다는 규제하기 어려운 곳으로 악명 높다. 남획, 멸종 위기종 어획, 트롤 어업 같은 파괴적 어업(대형 그물을 쳐서 실제로 잡으려는 수산물뿐 아니라 다른 종들까지 한꺼번에 잡아 죽이는 수법)과 폭파 낚시(다이너마이트 같은 폭발물을 사용해 한 구역의 물고기를 한꺼번에 죽이는 것)로부터 자국의 해리海里를 보호하려는 해안 국가들의 법률과 규제까지 제각기 다르다.

그러나 바다는 섬세한 균형 위에 존재하고, 모든 생물은 저마다 그 균형을 유지하기 위해 자신의 역할을 다하고 있다. 특정 물고기 수가 격감하면 전체 생태계가 타격을 받는 이유가 바로 여기에 있다. 루커스는 한 원로가 자신에게 했던 말, 마을의 주요 식량이었던 연어가 그 먹잇감인 청어의 남획 때문에 모두 사라졌다는 말을 들었던 날을 아직도 기억한다.

사고방식의 전환:
내가 먹는 음식이 어디에서 왔는지 안다

적어도 미국에서는 육식 인구 대부분이 생선 요리보다 햄버거의 원산지에 관심이 더 많다. 아마도 지속할 수 있는 방식으로 양식된 수산물이 지속할 수 있는 방식으로 사육된 고기보다 파악하기 어렵다는 데 이유가 있을 것이다. 소고기나 돼지고기와는 다르게 야생 포획 어류에 유기농, 방목 라벨을 턱 하니 붙일 수는 없다. 우리가 먹는 물고기가 양식장에서 자라지 않았다면 원산지가 어디인지, 무엇을 먹고 자랐는지, 주로 어디를 헤엄치고 다녔는지 알 길이 없다. 그나마 우리가 물어볼 수 있는 것은 그 물고기가 무슨 종인지와 어디서 어떻게 어획됐는지다.

남획, 서식처 악화, 기후변화의 결과로 어획량 감소가 소규모 어업에 끼친 영향을 지역사회 기반으로 연구하는 에미 코크는 모든 식당 메뉴에 생선 타코와 수제 맥주가 들어가 있는 캘리포니아의 해안 소도시 출신이다. 코크는 식당 손님들이 웨이터와 바텐더에게 맥주 생산지를 묻는 일은 허다하지만, 생선 원산지를 묻는 경우는 거의 없다는 사실을 발견했다. 이 나라의 해산물 산업이 좀 더 정교한 방식으로 돌아가도록 유도할 수는 없을까? 근방의 어업과 그 운영 방식을 안다는 사실에 자긍심을 가지는 사람이 더 많아질 수는 없을까? 나는 이런 움직임이 생긴다면 해양 산업이 어획에 대해 좀 더 신중하고 지속 가능한 방식을 고려할 수밖에 없도록 압박받을 것이 틀림없다고 생각한다.

그러니 다음에 식당에 가게 되면 생선을 어디에서 어떻게 잡았는지 한번 물어보라. 어쩌면 질문하는 사람도 조금 어색할 수 있고, 질문받은 사람도 그 답을 모를지 모른다. 하지만 당신의 호기심이 결국 미래에 가서는 식당 주인은 물론이고 당신의 동행까지 그 질문에 답하기 위해 조금은 더 적극적으로 수소문하도록 만들 것이다.

산성화

바다는 거대한 탄소 흡수원carbon sinks이지만(대기 중 탄소를 모으고 저장하는 양이 방출하는 양보다 더 많다는 뜻이다), 그보다 나는 쓰레기 처리장이라고 생각한다.

이 탄소 흡수원은 햇볕이 닿는 해수면 가까이 떠다니면서 광합성을 통해 공기 중의 이산화탄소 흡수를 돕는 해양 미세조류인 식물성 플랑크톤에서 부분적으로 연료를 공급받는다. 이 식물성 플랑크톤들이 더 큰 포식자에게 먹혀 이산화탄소가 다시 배출되는 자연스러운 과정을 통해 해수면의 이산화탄소 중 일부는 더 아래로 가라앉아(내가 왜 처리장에 비유했는지 알겠는가?) 결국에는 해저에 안착하는데, 그곳에서 이산화탄소는 대기에서 벗어나 안전하게 저장된다. 바다의 탄소 주기와 육지의 탄소 주기 사이에는 유사점이 있다. 그래서 선구적인 해양생물학자이자 탐험가이며 미션 블루Mission Blue의 창립자인 실비아 얼Sylvia Earle은 바다가 입는 손상을 숲 전체를 벌채하는 개벌에 비유한다.

다른 점이 있다면 우리는 바다를 개벌하는 대신 바다의 목을 조른다는 것이다. 세계의 이산화탄소 배출량이 증가하면 이 이산화탄소는 표층수에 쌓여 산성화되기 시작한다(물 더하기 이산화탄소는 산성). 바다의 산성화는 해양 생물, 특히 산호초 같은 섬세한 구조체가 번창하고 재생하는 능력을 저해한다.

바다는 기후변화에 대항할 수 있는 가장 강력한 완충장치 중 하나인데도(바다는 인간이 방출하는 이산화탄소의 약 30퍼센트를 흡수할 수 있다[36]), 인간이 바다를 혹사하여 제 기능을 하지 못하도록 막고 있다는 사실은 모순적이다. 환경 잡지 〈아트모스Atmos〉 인터뷰에서 얼은 이렇게 말한다.[37] "우리가 숨 쉬는 공기, 온도 조절 장치처럼 지구를 살 만한 곳으로 만들어주는 모든 것들은 다시 바다의 품으로 돌아갑니다. 지구의 삶에 대해 더 많이 알게 될수록 모든 것이 서로 연결되어 있다는 것을 깨닫게 되죠."

사고방식의 전환:
모든 것이 서로 연결되어 있음을 안다

완전히 단절된 상태로 자연에 존재하는 것은 없으며, 바다 또한 예외가 아니다. 이스키 브리턴에게 더 좋은 환경 운동가가 되는 방법에 대해 충고해달라고 했을 때 그녀는 바다가 모든 것과 연결되어 있다는 사실을 단순히 인식하는 것에서부터 시작해야 한다고 말했다. "기후변화와 기후 위기를 이야기할 때 우리는 실은 바다에 관한 이야기를 하고 있는 것입니다."

이 말은 기후 온난화 속에서 이산화탄소 방출을 막기 위해 당신이 할 수 있는 모든 행동과 역할이 결국 거대하고 푸른 바다와 그것이 품고 있는 모든 것을 보호하게 될 것임을 시사한다.

Return to Nature

3장

산과 고지대

세상을 바라보는 관점의 변화

"산에서는 나보다 높은 차원의 존재가
내 안에 자리하는 것을 느낀다."

두 시간 정도 올라간 후 우리는 다시 평지에 이른다. 해발 457미터 위에서 내려다보는 세계는 그 윤곽이 더 부드럽게 보인다. 산을 올라오는 길에 우리를 그토록 괴롭혔던 미끄러운 바닥은 이제 녹색 덮개 아래에 점잖게 깔려 있다. 힘겹게 탔던 가파른 바위는 이제 그저 광대한 전망의 한 조각일 뿐이다. 산을 오르며 느꼈던 스트레스조차 둔감해져서 마치 산 초입에서 느꼈던 걱정거리들이 높이에 비례해 줄어든 것 같다. 오늘 어케이디아 국립공원의 정상을 오른 이가 나와 내 친구만은 아닌데, 지금 산 정상에 올라온 모든 사람이 나와 비슷한 경험을 하고 있을 것 같다는 생각이 든다. 등산으로 인해 우리 관점이 상쾌하게 확대되는 경험 말이다.

산과 고지대의 치유법

산은 하늘이 처음으로 땅과 만나는 곳이며 지구의 거의 4분의 1을 차지한다. 지구에서 가장 높은 대지로, 물을 모으고 바람을 막아주는 등 지상에 귀중한 생태계 서비스를 제공한다. 산은 또 은거를 상징하며, 방문객과 산그늘 아래 사는 대략 9억 1,500만 사람들에게 경외심을 불러일으키는 존재이기도 하다.[1]

산이 건강에 미치는 영향에 대해 말할 때 우리는 뻔한 몇 가지 사실을 바로 떠올린다. 등산은 힘들고 땀나는 육체 활동이기 때문이다. 그러나 내가 그날 어케이디아를 오르며 배운 것은 위로 오를수록 산이 정신 건강에 미치는 영향도 꾸준히 커진다는 점이다. 자연 속 운동, 경외심, 생물과 생태계 등 모든 생명의 풍요로움 정도를 나타내는 생물 다양성biodiversity에 관한 최근 연구를 한데 종합한다면, 어떻게 산이 우리 시야를 다방면으로 넓혀주는지 감을 잡을 수 있을 것이다. 지상에서 정상까지 함께 오르며 그 과정을 살펴보자.

입산: 자연 속 운동을 위한 첫걸음

실제로 산으로 가서 우리의 몸과 마음이 어떻게 반응하는지 추적한 연구는 상대적으로 적다. 산악 운동의 연구 범위가 제한됐던 이유는 부분적으로 실험 운영상의 문제에 있다. 환경과 건강 연구가 주로 이루어지는 대학들은 대부분 산과 멀리 떨어져 있다. 또 산보다 접근하기 쉬운 자연경관의 건강상 이점에 관해 연구하면 정책 변화에 힘을 보탤 수 있고, 새로운 공원이나 숲을 조성하는 데도 도움이 될 수 있다.

하지만 산을 새로 짓는다? 별 도움이 안 된다. 이 말은 곧 산이 왜 건강에 좋은지 탐구하려면 다른 지형에 관한 연구를 참고하여 추론해야 한다는 뜻이다.

그 시작으로, 우선 우리는 자연 녹지에서 하는 모든 운동에 대한 문헌을 파헤쳐볼 수 있다. 현재 존재하는 관련 문헌에서는 같은 운동이라도 야외에서 하는 것이 실내에서 하는 것보다 효과가 좋다고 말한다. 연구자들은 몸을 움직여서 얻는 신체적 이점과 야외에 있으면서 얻는 정신적 이점이 서로 상승작용하기 때문에 두 가지 이점을 합친 것보다 전체 이점이 더 커진다는 사실을 발견했다.

녹지 운동이 줄 수 있는 정신적 이점에는 자존감을 높이고 긍정적인 기분을 갖게 하며,[2] 단기적인 스트레스에서 회복할 수 있도록 도와주는 것 등이 있다.[3] 신체적으로는 자연에서 운동할 때 힘든 것을 덜 느끼며,[4] 운동 후 혈압도 야외에서 운동하면 실내에서보다 더

빨리 정상으로 돌아온다는 것 등을 들 수 있다.[5]

우리는 아직 녹지 운동의 정확히 어떤 면이 이런 부가적 이점을 주는지 알지 못하지만, 녹지 운동 연구가이자 에식스대학 부교수인 조 바턴Jo Barton은 녹지 운동이 모든 감각을 동원하며 좀 더 재미있다는 점, 그리고 그 외의 많은 요소가 합쳐진 결과라고 생각한다. "녹지 운동은 대부분 실내운동보다 더 즐겁게 할 수 있어서 꾸준히 하기 쉽죠. 녹지 운동은 사회적 교류를 촉진하기도 하는데, 이런 것들이 아마도 운동을 더 즐겁게 만드는 요인일 거예요."

산은 그 높이와 가파른 경사 때문에 혼자서든 함께든 녹지 운동을 하기에 가장 격동적인 장소다. 많은 종류의 산 운동 중 특히 등산은 즐겁게 땀을 낼 수 있는 운동이다. 2016년 연구를 보면 등산이 건강을 증진하는 중요한 활동인 것은 운동 자체뿐 아니라 자연 지형을 감상하고 탐험하며 타인과 교류할 기회가 많아지기 때문이다.[6] 다시 말해 녹지 운동 가설에 따르면 사람들은 보통 헬스장에서보다 등산하며 시간 보내기를 좋아하여 결과적으로 육체적·정신적 건강에 더 커다란 영향을 미치게 된다.

산길 따라 걷기:
생물 다양성이 몸과 마음을 회복시키는 법

산의 건강상 이점에 관한 또 다른 단서는 폭넓게 인용되는 스탠

퍼드대학의 연구, 즉 90분 동안 자연이나 도심을 걸은 후 참가자의 기분과 인지 반응을 테스트한 결과에서 찾아볼 수 있다.[7] 도심을 걸었던 그룹과 달리, 자연을 걸은 그룹은 돌아와서 과거의 나쁜 일만 반복해서 생각하는, 우울증과 불안증의 징후인 부정적 반추negative rumination로 마음이 무거워지는 것이 덜했다고 말했다. MRI를 찍어보니 자연을 걸은 사람들은 도심을 걸은 사람들보다 슬프거나 자학할 때 작동되는 전두엽의 대뇌피질 신경이 적게 활동했음이 드러났다. 또한 자연을 걸은 사람들은 짧은 시간 동안 정보를 기억하고 이해하며 조작하는 작업기억working memory 테스트에서 더 좋은 점수를 기록했고, 이는 부정적 반추가 줄어 다른 정신적 노동에 더 집중할 수 있었음을 뜻한다. 마지막으로, 이들은 도심을 걸은 그룹보다 전체적으로 더 긍정적인 기분을 유지했다고 말했는데, 이 역시 부정적 반추의 감소 덕분일 수 있다.

주의 회복 이론은 장시간 자연 속을 걷는 일이 어떻게 부정적 반추의 고리를 끊어버리는지에 관해 한 가지 해답을 제공한다. 이 책의 '들어가며'에서도 언급했듯, 주의 회복 이론에 따르면 자연 속에서 우리 뇌는 일상의 정신적 피로감에서 회복하고 나뭇잎의 모양, 바위의 줄무늬, 하늘의 빛깔과 같이 더 부드럽고 강제적이지 않은 인지 자극에 집중할 기회를 얻는다.

캐플런 부부가 묘사한 대로 산에는 기운을 북돋는 자연 공간이 가지는 전형적 특성이 있다. 우리 주의를 외부로 분산시켜 뇌를 계속 사로잡을 정도로 흥미로운 복합적 환경이 그것이다. 스티븐 캐플런은 자신의 이론에 대해 이렇게 쓰고 있다. "회복 환경restorative environment은 마음을 사로잡기 충분한 규모여야 한다. 볼 것, 경험할 것, 그리고 생각할 것을 충분히 제공하여 머릿속의 상당한 공간을 차지할 수 있어야 한다."[8]

다양한 얼굴을 가진 산은 캐플런이 말한 조건에 정확히 들어맞는다. 산자락의 온도, 빛, 구름의 생김새는 산 정상과는 다르다. 산 아래에서 발견할 수 있는 동식물이 정상에서 발견할 수 있는 동식물과 다른 경우가 많다. 산의 생물은 정말 다양해서 때로는 전문가들까지 당황하게 한다. "간단히 말해 산은 생물 종이 지나치게 다양해서 지구 생물 다양성의 핫스폿인 이곳을 완벽히 설명하기에는 우리 능력이 아직 부족하다."[9] 코펜하겐대학의 '거시생태학과 진화 및 기후' 센터장인 카르스텐 라베크Carsten Rahbek는 리뷰 논문을 쓴 후 이렇게 성찰했다. 라베크가 언급한 세계의 생물 다양성 밀집 구역 36군데 중 거의 절반이 산악 지대에 있다.[10]

생물 종이 다양한 이유는 부분적으로 산맥 특유의 지형 때문이다. 산 위로 올라갈수록 기온과 날씨의 패턴이 변한다. 큰 산의 경우 한쪽은 건조하고 메마르지만 다른 한쪽은 습기가 많고 숲이 우거진 경향이 많은데, 이 패턴은 바람이 정상까지 올라갔다 내려올 때 어떻게 움직이는가에 따라 달라진다. 그 때문에 서로 멀지 않은 장소에서 다양한 종류의 동식물이 번창할 수 있는 환경이 조성된다. 또 산은 도로 공사나 산업 등으로 공간이 분절되는 일이 별로 없는데, 이는 서식할 수 있는 한 구획의 크기가 산인 경우에 더 크다는 것을 뜻한다(그러나 이 장의 뒤에서 보여주겠지만, 이 상황도 변하고 있다). 고립된 지역은 몇 안 되는 종에 지배되는 경우가 많지만,[11] 사방이 연결된 지역은 다양성을 더 풍부하게 육성한다.

이 생물 다양성은 산이 가진 정신 회복 능력을 한층 강화할지도 모른다. 1장에서 언급한 보존생물학자 리처드 풀러는 2007년에 다양한 생물이 서식하는 도시 녹지에서 감정 개선과 인지능력 회복 정도가 증가했다는 논문을 출간했다.[12] 다양성에 끌리는 것은 인간의 선천적 특성이었다. 옛날부터 사람들은 주변에 생물 종이 풍부한지를 거의 예측할 수 있었으며, 거기에 따른 이점을 얻기 위해 주변의 동식물이 무슨 종인지 알 필요도 없었다.

풀러를 만나 다양한 식물, 나비, 새가 있는 것이 어떻게 정신 건강에 도움을 주는지 묻자, 그는 아마도 우리가 그 다양성에 빠려 들어가 일반적 사고 과정에서 벗어나기 때문일 것이라고 답했다. 이는 캐플런의 이론과 일치하는 것이기도 하다. "더 복잡한 환경은 이론적으로 기운을 북돋는 힘이 강한데, 그런 환경이 인간의 주의를 더 폭넓게 요구하기 때문입니다. 다양한 생물이 사는 복잡한 장소일수록 신비로운 것들이 더 많습니다." 그는 이렇게 말하면서 다양한 종이 서식할수록, 경직되고 예측하기 쉬운 인간의 인공적 환경에서 더 멀어져 한층 격동적이고 매 순간 변화하는 곳이 된다고 덧붙였다. 산은 다양한 종이 상대적으로 짧은 거리에서 만나 서로 뒤섞일 수 있는 공간이다.

고지에 올라:
어떻게 경외심이 새로운 관점에 눈뜨게 하는가

나와 친구는 수풀이 우거진 산길을 오르며 험한 지형을 힘겹게 가로지른 후, 마음을 사로잡는 경치를 만나는 순간 최상의 기분 전환을 경험한다. (산에서 종종 휴대전화가 먹통이 되는 것도 나쁠 건 없다.) 골치 아프고 반복적인 내면의 속삭임에서 한 발자국 멀어져 좀 더 자유로워지는 것에 몰입한다.

사람들은 일단 정상의 경치 좋은 전망을 보게 되면 눈이 커지고 입이 벌어지며 신음을 흘리고, 소름이 돋는 것을 느끼기도 한다. 이는 경외감이 작동하고 있다는 표시다. 경외감은 현재 심리 구조를 압도하면서도 그 감정에 적응하도록 도와주는 광대한 자극을 마주했을 때 오는 감정이다.[13] 다시 말하면 경외감은 우리 예상을 넘어선 존재, 세계와 자기 위치에 관한 생각에 의문을 갖게 하는 존재를 마주했을 때 느끼는 감정이다. 그것은 배우고자 하는 욕구, 창조적 생각 그리고 친사회적 행동을 높이는 독특한 방식 때문에 심리 연구자들을 매혹시킨 감정이기도 하다.[14]

음악, 예술, 동물, 그리고 고무적인 인간의 성취도 모두 긍정적인 경외감을 불러올 수 있지만, 우리가 산 정상에서 보는 것과 같은 광대한 자연경관은 그 감정을 끌어내는 데 특히 효과적이다.[15] 경외감을 불러일으키는 특정 경관의 힘이 아직 폭넓게 연구되지는 않았지만, 한 연구는 설문조사를 통해 사람들이 숲, 강, 바다, 혹은 해변보

다 산에서 경외심을 더 많이 느낀다는 것을 발견했다.[16]

휴스턴대학 부교수 멜라니 러드Melanie Rudd는 산과 경외심을 연구한 학자다. "저는 어릴 때부터 항상 산과 연결되어 있다는 느낌을 받았습니다." 워싱턴주에서 경외감을 느끼게 하는 레이니어산을 매일 바라보며 어린 시절을 보낸 러드는 2019년에 심리학 잡지 〈사이콜로지 투데이Psychology Today〉와의 인터뷰에서 이렇게 말했다. "그래서 경외심을 연구하기 시작했을 때 대상으로 정한 것은 당연히 산이었죠."[17]

러드가 중점적으로 탐구한 것은 어떻게 경외심이 시간에 대한 우리 관점을 변화시키는가다. "경외심은 우리를 바로 그 순간으로 빨아들이기 때문에 시간이 좀 더 팽창된 것 같은 느낌을 줍니다. 그때 우리 마음은 미래나 과거에 떠돌지 않습니다. 그 순간으로 빨려들어가죠. 이렇게 팽창된 시간 감각은 우리의 의사 결정에도 영향을 줄 수 있습니다." 러드는 사람들이 색다른 감정을 느낀 후 시간을 어떻게 쓰고 싶은지 대답한 내용을 살펴보고, 그들이 경외감을 경험한 다음에는 좀 더 적극적으로 타인을 돕게 되었다는 점을 발견했다. 이는 타인에게 할애할 시간이 조금 더 많아진 것 같다고 느꼈기 때문일 가능성이 크다.[18] 그들은 또 물질적인 것 이상을 경험하고자 하는 강한 욕구를 표현했는데, 이 또한 시간이 더 많아진 것 같은 감각 때문으로 추측된다.

산에서 마주하는 이런 경외의 경험은 우리에게 비판적 사고의 길을 열어주기도 한다. (행복, 자긍심 같은) 가장 긍정적인 감정은 세상을 보는 우리의 관점을 변화시키는 일이 거의 없다. 이런 감정은 보통 옳고 그름, 선과 악에 대한 기존 관점을 강화한다. 저명한 경외심 연구자 미셸 시오타Michelle Shiota는 긍정적 감정은 이런 식으로 우리의 인지능력을 엉성하게 만드는 경향이 있다고 말했다.[19] 긍정적인 기분일 때 우리는 원인에 대한 판단이 정말 타당한지 알아보지도 않고 성급하게 결론을 내린다. 그러나 경외심은 무언가 다른 영향을 미친다. 경외감을 느끼면 우리는 현재의 순간에 몰입하게 되고 주변 환경에 대해 바로 추측해버리기보다 좀 더 열린 자세로 호기심을 가지는 태도를 보인다.

러드는 이렇게 말한다. "경외는 뇌의 지적 도식을 변경하고 싶어지도록 만드는 매우 독특한 작용입니다. 우리는 대부분 사물을 보는 관점을 바꾸거나 지식을 수정하기를 굉장히 두려워하니까요. 하지만 경외심은 긍정적 감정과 긍정적 경험 안에 있는 지각, 기억, 판단 같은 인지 요소를 에워싸버립니다. 그래서 경외심은 사물에 관한 관점을 변경하는 것이 두렵지 않다고 느끼는 몇 안 되는 감정 상태라고 할 수 있죠."

이렇게 확장되고 유연해진 세계관이 얼마나 지속될지는 불분명하지만, 야외에서 경험하는 치유적 경외심에 관한 연구에서는 그런 관점이 생각보다 오래 지속될 것이라고 말한다.[20] 이 연구는 퇴역 군인과 빈민가 청년 등 심한 외상후스트레스장애를 앓는 두 그룹에게 며칠 동안 캘리포니아에서 급류 래프팅을 하며 경외감을 느끼도록 유도한 후 경과를 분석했다. 실험 참여자들은 급류를 타기 전, 타는 동안, 그리고 일주일 뒤에 각각 느낀 감정과 스트레스 지수가 어떠했는지 기록했다. 또 고프로 카메라로 이 여행을 촬영함으로써 연구자가 참여자의 표정과 보디랭귀지를 관찰하여 참여자가 자가로 진단한 건강상태와 비교할 수 있도록 했다.

"데이터 안에서 규칙을 찾아내는 회귀 모델regression models에 참여자의 감정을 집어넣었을 때, 일주일 후 참여자들의 건강이 개선됐는지 아닌지를 거의 정확히 추측할 수 있었던 감정은 경외심이 유일했습니다." 프로젝트 연구원이었던 크레이그 앤더슨Craig Anderson이 〈아웃사이드 팟캐스트Outside Podcast〉에서 이렇게 말했다.[21] 그 이후로도 지속된 경외감이 두 그룹의 외상후스트레스장애 증상을 줄여준 것이다.

비록 산에서 이루어진 것은 아니더라도, 이 연구는 야외에서 경험하는 경외감이 처음에 고조된 감정이 희미해진 이후에까지 우리에게 영향을 준다는 것을 보여준다. 피부에 돋아나는 소름을 제외하고는 눈으로 볼 수 없는 이 경외의 감각이 비록 영원히 지속되지 않을지 몰라도, 언젠가 느꼈다는 사실만으로도 의미 있는 일이 될 것이다.

정상에 도착하면: 영적 세계에 인접하는 경험

내가 자연 속 경외의 힘에 관해 처음으로 알게 된 것은 플로렌스 윌리엄스Florence Williams의 영향력 있는 저서《자연이 마음을 살린다―도시생활자가 일상에 자연을 담아야 하는 과학적 이유》[22]에서였다. 이 책에서 윌리엄스는 경외심(콜로라도산을 오를 때 느꼈던 감정 같은)은 신성한 존재 앞에 설 때 인간이 느끼는 감정을 표현한 고대 영어에서 유래됐다고 썼다. 경외심은 숭배와 불신, 그리고 약간의 건전한 두려움이 뒤섞인 감정이다. 거대한 규모를 지닌 산이 자주 신의 집으로 여겨지는 것도 당연하다. 그리스 신들은 저 아래의 유한한 세상을 굽어보기 위해 올림포스산에 정착했다. 후지산은 일본 종교인 신도神道의 신과 여신을 모신 곳이고, 시나이산은 모세가 십계명을 받은 곳이다. 성서 속에서도 산과 언덕은 수없이 언급되며, 세계에서 가장 아름다운 교회 중 몇 곳은 신과 가까워지기 위해 산 정상에 지어졌다.

추장 존 스노John Snow는 자신의 저서《산은 우리 성지다These Mountains Are Our Sacred Places》[23]에서 로키산맥이 어떻게 캐나다 서부의 스토니족 인디언들에게 "희망의 장소, 예지의 장소, 피난의 장소"였는지에 대해 썼다. "이 숭고한 고지 위에서 신은 우리에게 진리를 보여주었다"라고 스노는 쓰고 있다.

정신과의사이자 분석심리학 창안자인 칼 융은 산을 성장, 발견, 초월의 보편적 상징이자 원형으로 여겼다. "산은 순례와 등반의 목표이며, 그리하여 종종 심리학적 의미의 자아를 뜻한다." 융은《원형과 집단 무의식》[24]에서 이렇게 썼다. 왜 그토록 많은 문화가 시대, 공간, 이념의 차이에도 불구하고 산봉우리에서 비슷한 끌림을 느꼈는지 이해되는 대목이다.

현대 등산가들과 이야기해보면 그들도 산을 오르며 마치 성스러운 영역으로 들어가는 듯 장막이 걷히는 것을 느낀다는 걸 알 수 있다. 몇 년 전, 세계 최초로 모든 대륙의 가장 높은 산을 전부 오른 방글라데시인 와스피아 나즈린Wasfia Nazreen이 에베레스트산 정상에 올랐을 때 어떤 감정을 느꼈는지 나에게 설명해준 일이 있다. "저보다 높은 차원의 존재가 내 안에 자리하는 것을 느꼈습니다…. 지난 삶이 주마등처럼 스쳤고, 지금 내가 살아 있다는 것, 살아서 여기 있다는 것이 벅찰 정도로 감사했지요." 좀 더 최근에는, 에베레스트산 정상을 놀랍게도 열 번이나 오른 등산가 타시 셰르파Tashi Sherpa는 나에게 정상에 오를 때마다 매번 느낀 "흥분의 강도는 경이로울 정도였다"라고 말했다. 단련, 집중, 인내심의 보상은 종교적 경험과 근접하는 황홀감이다.

바다의 가장 깊은 해구처럼 산의 가장 높은 정상은 일반인의 신체 조건으로는 쉽게 접근할 수 없는 곳이다. 그런데도 끊임없이 도전하는 건 분명 보이지 않으나 끈질긴 어떤 힘에 강하게 이끌리기 때문일 것이다.

등산가이자 작가인 네드 모건Ned Morgan은 자신의 저서 《산에서—고지가 주는 신체적·정신적 이점In the Mountains: The Health and Wellbeing Benefits of Spending Time at Altitude》에서 이렇게 썼다. "오를 수 있는 산 대부분을 정복하고 나니 다음으로 정복해야 할 대상은 정신적·도덕적 자기반성임을 깨달았다."[25]

하산: 정상에서 배운 위대한 교훈의 통합

우리는 종종 고민거리를 안고 등산을 시작한 후, 마치 멀리 가 있는 동안 문제가 저절로 사라진 듯 해답을 가지고 돌아왔다는 사람들의 이야기를 듣곤 한다.

《자연이 마음을 살린다》에서 윌리엄스는 산길을 걸어 오르던 경험을 이렇게 묘사하고 있다. "올라가기 시작할 때 나는 현실적인 고민거리들을 생각했지만, 멀리 가면 갈수록 머리가 텅 비기 시작했다. 때로 그럴듯한 문장이 스쳐 지나갔고, 예리한 통찰이 예상치 않게 떠오르기도 했다."[26] 윌리엄 워즈워스와 헨리 데이비드 소로 같이 역사적으로 유명한 작가, 사상가, 창작가 들도 이와 비슷하게 자신의 뛰어난 아이디어 중 몇 가지는 등산 덕분이었다고 말한다.

자연경관 덕분에 인간이 만들어낸 실제 창조물도 있다. 삼림학자 벤턴 매카이Benton MacKaye는 19세기 초 버몬트의 그린 산맥에 올랐을 때 아래 세상을 내려다보며 갑작스럽게 '우주 질서의 일부를 담당하는 행성이 된 듯한 느낌'에 사로잡혔다.[27] 분명 경외감이었을 이 감정은 그에게 무언가를 창조하고 싶다는 욕구를 불러일으켰고, 몇 년 후 그는 자신의 비전을 현실에 구축했다. 걸어서만 갈 수 있는 세계에서 가장 긴 등산로, 애팔래치아 트레일을 개척한 것이다.

이렇듯 고산지대에서 문득 머리를 스치고 가는, 계획하지 않았으나 환영할 만한 아이디어는 현재 과학이 자연, 반추, 창조성에 관해 규정하는 속성과 일치한다. 야외에서 시간을 보낸 후 돌아와 다시 생각에 빠질 때 날카롭던 모서리가 살짝 둔해졌다고 느끼는 것은 우리를 둘러쌌던 아름다움에 그 서슬이 서서히 마모됐기 때문인지 모른다. 어떤 자연경관이든 우리 관점을 변화시키며 마음을 자유롭게 풀어줄 수 있지만, 산의 이 능력은 더 특별하다.

커다란 나무와 오래된 바위, 그곳이 고지대라면 얼음(다음 장들에서 설명할 테지만 이것들에도 각자 특별한 힘이 있다)으로 둘러싸인 정상에서 내려와도 우리가 걸음을 뗄 때마다 가까워지는 지상의 삶은 대체로 여전하다. 그러나 마침내 지상에 내려왔을 때 우리는 실제로 변한 게 삶이 아닌 우리 자신이라는 것을 발견할지 모른다.

산과 고지대에서
우리가 할 수 있는 일

당신이 배낭여행에 막 나섰든, 매일 하는 산책길에 나섰든, 산 입구에서 경관을 바라보고 있든 상관없이 그 여행의 효과를 증대해줄 몇 가지 아이디어를 소개한다.

5~10분이 생긴다면

목적지 없이 산길을 천천히 걸어보기

높은 곳까지 오를 시간이 없더라도 우리는 여전히 산길에서 기억에 남을 만한 경험을 할 수 있다. 프레스콧대학에서 지속 가능성과 모험 교육을 가르치는 교수이자 자연건강 연구자인 데니즈 미튼 Denise Mitten은 평범한 일상도 열린 마음으로 접근한다면 변혁의 순간이 될 수 있다고 말한다. "일반적으로 일상에서 벌어지는 일에 마음을 열고 대할 때, 그러니까 사물이 이렇게 되어야 한다는 고정관념이 없을 때 사람들은 변모하는 것 같습니다." 이런 일은 우리가 주변의 길을 급히 지나가야 하는 공간이 아니라 느긋하게 거니는 공간으로 바라볼 때 생긴다.

"보폭이 큰 차이를 만듭니다. 그러니 잠시 멈춰서 장미 향기를 맡아보세요. 진지하게요." 이렇게 정처 없이 거닐 때 우리는 자연경관이 주는 것 이상의 무언가를 알아챌 수 있을지 모른다.

산 앞에서 숫자를 세며 천천히 호흡하기

앞에서 언급했듯 경외심을 연구한 멜라니 러드는 천천히 호흡을 고르면 경외심을 느낄 때와 비슷하게 현재의 순간에(그리고 이어서 시간 감각을 팽창하며) 몰입할 수 있다는 것을 발견했다.[28]

이 연구를 적용하여 산의 경관 앞에 몸을 활짝 열고 서서 5초 동안 천천히 들이쉬고 6초 동안 천천히 내뱉으며 호흡에 집중해보자. 러드가 말한 대로, 그동안 당신이 미처 알아채지 못했거나 충분히 인식하지 못했던 것에서 어떤 경외감을 느낄 수 있을지 모른다.

1시간이 생긴다면

산에 오르며 고민이 어떻게 달라졌는지 적어보기

등산을 시작하기 전에 당신이 마주한 문제나 삶에서 명쾌하게 정리해야 하는 부분에 대해 생각해보라. 등산이 끝나면 이에 대해 자유롭게 쓰면서 여정 중에 문득 새롭게 깨달은 점은 없는지 돌아보라.

이것은 테네시주 내슈빌의 벨몬트대학에서 영어 교수로 재직 중인 보니 스미스 화이트하우스Bonnie Smith Whitehouse의 아이디어에서 착안한 방법으로, 그녀는 자기만의 독특한 기법을 활용해 자연에 펼쳐져 있는 창조적 영감에 대해 강의하고 있다. 2019년에 기사를 쓰려고 화이트하우스를 인터뷰했을 때,[29] 그녀는 한 학기 동안 학생들에게 문제 하나를 주며 이에 관해 글을 쓰게 한 후 꽤 오르기 힘든 산을 등산하게 하고, 정상까지 오르는 동안 잠시 쉴 때마다 그 글을 이어서 쓰도록 한다고 이야기했다. 그녀는 산을 오르면서 발걸음과 호흡에 집중하고 그 과정에서 떠오른 통찰을 실제로 구현할 수 있도록 기록하라고 학생들을 격려한다. "걷기와 기록하기를 결합하면 몸과 마음의 건강에 큰 위력을 발휘합니다."

계절마다 같은 산길을 다시 걸어보기

세계 어디를 가든 산길은 여름과 겨울에 다르게 보인다. 계절에 따른 변화는 시간이 모든 것을 변화시킨다는 사실을 알려준다. 캐나다 캘거리에서 진행하는 굿 그리프Good Grief 걷기 프로그램에서 사랑하는 이를 잃고 슬퍼하는 사람들과 한 해 동안 똑같은 산길을 반복해 걷는 것도 바로 그 때문이다. 정신전문간호사이자 마운트로열대학의 부교수이며 이 걷기 프로그램에서 활동하고 있는 소냐 야쿠베츠Sonya Jakubec는 같은 장소를 다시 찾게 되면 과거에 이곳을 걸었을 때 자신의 내면 풍경이 그 이후로 어떻게 변모해왔는지, 그리고 슬픔과 상실이 새로운 환경에서 얼마나 다르게 보이는지 생각하게 된다고 말한다.

당신이 슬픔에 빠져 있든 아니든 자연의 순환을 본받아 자신의 주기를 되찾을 수 있기에 등산은 언제나 가치 있다.

더 많은 시간이 생긴다면

경외심이 우리를 찾아들게 하기

야외에서 경외심을 느끼기 위해 꼭 에베레스트산 정상에 오르거나 배낭여행을 떠날 필요는 없다. 앞에서 소개했던 급류 래프팅 실험 연구자들은 참가자들이 경외감을 체험한 곳은 급류가 하얗게 부서지는 장소가 아니라, 여유롭고 편안하게 주변 환경을 받아들일 수 있는 좀 더 잔잔한 물 위에서였다는 사실을 발견했다. 그러니 경외가 너무나 사랑하는 광대하고 탁 트인 풍경처럼 한 번도 가본 적 없는 곳을 등산하기 위한 목표를 세우되, 현실이 당신을 가로막아 갈 수 없다고 해도 조바심내지 마라. 경외심은 당신 생각보다 구슬리기 쉬운 존재다. 중요한 점은 계속해서 새로운 자극에 자신을 노출하도록 상황을 조성하는 것이다.

경외심이 다가오는 게 느껴질 때 우리가 할 일은 그 순간을 온전히 느끼는 것뿐이다. "경외심을 느낄 때 나는 그 경험을 천천히 음미하고 그 감정을 최대한 증폭하려고 합니다. 집중해서 경치, 소리, 냄새 같은 모든 것을 내 안에 흡수해 인상 깊은 기억으로 남도록 노력하죠. 그렇게 하면 긴장되거나 시야가 좁아지는 일이 생기더라도 다시 경외감을 느꼈던 순간을 떠올리기가 더 쉬워집니다."

주변 풍경에 마음을 열기

마음을 여는 연습을 하면 더 여유로워지면서 주변 환경을 받아들이기가 쉬워진다. 나는 이 연습이 러드가 말한 것처럼 경외심이라는 감정에 오래 머무르는 데 도움이 된다는 사실을 알았다. 기나긴 등산 후에 경치 좋은 정상에 앉아 마음을 열어 경외의 순간을 맛보는 것도 멋지겠지만, 지상에서 산을 바라보며(혹은 그날 눈에 띄는 경관을 보며) 마음을 여는 것도 그 자체로 강력할 수 있다.

- 우선 좋아하는 노래를 고르되, 가능하면 강한 비트로 서서히 고조되는 노래를 골라 틀어보자. 개인적으로 즐겨 듣는 노래는 옌스 쿠로스Jens Kuross의 〈We Will Run〉, 루번 앤드 더 다크 Reuben and the Dark의 〈Hold Me Like a Fire〉다.
- 앉은 자세로 눈을 감아라. 누군가를 안듯 두 팔을 양옆으로 벌리고 팔꿈치를 90도 각도로 굽혀라. 그러면 양옆으로 줄기가 뻗은 선인장 같은 모습이 될 것이다.
- 그 상태로 두 팔을 앞뒤로 움직여 서로 부딪쳐라. 처음에는 약

간 웃기겠지만, 계속 눈을 감은 채로 음악에 맞춰 팔을 움직여
보자. 가능하면 음악이 끝날 때까지 멈추지 말고 해보자(팔과
등 운동까지 되니 일거양득이다).

- 음악이 끝나면 눈을 뜨고 주변 경치를 천천히 바라보라. 이 동
  작은 마음을 열기 위한 것이므로 어쩌면 경관이 더 익숙해지
  고 더 가까워진 것처럼 느낄지 모른다. 후에 되새겨볼 수 있도
  록 다시 한번 그 느낌을 몸에 흡수하려고 노력해보라.

사람의 손이 덜 닿은 곳을 헤매기

국립공원관리청의 책임자로 일하는 동안, 댄 웽크는 방문객들
대부분이 옐로스톤공원의 1,600킬로미터에 달하는 시골길을 마음
껏 누리지도 않은 채 자동차로 서둘러 주요 도로를 달려서 버킷 리
스트에 도장을 찍듯 명소에서 명소만 들른 후 빠져나가는 것을 지
켜봤다. 푸에르토리코에 근거지를 둔 연방정부의 국유지 관리자 키
넌 애덤스도 비슷한 경우를 주변에서 자주 보았다. "관광객은 사람
이 많이 다닌 길로만 다니기 때문에 자연의 극히 일부만을 경험합
니다. 새로운 경험을 위해서는 그런 곳을 피해야 해요."

사람들은 국립공원을 구경할 때 주요 도로에서 400미터에서 1킬로미
터 이상은 절대 멀어지지 않습니다. 옐로스톤이 아주 좋은 예죠. 공원을
방문한 사람들의 95퍼센트 이상은 주요 도로에서 1킬로미터 이상 멀어
지는 일이 없고, 대부분은 400미터 이내에서 머무릅니다. (…) 사람들은

130

더 깊숙이 탐험하기 위해 하루 전체를 할애하지 않습니다. 일정을 맞추느라 바빠서 자연을 온전히 만끽할 기회를 자신에게 허용하지 않죠.

— 댄 웽크, 전前 옐로스톤공원 관리자

산이 건네는 선물은 그 진면모를 천천히 드러낸다. 다양한 생물이 있는 지역에 적응하고, 경외심을 불러오는 풍경에 잠시 멈춰 서고, 반추하는 생각의 고리가 끊어질 때까지 계속 걷는 일은 시간이 걸린다. 꽉 짜인 일정을 풀고 경관이 우리를 인도하도록 내버려둘 때, 오로지 자연과 상념과 경험만이 우리와 함께할 때 웽크가 말하는 '정서적 부활'을 경험할 수 있다.

산과 고지대가 가까이 없다면

사진이나 영상으로 산 보기

알고 보니 엘카피탄 바위산의 화강암과 시에라 산맥을 물들이는 황혼을 보여주는 컴퓨터 배경 화면에는 정말 특별한 무언가가 있었다. 사진과 영상도 어느 정도는 경외감을 불러일으킬 수 있는 것이다.[30](몰입하면 할수록 더 좋다). 집에서도 산에 온 듯한 느낌을 받고 싶다면, 러드는 휴대전화나 컴퓨터에 멋진 자연 사진을 모아놓은 폴더를 만들어 무작위로 배경 화면에 띄우는 것을 추천한다. 같은 사진을 계속 보면 더 이상 감동이 오지 않으므로 가끔 새로운 사진들로 교체하는 것이 좋다.

별 관찰하기

산에서 멀리 떨어져 있더라도, 별이 반짝이는 하늘을 올려다 보면 '2장 바다와 해안' 편에서 만난 로즈 새비지처럼 '아무것도 아니면서 동시에 모든 것이 된 듯한' 감정을 느낄 수 있다.

갑자기 나는 거대한 우주 속에서 자신이 너무나 작고 하찮게 느껴지는 일종의 우주적 감정을 느꼈다. 하지만 그와 동시에 느낀 것은 그런 우주와 내가 한 몸이라는 감각이었다. 마치 아무것도 아닌 동시에 모든 것이 된 것 같았다.

— 로즈 새비지, 노를 저어 바다를 횡단한 여성, 태평양에서 별을 바라보며

삶에 미지를 위한 공간 남겨두기

새로운 상황에 직면하는 순간, 경외심이 그곳에서 우리를 맞이할 때가 있다. 그런데 같은 상황이 매일 반복되면 당연하게도 경외감이 나타나는 횟수가 줄기 시작한다. 습관의 동물인 우리는 그 사실이 조금 실망스럽지만, 경외심은 산 정상처럼 웅장한 곳에서 시간을 보낼 때만 생기는 것이 아니라는 사실을 떠올리자. 집으로 올 때 다른 길을 선택하고, 동네에서 안 가본 곳을 가거나, 하루 일정을 새롭게 바꾸는 것도 경외를 위한 공간을 조금씩 마련하는 것이다. 일상에서 모험하고 싶다면 새로운 무언가를 접할 수 있는 일, 뇌가

호기심 상태에 돌입할 수 있는 일을 우선하여 선택하라.

자연은 역동적이며 끊임없이 변하기 때문에 이에 안성맞춤이다. 그러므로 공원에서 같은 길을 수백 번 걸었더라도 걸음을 늦추고 그곳에 온전히 집중한다면 여전히 새롭고 경외심을 불러일으키는 무언가를 찾을 수 있을지 모른다.

도전적인 야외 활동을 시도하기

장기간 자연 속을 걷는 일은 인내심이 필요하다. 미국 3대 하이킹 코스(퍼시픽 크레스트 트레일Pacific Crest Trail, 애팔래치아 트레일Appalachian Trail, 콘티넨탈 디바이드 트레일Continental Divide Trail)을 모두 횡단한 최초의 흑인 여성인 엘시 워커Elsye Walker는 장거리 하이킹 완주를 뜻하는 스루 하이킹thru-hiking이 괜히 '스루'라 불리는 것이 아니라고 말해준다.

스루 하이킹은 정면으로 돌파하는 것이지 둘러 가는 것이 아니다. 이를 통해 우리는 자신이 어디까지 해낼 수 있는지, 그 성취의 느낌은 또 얼마나 중독적일 수 있는지 깨닫는다. 그것이 바로 다른 많은 스루 하이커가 몇 달간의 장기 여행에서 돌아와 '그 느낌을 다시 맛보고 싶다. 내가 어디까지 할 수 있는지 알 때까지 나를 밀어붙이고 싶다'라고 생각하는 이유다.

숲을 가로지르는 장거리 마라톤이든, 강물을 타는 카약 여행이든, 초원을 달리는 장기 자전거 여행이든 상관없이 우리는 자연의 장애물을 극복해가며 커다란 자긍심과 뿌듯함을 느낀다.

산과 고지대에서 더 생각해볼 것

산은 우리에게 새로운 관점을 보여주고, 경외심을 느끼게 하며, 각종 도전을 어떻게 다뤄야 하는지에 대한 통찰을 주고, 영적 감각에 눈뜨게 한다. 아래 질문과 제안은 모두 이와 비슷한 주제를 다루고 있어서 우리가 길 위에서 찾아야 할 돌파구로 인도해줄 것이다.

- 비유적인 의미에서 요즘 당신은 어떤 산을 오르고 있는가? 삶의 산을 오르는 한 걸음마다 험난한 전투를 치르는 것처럼 느껴진다면 무엇 때문인가? 그 문제를 좀 더 멀리서 넓게 바라볼 수 있다면 어떻게 달라질까?
- 당신은 지금 앞에 놓인 산길을 따라 삶의 어느 지점을 걷고 있는가? 그 길에서 한 발짝 떨어져 살펴보는 시간을 가지는가, 아니면 목적지에 너무 집중하여 주변을 인식하지 못하는가?
- 마지막으로 주변 환경에 대해 경외감을 느낀 적이 언제인가?
- 세상을 보는 관점을 바꾸게 된 경험에 대해 생각해보라. 그 경험 전에는 어떤 생각을 했고, 어떻게 당신의 시각이 바뀌었으며, 그 경험이 왜 그토록 강렬했는지 적어보자.

산과 고지대가
지속 가능하도록

산은 아름다운 풍경 외에도 중요한 생태계 서비스를 제공한다. 신선한 물을 나르는 강을 품고 있으며, 저지대에서 농업 자원이 계속 고갈되면서 식량 생산에 전보다 더 필수적인 존재가 되어간다. 이렇듯 세속에서의 도피와 휴식의 장소를 상징하지만, 산 자신 또한 인간의 영향과 산업화, 기후변화로 인해 희생될 위기에 놓여 있다. 핵심적인 위협 요소로부터 산을 보호하는 방법을 소개한다.

인간의 영향

산은 고도高度 덕분에 아래 세상에서 잠시나마 벗어날 수 있는 곳이다. 사람의 발자취나 산업의 흔적도 다른 자연경관에 비해 적다. 그러나 등산객이 한 번이라도 방문하면 언제나 지상에서 밴 파괴적 습관이 옮겨질 확률이 높아진다.

에베레스트산과 K2 등 세계에서 가장 높은 산들이 있는 힌두쿠시 히말라야 지역에서는 쓰레기가 큰 문제다. 2019년 네팔 정부는 에베레스트에서 쓰레기 10,976킬로그램을 치웠지만,[31] 아직도 엄청난 음식물 포장지, 캔, 산소통, 버리고 간 등산 장비들이 정상으로 오르는 길목에 흩어져 있다. 산에는 얼음과 눈이 비축되어 있는데 (힌두쿠시 히말라야산맥은 거대한 양의 신선한 물을 품고 있어 '제3의 극지'로 알려져 있다), 근래 눈이 녹으면서 더 많은 쓰레기가 계속해서 드러나고 있다. 네팔에 본거지를 둔 국제통합산악개발센터International Centre for Integrated Mountain Development에서 일하는 생태계 전문가 타시 도르지는 자기 고향에 있는 산에서 무슨 일이 일어나고 있는지를 이렇게 표현한다. "자연의 아름다움이 도리어 해가 되고 있다."

미국 국립공원에 있는 산에서도 유동 인구가 증가하면서 같은 일이 벌어져 그 지역 생태계에 손상을 주고 있다. "예전 속담 중에 '자신이 홍수를 일으키리라 생각하는 빗방울은 없다'라는 말이 있습니다. 오랜 시간 동안 자연이 손상되고, 침식되고, 너덜너덜해지고, 찢기는 것을 보면서도 자신 때문이라고 생각하는 방문객은 아무도 없어요." 옐로스톤의 댄 웽크는 이렇게 말한다. 하지만 모든 자연이 그렇듯 산에서도 결국 아주 작은 파괴들이 더해져 이런 결과를 초래한다.

사고방식의 전환:
자연을 발견한 모습 그대로 두고 떠날 것을 맹세한다

산에 그만 가야 한다고 말하려는 것은 아니다. 세계 많은 산악 지역의 재정이 관광 수입에 의존하고 있기 때문이다. 다만 우리가 산에 다녀올 때는 흔적을 남겨서는 안 된다.

1980년대 미국 시골 지역들에서 처음 주창한 자연보호 규범인 '흔적을 남기지 않기 위한 일곱 가지 원칙The seven Leave No Trace'은 쓰레기 관리 시스템도 없고, 누가 산짐승을 교란하고 누가 엉뚱한 길로 빠지는지 지켜볼 수 있는 감시 카메라도 없는 자연에서 어떻게 행동해야 하는지에 대한 지침을 준다. 하이킹을 하며 이 일곱 가지 원칙을 어떻게 지키면 좋을지 간단히 소개해본다.

- **미리 계획하고 준비하라.** 이것은 산뿐 아니라 우리의 안전을 위한 것이기도 하다. 하이킹을 떠나기 전에 필요한 것은 무엇인지 철저히 조사하고 공부해서 자신이나 타인을 위험에 처하지 않게 하라.
- **지반이 단단한 곳을 여행하고 그런 곳에서 캠핑하라.** 산길과 야영지는 땅을 최소한으로 파괴하고 인간의 영향을 억제하기 위해 전략적으로 조성됐다. 다른 길로 새고 싶은 유혹이 일더라도 산길이 그렇게 만들어진 이유가 있다는 것을 명심하라.
- **쓰레기를 올바르게 처리하라.** 머물다 간 곳에 쓰레기를 남기

지 마라. 처리하기 마땅치 않다면 배낭에 다시 넣어라.

- **발견한 것을 그대로 두어라.** 산에 새로운 것을 추가하지 말아야 하듯 산에 원래 있던 것을 가져가서도 안 된다.
- **모닥불의 영향을 최소화하라.** 모닥불을 피울 때는 언제나 주변을 잘 살피고, 피운 후에는 깨끗이 치워 원상태로 복구하라.
- **야생생물을 존중하라.** 앞서 언급한 것처럼 산은 다양한 생물의 온상이다. 여행 전에 그 지역의 야생종을 조사하여 무엇을 보게 될지 감을 잡고 있어야 한다. 동물을 발견하면 가까이 다가가지 말고, 앞서가는 친구들에게 소리쳐 알리고 싶은 마음도 꾹 눌러라. 동물에게 그 자리를 넘겨주고 조용히 지켜보라.
- **다른 여행자를 배려하라.** 다른 여행자들을 지나치면 미소를 지으며 손을 흔들어보라. 우리에게는 등산로를 포용적이고 열린 공간으로 만들 의무가 있다.

이 일곱 가지 원칙에 덧붙이자면, 우리가 여행하는 땅을 존중한다는 것은 그곳의 역사와 문화를 인지한다는 의미이기도 하다. 새로운 길을 여행하기 전에 그 땅이 지금 누구의 것인지, 역사적으로는 본래 누구의 것이었는지, 현재 어떤 지역사회가 그곳에 생계를 의존하고 있는지 찾아서 공부해보라. 어떻게 하면 당신의 방문이 그 지역 사람들에게 도움이 될지, 혹은 해가 될지 자문하고, 좀 더 직접적으로 도울 방법을 생각하라.

산업 개발과 자원 착취

산은 험난한 지형 때문에 어느 정도 이상으로 자원을 채취하기가 힘들지만, 인간의 산업 개발은 그 높이에도 불구하고 여전히 위협이 되고 있다. 최근 보도에 따르면 세계 산지의 60퍼센트에 달하는 곳이 인간 문명의 압력을 받고 있다.[32] 관광산업을 위해 터널과 도로를 건설하고, 광업과 에너지 생산을 위해 산꼭대기를 깎는 행위는 산의 지형을 크게 변형하고, 그곳을 집으로 삼고 있는 사람들을 위협한다. 더 많은 산이 개발될수록 수질오염, 거주지 상실, 침식으로 인한 산사태와 홍수가 빈번해질 것이다.

현재는 개발의 다수가 산기슭에서 이뤄지고 있지만, 시간이 지나 저지대의 자원이 고갈되면 이를 제지하는 규제가 생기지 않는 이상 점차 고지대로 올라오는 것도 시간문제다.

사고방식의 전환:
가깝고 먼 곳의 자연보호 활동을 지지한다

미국 연방정부는 국립공원(대부분 산지에 있다)과 국유림, 국립야생보호구역을 포함해 대략 7,835억 평에 달하는 땅을 소유·감독하고 있다.[33] 지역 차원에서 주정부와 지방정부 또한 계속해서 새 국유지를 획득하고 있는데, 일부는 토지신탁기관의 활동 덕분이다.

토지 매입과 경영에 풍부한 경험이 있는, 앞에서도 언급한 키넌 애덤스는 이 토지신탁이야말로 자연보호 운동에 변화의 바람을 주고자 하는 개인들이 관심을 가질 거라고 말한다. 가까운 토지신탁 회사(대부분 주에 하나씩은 있다)에 돈을 기부하여 국유지 매입을 돕고 기존 땅이 개발되는 것을 막는 데 힘을 보태거나, 자원봉사자로서 신탁의 자금 조달과 자연보호 사업에 참여할 수 있다. "자연보호 운동은 결국 지방 정치로 귀결됩니다." 애덤스는 새 토지의 보존 구역 지정에 관해 이렇게 이야기한다. "지역사회가 바라고 자금이 있다면 충분히 성공할 수 있습니다." 당신이 토지를 소유하고 있다면 지역 신탁회사와 손을 잡고 보전 지역권conservation easement(자연을 보호하기 위해 토지 소유자의 특정 권리를 제한하기로 동의한 지역-옮긴이 주)을 얻을 수도 있다. 그렇게 하면 토지소유권을 유지한 채 평상시처럼 토지를 사용할 수 있고, 신탁회사는 토지가 앞으로도 잘 보존될 수 있도록 감독하게 된다.

시간, 돈, 그리고 토지까지 토지신탁기관에 기부하는 것은 흔적 남기지 않기 원칙에서 한 발짝 더 나아가 우리 주변의 산지와 여러 형태의 자연 구역을 실질적으로 개선하고 확장할 수 있는 한 가지 방법이다.

기후변화로 인한 다양성 상실

산은 자신에게서 필요로 하는 것이 서로 매우 다른 강과 빙하, 초원과 숲, 식물과 동물 등을 모두 포용하고, 다양한 문화권의 사람들을 상대적으로 짧은 거리 내에서 부양하는 굉장히 다면적인 공간이다(범위range를 뜻하는 산맥mountain range이라는 글자가 이렇게 잘 어울릴 수도 없다). 그러나 이것은 산이 기후변화의 영향을 어느 곳보다 다방면으로 받는다는 의미도 된다.

가장 먼저 눈에 띄는 것은 동식물이 받는 직접적 영향이다. 산의 기후가 따뜻해지면 동식물은 더 높은 곳으로 피신해야 하는데 그 여정에서 모두가 살아남지는 못한다. 서식할 수 있는 산지가 위로 올라갈수록 더 좁아지고 새로운 서식지가 곧 새로운 포식자임을 의미하므로, 과학자들은 이런 식의 수직 이동을 '멸종으로 가는 에스컬레이터'[34]라고 명명했다. 기후변화는 인간이 거주할 수 있는 고도를 높여서 그곳까지 개발의 손길이 당도하도록 한다.

두 번째, 기후변화의 영향으로 산에 거주하는 사람들의 삶이 위태로워진다. 기후 온난화가 산의 빙하를 녹여 강수를 쏟아붓고 날씨 패턴을 어지럽히면 그 지형은 돌발성 홍수와 산사태, 산불에 취약해진다. 힌두쿠시 히말라야산맥만 하더라도, 몇 대에 걸쳐 가족과 함께 그곳에서 살았던 많은 청년이 갈수록 불규칙해지는 날씨와 자원 고갈로 인해 짐을 싸서 도시로 향하고 있다고 타시 도르지는 말한다. 그들과 함께 그 지역의 유산과 문화 또한 떠나가고 있다.

생물 다양성은 산지가 변화에 좀 더 유연해지도록 하는 보험증권과 같다. 한 지역에 다양한 종이 살수록 다양성도 함께 존재하며, 시련이 닥쳤을 때 완전히 붕괴할 가능성도 적어진다. 한 지역이 생물 다양성을 잃을 때마다 위협에 대처할 수 있는 능력을 잃게 되고, 이는 곧 위험한 연쇄반응을 일으킨다. 사람 또한 같은 위험에 처해 있다. 사회 시스템에서 문화적 다양성이 줄면 그 사회는 변화에 성공적으로 적응할 가능성이 희박해진다. 산, 그리고 그 밖의 다른 모든 경관을 집이라고 부르는 식물, 동물, 그리고 인간의 다양성을 보호함으로써 우리는 획일화가 초래할 진정한 위험으로부터 우리 자신을 보호할 수 있을 것이다.

사고방식의 전환:
경외심이 나를 행동하게 한다

기후변화로부터 산의 다양성을 보존하기 위한 해결책에 정답은 없다. 다양성이 풍부한 지역은 똑같이 다양한 해결책이 필요하며 정부, 학계, 산업 등 사회 각계각층의 참여가 요구된다. 물론 우리 개인의 힘도 도움이 된다. 당신이 산에 무엇을 줄 수 있을까? 경외감과 그 영감을 받아 팽창한 세계관을 당신의 안내자로 삼아보자.

연구 결과는 경외심이 일시적으로라도 사람에게 더 넓고 덜 이기적인 시야를 갖게 해준다고 말한다. 그것이야말로 자연보호 운동이 의심할 여지 없이 필요로 하는 관점이다. 그러니 다음에 산을 올라 경탄할 만한 경치에 감동하게 된다면, 그 순간을 더 건강한 지구를 만들기 위해 당신만의 능력을 어떻게 발휘할 수 있을지 생각해볼 기회로 삼아라. 누가 알겠는가, 그 순간 당신이 얻은 해답이 자연 보전이나 그 이상의 성취를 위한 새로운 프로젝트로 당신을 인도할지 모른다. 나는 산에서 내려온 후 오랜 시간이 지나더라도 산이 우리 안에 불어넣은 폭넓은 세계관을 계속 품고 있는 것이 그곳에 경의를 표하는 가장 좋은 방법이라고 생각한다.

숲과 나무

지혜와 영감을 채우는 시간

"숲을 걷는 것은 산소로 샤워하는 것과 같다."

내가 숲속으로 걸어 들어가 처음 마주하는 것은 정적이다. 외부 세계의 혼돈과 산란함은 환영받지 못하는 요새를 숲의 무성한 나뭇가지들이 형성한다. 나무 그늘에서 나는 침묵하고 싶은 이상한 충동을 느낀다. 숲이라는 커다란 존재가 내 주의를 사로잡는다.

위를 올려다보니, 몇 달 내로 가을의 첫 단풍이 노랗게 물들어 떨어지고, 결국 버몬트의 겨울눈에 덮여 사라지는 풍경이 떠오른다. 발아래에는 여기저기 흙바닥이 드러나 있는데, 앞서간 방문객들이 바위로 울퉁불퉁한 땅에 앉았던 흔적이다. 미소를 지으며 나는 숲은 그 그늘에서 과거와 미래가 만나는 진귀한 장소라고 생각한다.

숲과 나무의 치유법

삼림자원평가원Forest Resources Assessment은 적어도 10퍼센트가 나무로 덮여 있는 5,000제곱미터(약 1,512평) 이상의 땅을 숲으로 규정한다.[1] 이 규정에 따르면 세계의 약 30퍼센트가 숲이며,[2] 육지 생물의 80퍼센트 이상이 이곳을 집으로 삼고 있다.[3] 산과 마찬가지로 잘 관리된 숲은 다양한 생물 종이 번성할 수 있는 장소이자 기후변화를 대비하는 보험이 될 수 있다.

또 건강한 숲은 바다처럼 탄소 흡수원 역할을 하여 나무 줄기와 뿌리에 배기가스를 저장한다. 탄소 등 각종 오염물질을 빨아들이는 과정에서 나무는 저장하고 있던 신선한 산소를 다시 공기 중으로 내보낸다. 그것이 바로 숲속에서 들이쉬는 공기가 폐 속에 더 깊이 스며드는 듯 그토록 신선하게 느껴지는 이유다. 숲길을 걷는 일은 호흡기 개선 효과 이상으로 무수한 건강상 이점이 따라붙는다. 그와 더불어 상호작용, 상호 교환, 인내심, 모든 감각으로 귀 기울이는 일의 가치 등 숲의 미덕을 통해 우리에게 가르침을 주기도 한다.

세계 연구자들이 주목하는 산림욕 효과

다른 경관에 비해 우리는 사실 어떻게 숲이 인간의 건강에 영향을 끼치는지 꽤 많이 알고 있는데, 이는 대체로 40년 전 일본에서 유행하기 시작한 산림욕 덕분이다. 영어로 산림욕은 '숲 목욕forest bathing'으로 풀이되지만, 그 이름은 약간 오해의 소지가 있다. 산림욕은 실제로 몸을 씻는다기보다는 몸의 감각에 몰두하는 것이므로, 목욕하기 위해 숲까지 욕조를 가져올 필요는 없다.

일본에서 산림욕은 시골에 있는 방대한 숲의 구조가 스트레스를 극심하게 받는 도시 거주자들이 평온을 찾는 데 도움이 될 수 있는지 실험해보려는 방법으로 시작됐다. 1982년 아카사와 숲에서 한 첫 실험[4]에서 연구진과 의사들은 산림욕이 심리적으로는 물론이고 육체적으로도 놀라운 이점을 줄 수 있다는 것을 발견했다.

그 이후로 지금까지 일본은 산림욕 연구에 수백만 달러를 쏟아부었으며 과학 연구를 목적으로 둘레길을 수십 군데 조성했다. 산림욕 분야에서 손꼽히는 학자인 칭리Qing Li는 자신의 저서《자연치유Forest Bathing》에서 "산림욕은 일본인들이 스트레스 해소와 건강 관리를 위해 흔히 하는 습관이 되었다"라고 썼다.[5]

이들은 분명 산림욕에서 무언가를 감지한 듯하다. 초기 연구 이후, 일본에서는 여러 연구를 통해 산림욕이 수면의 질을 개선하고[6] 면역력과 주의력을 높이는 한편, 혈압은 낮추고 교감신경계 활동(다른 말로 공격·도피 반응)과 스트레스 호르몬을 줄이는 데 효과가 있다는 사실을 발견했다.[7] 칭리의 책에 따르면 이런 효과는 30일까지 이어질 수 있다.

그러나 일본에서 시행한 산림욕 실험은 대부분 규모가 작고, 어떤 효과가 숲 자체에서 생긴 것인지, 또 어떤 효과가 단순히 전자기기와 일상 속 스트레스 요인에서 멀어져 생긴 자연적 결과인지 구분하기 어렵다는 문제가 있다. 그래서 아시아와 유럽의 연구자들은 이런 효과를 입증하고 숲의 어떤 점이 삶에 긍정적인 영향을 미치는지 정확히 집어내기 위해 자신들의 숲에 몰두하고 있다. 이들 또한 숲의 지붕 아래 숨겨진 건강 비법들을 찾아가는 중이다.

산림욕이라는 용어는 신조어이지만, 산림욕이라는 행위 자체는 숲과 더 단순하고 직관적으로 교감하는 옛날 방식으로 회귀하는 것이다. 그리고 좀 더 접근하기 쉬운 방식으로 돌아가는 것이기도 하다. 이를 위해서는 '안전하고 아름다운 숲'이라는 환경이 필요하다. 그런데 또 다른 저명한 산림욕 연구자 요시후미 미야자키Yoshifumi Miyazaki는 그런 환경이 되려면 나무나 초목의 비중이 어느 정도여야 하는지 특별히 정해진 바가 없다고 말한다. 산림욕의 중요한 특징, 즉 산림욕을 일반적인 숲 산책과 구분하는 핵심은 느린 속도와 우리 감각을 전부 동원하는 데 있다.

전형적인 산림욕은 깨끗한 공기를 마시고, 나무를 바라보고, 나뭇가지와 잎사귀들이 내는 소리를 듣고, 산들바람을 맛보고, 발밑의 땅을 느끼면서 시작된다. 이는 명상 집중도를 높이는 것은 물론이고 각각 치유력이 있는 숲의 냄새, 풍경, 맛, 소리, 질감으로 우리를 초대한다.

냄새:
나무의 향긋한 갑옷은 우리를 어떻게 보호하는가

숲이 건강에 이로운 이유는 대부분 그 나무들에 있다. 자연의 이 위대한 대들보들은 땅을 기점으로 분리된 것처럼 보이지만 실은 땅속의 복잡한 뿌리를 통해 서로 연결되어 있다. 나무들은 이 토양 네트워크를 통해 일종의 대화를 나눈다. 임박한 위협에 대해 속삭이고, 스트레스를 받을 때 경고음을 내며, 필요한 영양분과 수분을 나누기도 한다. 이 동화 같은 과정은 균사체, 즉 나무뿌리에 달라붙어 뿌리를 굉장히 멀고 넓은 곳까지 확장하는 균류 덕분에 가능해지는데, 이 때문에 땅속에서는 한 나무가 어디에서 끝나고 다른 나무가 어디에서 시작되는지 구별하는 것이 불가능할 정도다.

브리티시컬럼비아대학의 산림생태학 교수인 수잰 시마드Suzanne Simard는 캐나다에서 이 '우드 와이드 웹wood wide web'을 발견했는데, 에너지 원천인 태양 빛이 차단된 전나무에 자작나무가 자신의 생명줄인 탄소를 나누고 있는 모습을 포착하면서였다. 이후 실험에서는 자작나무가 잎을 떨어뜨리기 시작할 때 전나무가 그 보답으로 다시 탄소를 나눠주는 모습이 관찰됐다.

시마드는 1997년에 이 연구 결과를 출판했고,[8] 그 이후 몇 년에 걸친 연구를 통해 어떤 오래된 나무들은 어린나무들과 자원을 나눌 때 심지어 모성 본능을 드러낸다는 것을 발견했다. 나이 지긋한 '어머니 나무들'은 숲의 다른 많은 나무와도 연결되어 있었지만, 자신의 일족을 보호하는 데 좀 더 열심이었다.

아직 과학은 나무들이 우리 발밑에서 서로 자원을 나누고 소통하는 방식을 모두 밝혀내지 못했지만(어쩌면 우리를 험담하고 있을지도 모르겠다), 나무가 곤충이나 균류, 혹은 다른 포식자들에게 공격당하면 땅속 네트워크를 통해 다른 나무들에게 조심하라는 화학 신호를 보낸다는 사실은 알아냈다. 그러면 인접한 나무들은 포식자들을 쫓아내기 위해 자연의 해충 퇴치제인 피톤치드라는 오일을 내뿜는다. 이 피톤치드가 바로 숲에서 그 독특한 나무 향을 내는 물질이다. 나무는 위협 상황에서 더 많은 피톤치드를 뿜어내지만, 수목 종은 대부분 약간의 피톤치드를 일종의 보험으로 삼아 항상 배출한다. 공기 중의 피톤치드 수치는 끊임없이 변화하는데 이는 온도, 햇빛, 습도 같은 변수에 영향을 받는 것으로 보인다.[9] 소나무와 향나무 같은 상록수는 향이 좀 더 짙은데, 겨울에 잎을 떨구지 않고 항상 피톤치드 갑옷을 입고 있는 까닭이다.

식물을 보호하는 이 향기로운 물질은 참으로 기적처럼 우리 인간 또한 돕는 것으로 보인다. 숲에 떠도는 피톤치드가 건강에 미치는 영향을 연구하기 위해 아시아 연구자들은 테르펜terpene이라고 불리는 활성 화합물을 분리하여 실험실 안에 있는 피실험자에게 냄새를 맡게 했다. 디-리모넨D-limonene(소나무과 나무와 감귤 나무에서 풍기는 귤 향),[10] 알파-피넨α-pinene(소나무에서 배출되는 흙냄새),[11] 세드롤cedrol(삼나무에서 나는 허브 향)[12]과 같은 다양한 테르펜이 한 움큼씩 실험됐다.

이 연구를 통해 90초 정도로 아주 짧게 테르펜 향을 맡는 것도 참가자들에게 긴장 완화 효과를 주기에 충분하다는 사실을 발견했다. 테르펜 없는 실험실 공기에 비해 숲 향이 풍기는 공기는 심박변이도(심장박동 사이의 변화 수치)를 증가시켰고, 이는 부교감신경계가 활성화됐으며 자가로 진단한 감정 상태도 개선됐다는 신호다.

숲속을 걸으면, 특히 다양한 수목의 뿌리가 땅속에서 두꺼운 그물망을 이루며 얽혀 있는 나이 지긋한 숲을 걸으면 우리는 이 테르펜들이 서로 협력하여 발생시키는 다양한 이점을 거둬들이게 된다. 마음이 편안해지는 것은 물론이고, 이 향기의 만찬은 무척 호화로운 방식으로 몸을 보호한다. 이 사실은 칭리가 며칠 동안 소수의 사람을 이끌고 숲을 여행하면서 여행 전후로 면역세포인 자연살해세포NK cell가 얼마나 활성화됐는지를 측정하여 알아낸 것이다.

자연살해세포는 병원균에 대항하여 신체에 첫 방어선을 형성하는 백혈구다. 자연살해세포들은 바이러스와 암세포를 포함하여 이질적이고 수상하게 생긴 침입자를 공격하여 죽이는데, 일반적으로 자연살해세포 활성화 수치가 높은 사람은 질병 발생률이 낮다는 것을 뜻한다. 3일간의 산림욕 여행 동안,[13] 칭리는 참가자들의 자연살해세포 수와 활성화 정도가 각각 평균치에 비해 약 50퍼센트 수준까지 눈에 띄게 증가한 것을 발견했다. 더 인상적이었던 점은 참가자들이 여행을 마치고 30일 후 그 수치를 측정했을 때도 여전히 기준치보다 높았다는 사실이다. 소규모 그룹을 대상으로 한 추적 연구에서는 1년 내내 숲이 있는 환경에서 거주한 사람이 도시 환경에서 거주한 사람보다 자연살해세포 활성화 수치가 높은 경향이 있다는 사실을 발견했다.[14]

이 면역력 강화 현상은 피톤치드의 직접적 효과이거나 피톤치드로 인한 스트레스 지수 완화에서 파생된 결과일지 모른다(스트레스는 결국 우리가 질병과 싸우는 능력을 저해하는 경향이 있다). 어느 쪽이든 칭리는 정신적·육체적 건강을 위해 적어도 한 달에 한 번은 야외로 나가 숲의 공기를 마시라고 제안한다.

경치:
왜 나무가 만드는 패턴은 친숙하고 편안한 느낌을 줄까

이전 장들에서 이야기했듯 사람들은 특정 자연경관을 보는 것만으로도 마음의 평온을 느낀다. 숲도 말할 것 없이 그중 하나다.

2020년 아시아에서 실시된 한 연구는 뇌 활동 분석을 통해 15분 동안 숲을 바라본 여성들이 도시 경관을 본 여성들보다 더 안정감을 느꼈다는 것을 알아냈다.[15] 펜실베이니아주 교외의 한 병원에서 이보다 전에 했던 연구에서는 창문으로 낙엽수가 내다보이는 회복실 환자들이 벽돌 벽밖에는 볼 수 없는 회복실 환자들보다 진통제를 더 적게 요구했으며 더 빨리 퇴원했다는 사실을 발견했다.[16] 1984년 스웨덴 샬메르스공과대학의 건축학 교수 로저 울리치가 주도했던 이 연구의 발견은 당시에 획기적인 것으로 평가받았고, 아직도 자연과 건강의 관계에 관한 문헌에 광범위하게 인용된다. 이 책 《리턴 투 네이처》의 주제와 관련해서도 이 연구는 흥미로운데, 숲의 치유 효과가 부분적으로 나무의 모습 자체에서 오는 것일지도 모른다는 점을 시사하기 때문이다.

그렇다면 나무 외양의 어떤 점이 이렇게 높은 치료 효과를 불러오는 것일까? 원인이 될 만한 신기한 가능성 하나는 그 형태에 있다. 나무를 잘 관찰하면 큰 가지가 그 위에 작은 가지를 뻗고, 그 작은 가지가 다시 같은 형태를 만드는 패턴이 계속 반복되는 것을 눈치챌 수 있다. 수학에서는 이렇게 어떤 패턴이 무한히 반복되면서 각 파생물이 이전 패턴의 응축된 모양을 형성하는 것을 프랙털 패턴fractal pattern이라고 부른다. 이 패턴이 나무에 유용한 이유는 작은 공간에 더 많은 표면적을 밀어 넣어 태양으로부터 더 많은 에너지를 흡수할 수 있도록 돕기 때문이다.

이 패턴은 인간에게도 어느 정도 매력적으로 보이는 것 같다. 한 연구에서 컴퓨터로 자연에서 발견되는 프랙털 패턴(단순히 반복적으로 복사한 패턴이 아니라 약간의 변화도 준)을 만들어 사람들에게 보여주자[17] 이들의 뇌파에서 변화가 포착됐다. 사람들의 마음이 안정적이면서도 활동적인 상태로 진입했는데, 이는 그 이미지가 사람들의 주의를 사로잡았다는 신호다. 이 연구의 설계자인 카롤린 헤기르헬('1장 공원과 정원'에서도 언급한)은 이렇게 말한다. "이처럼 단순한 흑백 이미지가 이 정도의 결과를 끌어낸다는 것은 놀라운 일입니다. 이 패턴이 그만큼 매혹적이거나 멋진 것도 아니거든요."

또 다른 연구에서는 마구 뒤얽힌 프랙털 배열(울창한 숲에서 보이는)을 바라보는 일이 무슨 이유에선지 생각의 제약을 풀어 다른 곳에 자유롭게 인지 기능을 발휘할 수 있도록 해준다는 사실을 발견했다. 대학생들에게 복잡한 프랙털 패턴과 단순한 프랙털 패턴을 보여주고 어려운 퍼즐을 맞추게 했더니[18] 더 복잡한 프랙털 패턴을 본 후에 오히려 퍼즐이 더 쉽게 느껴졌다고 말했다.

단순한 형태의 프랙털 패턴에도 끌리는 이 본능은 인간의 생리학적 영향일 수 있다. 결국 우리 몸에도 혈관이 나뭇가지처럼 몸 전체로 퍼지며 프랙털 패턴으로 가득 채우고 있기 때문이다. 이는 인간의 무의식적 판단에도 적용된다. 숲처럼 넓은 지형을 바라볼 때 우리 눈은 모든 것을 시야에 넣기 위해 자연스럽게 프랙털 패턴을 따라간다.[19] 저명한 프랙털 연구자이자 오리건대학 물리학과의 학과장인 리처드 테일러Richard P. Taylor는 인간이 친숙한 사물을 보며 마음의 안정을 찾기 위해 자연에서 프랙털 패턴을 찾아내는 성향, 즉 '프랙털 유창성'[20]을 갖추게 되었다는 가설을 세웠다. 우리는 나무에서 자기 모습을 인지하기 때문에 나무를 보는 걸 좋아한다는 것이다.

복잡한 프랙털 패턴 외에도 나무의 크기와 규모도 대단히 중요하다. 커다란 나무의 존재는 우리가 '3장 산과 고지대'에서 살펴본 경외감을 주기도 하는데, 이는 보통 평소에는 시선을 두지 않는 나무의 위쪽을 의식적으로 올려다볼 때 생긴다. "우리는 보통 여기가 어디이고 내 위치가 어디쯤인지 알기 위해, 혹은 넘어지지 않으려고 똑바로 앞만 바라보며 걷죠. 하지만 제대로 걸을 줄 아는 사람이라면 시야에 나무를 가득 담을 줄 압니다." 헤기르홀은 이렇게 말한다.

나무는 우리 시선을 위로 끌어올려 주변 환경을 시야에 가득 담을 수 있게 하고, 우리는 마음을 안온하게 하는 풍경, 가령 숲의 무성한 나뭇가지 사이로 들어오는 부드럽고 어른거리는 빛과 바람에 흔들리는 나뭇잎들의 활기찬 움직임, 그리고 나뭇가지들이 만들어내는 친숙한 프랙털 패턴(이제 우리도 이것을 찾아볼 줄 안다)에 마음을 빼앗긴다.

맛:
왜 숲의 신선한 공기가 그토록 건강에 좋을까

보통 숲을 산책하는 이들은 숲의 공기를 들이마시는 것만으로도 맛을 느낄 수 있는데, 그 공기는 무척 깨끗하고 신선해서 마치 시원한 물처럼 온몸에 흡수된다.

공기가 신선한 이유 중 하나는 높은 산소 함유량 때문이다. "숲을 걷는 것은 산소로 샤워하는 것과 같다." 삼림감독관인 페터 볼레벤Peter Wohlleben은 숲의 역학에 관심 있는 사람이라면 누구나 재미있게 읽을 수 있는 책인《나무 수업》[21]에서 이렇게 말한다. 그와 동시에 나무들은 자연의 공기정화장치 역할을 하기도 한다. 대기에서 이산화탄소를 빨아들이고 이를 모두 산소로 바꾸는 과정에서 나무는 검댕, 먼지, 그 외의 오염물질까지 잎 속에 가둔다. 비가 내리면 이 미립자들은 씻겨 내려가 흙 속에 흡수되고,[22] 그 덕분에 우리 폐속까지 들어오는 것을 막을 수 있다(물론 나무도 가끔 짜증을 내기도 하는데, 계절 알레르기가 있는 사람이라면 누구나 알 것이다).

이렇듯 쉽게 몸에 흡수되는 것 외에도 숲의 공기에는 정화된 산소 공급으로 인한 호흡기 건강의 개선 효과도 있다. 미국 산림청은 2010년 미국에 있는 나무와 숲이 오존 가스와 이산화질소를 빨아들인 정도를 계산하여 결과적으로 천식 같은 급성 호흡기 증상을 방지한 횟수가 67만 번에 이른다는 사실을 발견했다.[23]

또한 나무 테르펜은 공기 질을 개선하고 온도를 조절하는 데 도움이 된다. 테르펜 향이 나무에서 배출되면 주위에 습기가 차면서 공기가 살짝 시원해지는 효과가 있다. 나무 그늘도 숲을 더 시원하고 머물기 편안한 장소로 만든다.

공기 오염[24]과 과도한 열기[25]가 오래 지속될수록 스트레스, 우울증을 불러오고 정신 건강에도 좋지 않은 영향을 주는 것을 보면, 숲의 깨끗하고 온화한 공기가 뇌 건강에도 유익하다는 것을 알 수 있다. 그럴 만한 것이 신체적으로 편안하게 느껴지는 환경 속에서 기분이 쉬이 좋아지기 때문이다. 그러니 이후에 숲의 공기를 깊게 들이마시게 되면 그 신선하고 깨끗한 맛을 느껴보고, 공기가 어떻게 온몸으로 퍼지는지 주의를 기울여보라.

소리:
왜 숲의 소리를 들으면 평온해지는가

숲 생태계를 규정하는 또 하나의 특징은 소리다. 잎이 바스락거리는 소리, 시냇물이 속삭이는 소리, 생물들이 재잘거리는 소리 등 숲에는 그 특유의 소리가 있다.

사람들이 숲의 풍부한 사운드스케이프에 어떻게 반응하는지 실험하기 위해 일본 연구자들은 1분 동안 숲의 소리와 사람으로 붐비는 도쿄 시내의 소리를 녹음했다.[26] 여대생 29명이 실험실에서 심박수 모니터링을 받으며 이 두 가지 소리를 들었다. 숲 소리를 듣고 난 후에는 참가자들의 심박수가 낮아지고 교감신경계 활동도 감소했는데, 이는 도시 소음에 비해 숲 소리가 마음을 평온하게 한다는 표시다. 마찬가지로 이와 유사하게 일본에서 실시한 연구에서는[27] 숲 소리가 도박 중독인 남성 12명의 마음을 편안하게 하여 스트레스를 경감하고 부정적 감정을 줄인다는 사실을 발견했다.

이 연구들 역시 규모가 매우 작고, 참가자들에게 또 어떤 종류의 부가적 조건들이 있었는지 불분명하다(앞에서 살펴봤듯 자연의 소리에 우리가 어떻게 반응하는지는 역사, 기억, 개인적 선호도 영향을 미친다). 그러나 이보다 더 탄탄하게 설계된 연구들에서도 사람들은 대부분 인위적인 소리보다 자연의 소리를 더 선호한다는 것이 계속 밝혀지고 있다. 또한 숲은 나무와 초목의 두꺼운 장막을 이용하여 인위적인 소음들을 꽤 효과적으로 막아준다.

인위적인 소음이 별로 없는 지역은 서식하는 야생동물들도 마음을 달래주는 소리를 좀 더 거침없이 낼 가능성이 크다. 도시가 단음이라면 자연은 교향곡이다. 동물, 나무, 바람, 그리고 땅의 화음은 풍부하고 흥미로운 음악을 만들어낸다.

외딴 사막과 막 눈이 내리고 난 뒤의 텅 빈 들판처럼 본래 고요한 장소는 소란스러움에 내성이 생긴 도시인들에게 불편할 정도로 조용할지 모른다. 조용한 장소가 어느 정도까지는 예측하기 쉽고 위협적이지 않게 느껴지지만, 반대로 고립되고 으스스하게 느껴질 수 있다. 가상공간을 이용해 사람의 반응을 관찰한 실험에서는 어느 정도 자연 소리가 있는 숲과, 소리가 완벽히 차단된 숲을 비교하여 소리가 있는 곳에 스트레스를 회복시켜주는 잠재력이 있다는 사실을 발견했다(아마도 소리가 없는 공간에 있던 사람들은 갑자기 포식자가 튀어나올지 모른다는 두려움을 느꼈을 것으로 추측된다).[28] '5장 눈과 빙하'에서 인간과 침묵의 복잡한 관계에 대해 더 깊게 파헤치겠지만, 지금은 숲이 딱 적정량의 침묵을 제공한다는 정도로만 이야기하겠다.

열대 정글이 포크송이라기보다는 헤비메탈에 가까운 것처럼 숲의 배경음악은 모두 다르지만, 대체로 숲의 소리는 우리 어깨의 짐을 가볍게 하고 복잡하고 시끄러운 마음을 고요하게 한다. 그저 가만히 듣는 것만으로도 즐거워지는 산뜻한 음악이다.

감촉:
흙에서 노는 것이 어떻게 스트레스 백신이 되어주는가

마지막으로, 피부에 와닿는 숲의 감촉 또한 건강에 좋을 수 있다. 한 연구는 코팅하지 않은 떡갈나무 접시가 대리석, 타일, 철제 접시보다 우리에게 안정감을 준다고 밝혔다.[29] 단순히 나무껍질을 만지는 것만으로도 뇌 활동이 차분해지고 부교감신경 활동이 증가했는데, 이 부교감신경은 보통 휴식할 때 활발하게 활성화된다.

날씨와 관계없이 언제든 손으로 나무를 부드럽게 쓰다듬고, 허리를 굽혀 흙을 한 줌 집어보는 것만으로도 그 환경이 윤택한지 알 수 있다. 삼림지의 땅속은 나무들이 흙을 건강하고 풍요롭게 만들어주는 덕분에 너무 작아 맨눈으로는 볼 수 없는 미생물들[30]로 가득하다. 매년 낙엽수는 겨울을 위해 영양분 가득한 나뭇잎을 떨어뜨려 아래에 있는 땅에 비료를 준다. 나무뿌리도 토양에 공기를 통하게 하고, 물을 머금을 수 있는 용량을 늘리며, 앞서 언급한 균사체 같은 토양 균류와 공생 관계를 형성함으로써 토양이 비옥해지도록 돕는다(균사체는 나무의 전갈을 전하는 보답으로 스스로 만들어낼 수 없는

당분을 평생 받게 된다). 그 결과, 숲의 토양 공동체는 초원이나 농장의 토양보다 훨씬 비옥하다.[31]

특히 흥미로운 토양 세균은 미코박테리움 박케Mycobacterium vaccae[32]라는 것인데, 과학자들은 이것이 뇌의 세로토닌 수치를 증가시키고 기분을 조절하는 데 도움을 준다고 생각한다. 미코박테리움 박케에 대한 초기 연구가 매우 성공적이었기 때문에 콜로라도대학 볼더 캠퍼스의 생리학자들은 쥐가 이것을 먹고 회복력이 향상되고 불안증이 없어진 것을 확인한 후 현재는 인간을 위한 '스트레스 백신'으로 개발하기 위해 연구 중이다.[33]

이것이야말로 흙에서 노는 것이 단지 아이들만을 위한 놀이가 아니라는 증거가 아닐까? 폭넓고 다채로운 이점이 있는 토양 미생물과 접촉하는 것은 특히 오늘날처럼 멸균을 추구하는 세상에서는 권장할 만한 건강 습관이다.

감각을 넘어:
어떻게 하층 식생이 삶의 시각을 넓혀주는가

피톤치드의 향기로운 냄새, 얽히고설킨 프랙털 패턴, 신선한 공기, 우리를 손짓하는 숲 소리, 다양한 질감이 조화를 이루며 만들어내는 풍요로운 경관은 필요에 따라 우리의 활기를 북돋워주기도 하고 긴장을 풀어주기도 한다. 세계 곳곳의 산림욕 안내원들과 이야기를 나누면서 나는 숲이 여러 면에서 치유 효과가 있다는 것을 알게 되었다. 그들에게서 어떻게 숲이 영감이 떠오르지 않을 때는 경이로움의 원천이 되고, 어려운 결정의 시기에는 명쾌한 통찰력을 주며, 힘겨운 날에는 휴식처가 되어주는지 들었다. 숲이 만약 사람이라면 노련한 심리치료사와 같아서 무수한 세월을 거친 생애의 경험으로 축적한 삶의 조언을 깊은 지혜의 우물에서 퍼내 우리에게 건넨다.

어떤 수종은 인간보다 수백 배 더 오래 살기도 한다. 페터 볼레벤이 자신의 저서에 쓴 바에 따르면 나무의 200세는 인간으로 치면 40세 정도라고 한다. 나무가 장수할 수 있는 이유는 느리고 통제된 성장 때문이다. 나무는 끝없는 변모의 과정을 거치지만, 인내심 있게 천천히 자라기 때문에 우리 눈에는 전혀 성장하지 않는 것처럼 보일 정도다. 겨울에 낙엽이 지고 봄에 수액이 올라오는 상실과 재생의 시간은 끝없는 고리로 이어진다. 나무는 잎을 떨군 후 다시 새싹을 틔우고, 죽고 다시 태어나며, 이 모든 과정 동안 자연에 존재하는 가장 강렬한 색채를 발산한다.

미래에 대한 불안으로 가득 찬 세계에서 변화를 거치는 동안에도 잃지 않는 나무의 꾸준한 확신과 우아함은 우리가 배울 만한 미덕이다. 미국 산림욕협회 설립자이자 《산림욕의 치유 마법―고요와 창조성, 자연계와의 연결성을 찾아서The Healing Magic of Forest Bathing: Finding Calm, Creativity, and Connection in the Natural World》의 저자인 줄리아 플레빈Julia Plevin은 이렇게 말한다. "나무는 명상으로 살

아깝니다. 나무 주변에 있으면 그 에너지를 느낄 수 있지요."³⁴

우리가 나무에 끌리는 이유는 나무에서 우리의 좀 더 이상적인 모습을 보기 때문이다. 숲속을 걷는 일은 매번 자신을 새롭게 상상할 기회이고, 수백 년 동안 인내심 있는 경청을 통해 축적한 나무의 통찰력을 배울 기회다.

이 교훈이 언제나 쉽게 얻어지는 것은 아니다. 각각의 나무는 주로 긍정적으로 그려지는 데 반해(《아낌없이 주는 나무》의 현명하고 만사에 통달한 나무 그루터기, 〈포카혼타스〉의 버드나무 할머니를 생각해보라), 광대한 숲은 역사적으로 두려운 장소이기도 했다. 어둡고, 사방이 막혀 있으며, 비밀스러운 숲은 오랜 시간 동안 종교, 신화, 그리고 우화에서 으스스하게 묘사됐다(〈백설공주〉에서 백설공주는 유령 들린 숲에서 끈끈한 육식 나뭇가지, 박쥐들과 싸운다. 〈빨간 모자〉에서 빨간 모자는 숲에서 길을 잃고 늑대에게 속아 넘어간다).

숲 어귀에 머물면 안전하지만, 깊숙이 들어가면 우리 삶은 위험에 노출된다. 하지만 숲을 통과하여 반대쪽 출구로 나올 수만 있다면 그것은 승리다.

이런 의미에서 무거운 발걸음으로 숲을 통과해 가는 것은 우리 정신의 어두운 면을 마주하는 것을 은유한다. 부정적인 생각과 감정에 직면하는 것은 위협적이고 불편하지만 때로는 필요한 일이며, 우리는 이를 통해 더 나은 모습으로 변모할 수도 있다. 트라우마, 우울증, 인종 정체성 때문에 고통받는 10대를 주로 상대했던 야외 캠프 심리치료사 주디스 사도라Judith Sadora가 목격해온 것도 이런 변화였다. 내담자들이 신체적으로도 정신적으로도 강해지도록 돕는 것 이상으로, 사도라 개인에게 야생의 자연은 그 여정의 길 동안 스스로를 돌아보게 했고, 종극에는 자기 모습을 수용하는 길잡이가 되어주었다고 말한다. "야생은 나에게 계몽의 단계, 성장의 단계를 의미합니다. 나는 기독교인으로 자랐고, 그래서 오랜 시간 야생은 나에게 죄악이고 타락의 장소였습니다. 나는 여전히 기독교인이지만 자연에 대한 그런 관념은 깨졌습니다. 야생은 자신을 없애거나 벌을 받기 위해 가는 곳이 아닙니다. 그곳은 자아를 찾고 그 자아에 만족할 수 있는 곳이죠."

숲과 나무에서
우리가 할 수 있는 일

숲의 치유력에 관한 연구는 대부분 극단적인 조건, 즉 살균된 실험실이나 초목이 무성하고 외진 숲에서 이루어졌다. 나무와 풀이 밀집한 야생의 숲에서 편안함을 느끼지 못한다면(많은 사람이 그렇다!),[35] 그런 곳에 가는 것이 회복은커녕 오히려 스트레스와 두려움을 유발할 수 있다. 그럴 때는 중간 지대를 찾아보라. 도시 속의 숲, 유명한 둘레길, 심지어는 가로수 길도 앞으로 소개할 활동들을 위한 비옥한 무대가 될 수 있다.

5~10분이 생긴다면

나무가 많은 곳 찾아가기

시간 여유가 없는 사람도 근처에 있는 나무와 함께 의미 있는 몇 분을 보낼 수 있다. 산책을 하게 되면 나무 한 그루를 골라 그 나무가 만들어내는 패턴과 색채가 어떤지 살펴본 후 그것이 군락지의 다른 나무들과 어떻게 어우러지는지 관찰해보라.

후각, 청각 같은 다른 감각들을 모두 동원하지 않더라도, 이렇게 의도적으로 관찰하는 행위는 우리를 편안하게 하는 효과가 있다. 아시아의 한 연구는 실험 참가자들이 도시의 풍경을 볼 때보다 숲의 풍경[36]을 볼 때 더 빈번하게[37] 편안하고, 자연스럽고, 위안을 얻는 느낌을 받으며, 스트레스도 덜 느낀다는 것을 발견했다.

무성한 나무 그늘에서 점심시간 보내기

칭리는 산림욕 연구를 위해 숲을 찾지 않을 때는 사무실 근처의 작은 도시공원에서 점심을 먹으며 숲에 있을 때와 비슷한 평온의 시간을 누린다. 점심을 먹을 때는 나무 아래에 앉아 주변 환경을 모든 감각으로 느낀다. 나무 그늘이 편안한 점심 친구라고 느끼는 것은 칭리만이 아니다. 코로나19로 인한 거리 봉쇄 기간에 전설적인 동물학자 제인 구달을 인터뷰하기 위해 메일을 보냈을 때,[38] 그녀도 자가 격리 중인 집 마당에서 감각이 충만한 점심시간을 보내던 중이었다고 말했다. 그녀는 가장 좋아하는 너도밤나무 아래에 앉아 오늘의 울새 노래를 들으면서 점심을 먹으며 그 노래를 조용히 따라 불렀다고 했다.

나무 한 그루와 친해지기

우리는 매일 수백 그루의 나무를 지나치면서도 그 나무들이 요새 어떻게 지내는지 거의 신경 쓰지 않는다. 식물학자들이 이름을 붙인 이 '나무 까막눈tree blindness'[39]은 그래도 빨리 치유될 수 있다.

작은 것부터 시작해서 자주 눈에 띄고 계속 찾아가기 쉬운 나무 한 그루를 고르자. 어떤 나무인지 잘 모르겠다면 수종이 무엇인지 찾아보고, 그 지역의 토종 품종인지 알아보자. 그곳을 지날 때마다 잠시 멈춰서 눈에 띄는 점들은 없는지 보자. 가지가 좀 꺾였는가? 나뭇잎 색이 변하지는 않았는가? 좀 더 적극적으로 관찰하고 싶다면 몇 달, 혹은 몇 년 동안 정기적으로 나무 사진을 찍어도 좋다. 비록 나무가 언제나 똑같아 보일지라도 그 시간 동안 당신의 눈앞에서 성장하고 있었음을 앨범을 보며 깨달아보라.

《오버스토리》[40]의 작가 리처드 파워스Richard Powers는 나무의 시선으로 쓴 그 기발한 소설에서 마치 '모든 것이 인간에서 시작해 인간으로 끝나지 않는 시스템으로 회귀한' 느낌을 주는 관찰을 통해 자신의 나무 까막눈을 극복하는 과정[41]을 묘사했다.

나무 아래에서 오감으로 느끼기

가장 조용한 곳에 있는 나무를 찾아 짧은 명상을 해보자. 나무 밑에 서서 마음이 평온해지면 눈을 감아라. 깊게 몇 차례 호흡한 후 먼저 주변 냄새에 주의를 기울여라. 그런 다음 눈이 내리는 유리 장식품인 스노볼 안에 들어가 있다고 상상하면서 스노볼의 유리를 약하게 진동시킬 법한 가장 멀리서 나는 소리가 무엇인지 들어보라. 몸이 앞뒤로 미세하게 흔들릴 때 발에서 느껴지는 감각으로 옮겨 가라. 입을 벌리고 깊게 숨을 들이마시며 공기의 향과 질감에 주목하라. 눈을 뜨고 바로 앞에 있는 나무를 바라보며 크고 작은 패턴을 따라가보라. 마지막으로 살며시 초록으로 물든 감각을 지닌 채 일상으로 돌아가라.

1시간이 생긴다면

나무 안아보기

1970년대 인도의 숲에서 마을 주민 몇 명이 벌목꾼을 막기 위해 큰 나무들을 껴안기 시작하며 이렇게 되풀이해 외쳤다. "이 숲은 어머니의 고향이니 온 힘을 다해 지킬 것이다." 이들의 용기는 칩코 Chipko(끌어안는다는 의미의 힌디어) 운동에 영감을 주었고, 트리 허거 tree hugger라는 용어를 대중화했다. 이 사건과 오늘날 비하의 뜻으로 자주 사용되는 트리 허거 사이에는 간격이 존재한다. 그런데 이제까지 우리가 살펴본 숲에 관한 사실들로 미뤄볼 때 실제로 나무를 껴안아야 하는 이유는 많다.

나무를 껴안는 것이 사이비 종교인처럼 보일까 두렵다면 대신 나무 곁에 앉아보라. 줄기부터 시작해 잎사귀까지 올라가며 나무의 광대한 생태계를 넓은 시선으로 관찰하고 그 세세한 구조로 좁혀

들어가라. 나무를 알아가고, 나무가 당신을 알아가도록 하라. 현재 직면한 문제나 고민거리를 생각해보고 그에 관해 숲이 전해주는 통찰이 있는지 들어보라. 항상 열린 자세로 나뭇가지 아래에 스며 있는 지식을 받아들이고 수용하라. 그러면 놀랄 일이 생길지 모른다.

숲에 보답하기

줄리아 플레빈은 산림욕이 끝나면 상호 보답의 의미로 땅에 무언가를 남길 의사가 있는지 사람들에게 물어보곤 한다. "우리는 지구에게서 정말 많은 것을 받습니다. 하지만 우리가 주는 것은 무엇일까요?"(그러면 멍한 눈동자들이 플레빈을 쳐다보고, 누군가가 "기후변화요?" 하고 작게 대답하기도 한다.)

기도, 노래, 혹은 약간의 물은 산책 후 숲에 줄 수 있는 간단한 보답이 될 것이다.

산림욕에서 가장 중요한 핵심 중 하나는 아주 느린 속도다. 산림욕은 목적지에 도달하는 결과를 뜻하는 것이 아니라 그곳에 있는 상태 자체를 말한다. 이 느림에는 함께 따라오는 일종의 감정적·정신적 명료함이 있다.

— 유민 야프, 싱가포르의 숲 치료 가이드

더 많은 시간이 생긴다면

산림욕 하기

전형적인 산림욕은 2~3시간 정도 걸리지만 1킬로미터 이상을 소화할 필요는 없다. 가이드가 이 명상적인 산책길을 이끌어줄 수도 있고, 혹은 호기심이 이끄는 대로 홀로 숲을 거닐 수도 있다.

코스타리카 산호세 외곽에서 산림욕 가이드를 하는 마누엘라 시그프리드Manuela Siegfried는 산림욕을 하는 데 규칙은 별로 없지만 느린 보폭은 필수라고 설명한다. "감각을 깨운 채로 속도를 늦추면 좀 더 친밀하게 숲과 교감할 수 있습니다." 과도하다 싶을 정도로 천천히 걸으며, 주변의 세세한 환경을 민감하게 느끼고, 마음이 흘러가는 대로 두어라. 아래 5단계가 산림욕을 도와줄 것이다.

- 1단계. 산책할 장소는 안전하고 편안한 느낌이 드는 숲이나 나무 군락지로 선택하라. 외진 곳일 수도 있고 좀 더 사람이 많은 곳일 수도 있지만, 가장 이상적인 장소는 인간의 소음이 상대적으로 적고 볼만한 자연경관이 풍부하며 자연의 소리에 녹아들 수 있는 곳이다. 흐르는 물, 이끼 낀 바위, 새소리 같은 세부적 요소들이 당신의 감각을 깨우는 데 크게 도움이 된다. 칭리는 나무가 높고 빽빽하게 들어차 있을수록 좋다고 덧붙인다.
- 2단계. 숲으로 들어가기 전에 몸과 마음이 어떤 느낌인지 메모하라.

- **3단계.** 일단 숲으로 들어가면 먼저 앞서 언급한 5분 오감 명상으로 시작하라. 산책 중에라도 마음이 내키면 언제든지 해도 좋다.
- **4단계.** 계획이나 목표를 세우지 말고 숲속을 천천히 걸어라. 마주치는 나무와 토양과 식물에서 새롭게 느껴지는 것이 무엇인지 주의를 기울이면서 그것들이 끊임없이 변화하고 있다는 것을 기억하라. 당신이 환경에 녹아들도록 도와줄 조언 몇 가지를 소개한다.

  - 나뭇가지와 잎사귀의 패턴에 집중하여 일본어로 코모레비komorebi,[42] 즉 나뭇잎 사이로 비치는 햇빛을 찾아보라.
  - 가장 먼저 들리는 소리뿐 아니라 그 너머에서 들리는 미묘한 소리까지 들으려고 노력하라. "인간은 가장 크고 분명하게 들리는 소리에 주의를 기울이는 경향이 있습니다. 이렇게 하면 사물을 다른 관점으로 보고, 그 이면에 존재하는 은은함에 주의를 기울이는 연습을 할 수 있습니다." 싱가포르의 숲 치료 가이드인 유민 야프Youmin Yap는 이렇게 말한다.
  - 나무줄기의 껍질, 바위의 이끼를 부드럽게 만져보고, 마음을 끄는 숲의 다양한 면모, 야프의 말대로 그 "호화로운 감각의 만찬"을 느긋하게 즐겨라(다만 독이 있을지 모르니 신중할 것).
- **5단계.** 그날 숲의 특징적인 모습을 몇 분간 되새겨보라. 숲을 느긋하게 거닐며 당신은 어떤 에너지를 느꼈는가? 지금 기분은 걷기 전에 비해 어떤가? 이런 당신의 생각들을 기록해서 다

음 산책 때는 이전과 비교해 무엇이 달라졌는지 참고하자.

먼 곳에서 느껴보기

천연 우디 오일 뿌려보기

나무의 고농축 천연 오일을 이용하면 숲의 향기로운 피톤치드를 온전히 병에 담아 언제든지 그 향이 주는 건강상의 이점을 누릴 수 있다. 일본의과대학에서 주도한 칭리와 요시후미 미야자키의 한 연구에서 실험 참가자들은 노송나무의 천연 오일 향(일본에서 흔한 나무 향)이 나는 호텔 방에서 3일 밤을 보냈다.[43] 이후 이들의 자연살해세포 활동이 전반적으로 상승했고, 스트레스 지수는 감소했다.

가문비나무, 전나무, 삼나무, 노송나무의 천연 오일을 상비해놓고 정말 야외에 나가고 싶지만 그러지 못할 때 그 향을 맡거나 주위에 뿌려보라. 이 실험에서 연구자들은 더 긴 시간을 설정했지만, 천연 오일의 향과 효능은 보통 3시간쯤 지속되므로 그 정도만 해도 충분할 것이다.

녹음한 숲의 소리 듣기

과장된 새소리, 물 흐르는 소리, 매미 소리는 우리를 곧바로 생동감 넘치는 열대 정글로 데려가며, 나뭇잎이 스치고 흙이 밟히는 좀 더 미묘한 소리는 고요한 상록수 숲으로 데려간다. 이런 다채로운 얼굴이 숲이 가진 아름다움이다. 그날 특별히 끌리는 숲의 오디오를 골라 눈을 감고 그 음악의 품에 안겨보자.

숲과 나무 아래에서 더 생각해볼 것

아래는 믿음, 공동체, 고난을 통해 얻은 지혜라는 숲의 주제와 관련된 질문들이다.

- 당신은 누구에게 혹은 무엇에 많이 의지하는가? 그 사람 혹은 그것에 무엇으로 보답하는가?
- 계절의 특성이 당신의 삶에 어떤 영향을 끼치는가? 겨울에는 속도를 늦추고 잎을 떨어뜨리듯 몸을 보호하는가, 아니면 계속해서 여름처럼 내달리는가?
- 가장 최근에 인내심이 필요했던 때는 언제였으며, 인내심이 잘 유지됐는가?
- 밖으로 나갔을 때 가장 즐기는 감각은 오감 중 무엇인가? 우리는 고도로 시각적인 동물이지만, 어떻게 하면 다른 감각도 좀 더 활발하게 이용할 수 있을까?

숲과 나무가
지속 가능하도록

단순히 아름답고 편안하게 산책하기 좋은 풍경 이상으로, 숲은 지구온난화에 맞설 수 있는 수호자다. 숲은 대기로부터 이산화탄소를 흡수하여 토양과 다른 초목뿐 아니라 나무의 잎사귀, 줄기, 뿌리에 열심히 저장하는 탄소 흡수원이다(마른 나무는 그 무게의 약 50퍼센트가 탄소다).

숲의 느린 속도를 생각하면 기후변화는 특히나 빠르고 파괴적으로 느껴질 것이다. 숲이 계속 우리에게 힘이 되어줄 수 있도록 숲을 보호하는 몇 가지 방법을 소개한다.

농업용 개벌과 화전

나무가 나이를 먹고 성장할수록 탄소 흡수량 또한 증가한다. 그 때문에 사람의 손길이 닿지 않은 노숙림老熟林(약 150년 이상 된 나무들로 이뤄진 숲)은 기후변화에 함께 대항할 가장 강력한 동맹군 중 하나다.

노숙림에 사는 나무들의 발달한 땅속뿌리 체계와 하늘을 덮은 두꺼운 임관林冠, 그리고 층층이 쌓인 나뭇가지 안을 들여다볼 수 있다면 우리는 그 속에서 3,000억 톤 정도 되는 탄소를 발견할 것인데,[44] 이는 대략 150년 동안 인간이 대기로 배출해온 양이다.

하지만 탄소가 영원히 노숙림에 갇혀 있는 것은 아니다. 인간이 숲 일부를 잘라낼 때마다 이들이 품고 있던 탄소는 다시 공기 중으로 배출된다. 이것이 대규모 삼림 벌채가 더욱 불안하고 위험한 이유다.

인간은 벌채를 시작한 이후 지구의 46퍼센트에 달하는 나무를 베었는데,[45] 한 그루가 쓰러질 때마다 온실가스가 배출되고, 숲의 미묘한 균형이 교란되며, 야생종의 서식지가 파괴되고, 나무에 생계를 의존하는 사람들의 삶이 위협받는다.

사고방식의 전환:
음식을 살 때마다 내가 보고 싶은 미래에 투표한다

두말할 것도 없이 얼마 남지 않은 노숙림이 파괴되지 않도록 보호하는 건 필수다. 그러나 2019년 아마존 열대우림을 삼켜버린 것 같은 개발도상국의 대규모 산불 참사는 사회경제적 요소가 얼마나 삼림 보존에 해가 될 수 있는지 분명히 보여준다. 미국의 많은 화재와는 달리 아마존 산불은 사고가 아니었다. 농부들이 벌목을 위해 놓은 작은 산불 수백 개가 합쳐진 결과였다. 그들은 농장을 마련하기 위해 숲을 벌채하는 중이었는데, 이는 농사를 지어 최저생활비를 벌기 위함이었다. 이런 의도적 벌채는 아마존과 아프리카의 콩고 분지, 보르네오섬의 열대우림과 같은 가난한 나라에서 여전히 성행하고 있다.

이런 나라에서 개인 차원의 벌채는 부패하고 비도덕적인 행위이니 멈춰야 한다고 결론지으며 끝내는 건 상황을 너무 단순하게 보는 것이다. 이들이 벌채하는 이유는 대부분 당장 자기 집 식탁에 올려야 할 끼니 걱정이 먼 미래 지구의 다른 나라들에 끼칠 온실가스 배출의 파괴적인 영향에 대한 염려보다 더 크기 때문이다(게다가 이들은 벌채를 제외하면 온실가스 배출에 책임이 거의 없다). 그러니 그렇게 결론짓는 대신, 우리는 애초에 이들이 숲을 구하는 것과 생계를 이어가는 것 사이에서 선택할 수밖에 없도록 만드는 시스템에 의문을 가져야 한다.

"보호구역은 자체 시스템만으로 채취되는 총자원이 당장의 직접적 경제 가치를 뛰어넘을 때만 착취로부터 안전해집니다." 숲생태학자 로빈 셔즈던Robin Chazdon은 학술지 〈네이처Nature〉에 실린 논문에 대한 응답으로, 편집자에게 보내는 편지에 이렇게 썼다.[46] 그렇게 본다면 성숙림mature forests을 보호하기 위해서는 자본주의, 즉 현재 지구 경제에 불을 지피고 있는 수요공급의 법칙과 결별하거나, 혹은 적어도 자연을 보호할 수 있을 만큼 대대적으로 재구성해야만 할 가능성이 크다.

이것은 하루아침에 이루어질 일이 아니다. 농업(특히 소고기 생산)은 세계적으로 벌어지는 벌채의 주된 요인이므로, 벌채를 유발하는 행위를 줄이는 좀 더 즉각적인 방법을 찾고 싶다면 지금 먹고 있는 음식을 먼저 생각해보라.

점차 세계화되는 식량 시스템 속에서 우리가 먹는 음식의 원산지를 살피고 그곳이 벌채된 땅인지 알아내기는 힘들 수 있다. 현지에서 생산된 음식을 구매하는 것으로 대규모 벌채의 원인이 되는 시스템을 완전히 뜯어고칠 수는 없지만 가속화되는 것은 어느 정도 막아줄 수 있다.

그러니 일주일치 장을 보기 위해 슈퍼마켓에 가게 되면 카트에 담긴 음식들이 얼마나 많은 나라에서 왔는지 주의 깊게 살펴보라. 집에서 가까운 곳, 농지가 투명하게 관리되는 곳에서 생산된 것으로 살 수 있는 음식에는 무엇이 있는지 생각해보라. 수단과 방법이 있다면 개인 농장이든, 혹은 공동체 지원 농업CSA, Community Supported Agriculture이든 상관없이 현지 농산물을 구매하여 그들을 지원하라. 벌채는 먼 곳의 문제로 보일지 모르지만, 생각보다 우리와 깊은 이해관계로 얽혀 있다.

허술한 재조림 사업과 신규 조림 계획

이미 존재하는 숲이 파괴되지 않도록 보호하는 일뿐 아니라 새롭게 숲을 조성하는 일도 대기에서 탄소를 추출해 다시 땅속으로 흡수시키는 데 도움이 된다. 요즘 시대에 조림造林은 대규모 사업이다. 세계의 수많은 단체와 기구가 신규 조림(나무가 없는 지역에 나무를 심는 것)과 재조림(이전에 숲이었던 지역에 다시 나무를 심는 것)을 혼합하여 나무 수조 그루를 심는 것을 목표하고 있다.

이런 사업에 돈을 기부하는 것은 기업과 개인이 환경 운동을 지원하고 탄소 배출을 만회하는 방법으로 인기가 있다. 그런데 재조림 사업 모델이 계획서상으로는 좋아 보이지만 결점이 없는 것은 아니다. 특히 조림이 대규모로 이루어질 때는 실패로 돌아갈 가능성이 크고, 실제로 그렇게 된 사례도 많다.

먼저 나무를 심을 토지를 이해하지 못하면 그 환경에 알맞지 않은 나무를 선택할 수 있다. 그 토양이나 기후에서 잘 자라지 못하는 나무를 고르면 결국 죽고 만다. 외래종을 식림하면 기존 동식물을 위험에 빠뜨릴 수도 있다.

한두 가지 수종만으로 숲 전체를 조성하는 것도 근시안적이다. 그 결과로 생겨난 생태계는 제한된 범위의 동식물에게만 적합한 환경이 될 것이며, 기온 상승이나 해충에 취약해질 것은 말할 필요도 없다('3장 산과 고지대'에서 살펴봤듯 생물 다양성은 기후변화로 인한 최악의 상황에 대비하는 보험과 같은 역할을 한다).

또한 지나치게 획일적인 숲은 다양한 수종으로 이루어진 숲이나 성숙림보다 빨리 타는 경향이 있어서 파괴적인 산불에 더 취약하다.

기후변화에 대응하기 위해 수립된 계획은 반드시 지역사회의 회복력을 키우는 데 힘써야 한다. (⋯) 변화에 대한 적응은 결국 지역사회 수준에서 해야 하기 때문이다.
— 수전 촘바, 아프리카 산림복원사업 책임자

사고방식의 전환:
환경사업을 곧이곧대로 믿지 않는다

가장 훌륭한 재조림 사업은 자연적으로 번성할 수 있는 나무를 심는 것이다. 이런 사업은 나무들을 각기 고립되게 심지 않고 과도하게 관리하지 않는다. 그들은 산림지 전체에 구역별로 식림하고 이후에는 알아서 자연적인 생육 과정을 거쳐 나무들이 오래된 숲처럼 보이도록, 또 그렇게 자립하도록 한다. 이런 방식은 대부분 더 많은 시간과 돈이 들지만 장기적으로는 탄소 흡수력이 더 좋은 건강하고 회복력 강한 숲을 키워낼 수 있다.

로빈 셔즈던과 이에 관한 이야기를 나누었을 때 그녀는 생태학적 전문성을 갖춘 재조림 사업을 찾으려면 일반 대중에게 어떤 종류의 나무를 심는지, 어떻게 관리하는지 투명하게 공개하는 기업을 찾는 것이 현명하다고 말했다.

어떤 땅에 나무를 심는지, 그 땅을 어떤 식으로 선택하는지 살펴 봐야 하며, 기부금의 어느 정도가 땅이 아니라 거래 비용으로 쓰이 는지도 알아봐야 한다. 셔즈던의 의견으로는 스코틀랜드의 환경 단 체 플랜 비보Plan Vivo, 독일의 사회적 기업 에코시아Ecosia, 에콰도르 의 산림 보호 프로그램 소시오 보스케Socio Bosque 정도가 사업을 생 태학적 관점에서 진행하는 단체들이다. 그녀가 가장 많은 나무를 심거나 가장 넓은 땅을 채운 사업을 이야기하지 않았음을 명심하 라. 조림 사업에서는 양이 많다고 하여 반드시 질이 좋은 결과를 맺 지 않는다.

식목 사업은 이렇듯 미묘하여 복원 사업이라고 해서 모두 같은 성과물을 만들어내지는 않는다는 사실을 우리에게 일깨워준다. 한 단체가 환경 보호 사업을 한다고 주장한다고 해서 꼭 우리의 시간 과 돈을 받을 가치가 있는 것은 아니다. 환경 단체에 돈을 기부하고 자 한다면 먼저 그곳을 조사하고 여러 질문을 던져보는 게 필수다.

잘못된 나무 점유율tree cover 관리

외부 단체가 가난한 지역에 들어와 그곳 사람들과의 논의 없이 나무를 심는다면 장기적으로 볼 때 성공할 확률은 낮다. "어느 지역에 가서 장작을 패기 위해 나무를 베는 것은 누구나 할 수 있습니다."사회과학자이자 사하라 사막 이남의 아프리카에서 숲 관리 전문가로 일하는 수전 촘바Susan Chomba는 이렇게 말한다. 하지만 지역 주민들의 필요와 이익에 초점을 맞추면 숲 복원 사업의 동력은 변한다. 숲의 보존을 보장하기 위해서는 지역 주민들이 식재에 대한 정보를 얻는 한편 '그 과정에도 참여'할 수 있어야 한다고 촘바는 말한다.

"지역민들의 필요에 초점을 맞출 때 상황은 달라집니다. 주민들 또한 투자 대상이 되니까요. 이들은 사업을 생계 활동으로 바라보고 그를 통해 돈도 벌 수 있게 되는데, 그 돈은 정부에서 받는 임금만이 아닌 거죠. 이렇게 동력 전체가 바뀝니다." 촘바는 이렇게 말한다.

예를 들어 촘바가 아프리카 8개국에서 지역의 토지 주인들과 협력하여 시행 중인 산림 복원 사업[47]을 생각해보자. 그녀가 일하고 있는 이 취약한 지역사회에서 나무들은 탄소 흡수원 이상의 존재로, 이들에게는 생계의 원천이다. 촘바의 팀은 그 지역에 적합한 수목 종을 몇 가지 제시한 후 무엇을 심을지, 즉 시장에 팔 수 있는 과실나무를 심을지, 집을 짓기에 좋은 목재를 생산할 품종을 심을지에 관해 최종 결정권을 주민들에게 준다.

지역사회가 참여하면 지역민에게 숲에 대한 주인 의식이 생긴다고 촘바는 설명한다. 그 주인 의식은 초목이 땅에 굳건히 자리 잡을 수 있도록 하고, 앞으로도 잘 관리될 것을 보증하여 척박한 토지에 새로운 활기를 불어넣을 수 있으니, 이는 결국 환경에도 지역민들에게도 득이 된다.

사고방식의 전환:
환경 복원을 위해 주민의 생계를 희생할 필요는 없다

식목 사업에 직접 참여하거나 기부하게 된다면 그 사업이 땅의 생태학적 맥락과 문화적 맥락을 둘 다 고려하고 있는지 살펴야 한다. 어떤 나무를 심을 것인지만 묻지 말라. 나무를 심고 관리하는 사람에 대해서도 질문하라.

촘바와 셔즈던은 둘 다 지역환경위원회가 관여하는, 권한이 분산된 식목 사업(사업자와 직접 일을 함께하는 것도 좋고, 중개 기관이나 NGO를 통하는 것도 좋다)을 찾을 것을 추천했다. 이들이 바로 나무가 뿌리를 내리고 오랜 시간이 흐른 뒤에도 나무를 보호해줄 수 있는 법과 지방정부의 구조를 잘 알고 있는 사람들이기 때문이다. 재조림뿐 아니라 그 외에 모든 지역사회 주도의 환경 사업을 지원하는 것은 당신의 돈과 시간을 가치 있게 만들어주는 일이다.

마지막으로, 숲의 나무들처럼 환경문제 해결책들은 그 수가 많을수록 강력해진다. 나무 보호와 숲 복원에 땅과 생계를 지킬 잠재력이 있다고 해도 그 자체로 기후변화에 대한 해결책이 되는 것은 아니다. 숲 혼자서는 우리가 배출하는 이산화탄소를 모두 흡수할 수 없으므로(게다가 나무들은 세계 온난화로 인해 탄소 저장 능력을 이미 어느 정도 상실했다[48]), 이 사업들은 언제나 이산화탄소 배출량 감소와 병행해야 한다.

5장

눈과 빙하

마음이 회복되는 거대한 힘

"눈은 우리에게 침묵의 소리를 듣는 법을 가르쳐준다."

눈은 익숙한 풍경 위로 흰 장막을 씌운다. 하얀 눈의 덮개 아래로 사물은 흐릿하고 한데 뭉뚱그려 보인다. 무엇이 무엇인지 구분하기 힘들다. 인도와 잔디, 나뭇가지와 관목은 모두 반짝거리는 베일로 덮여 있다. 햇빛이 고개를 내밀어 수백만 개의 샹들리에처럼 빛을 쏟아내자 땅과 하늘의 경계마저 뒤섞인다. 나도 햇빛과 눈의 담요 속에 안기고 싶다는 생각이 든다. 하지만 창문을 열자(아니 그보다 바람에 창문이 열리자) 한기가 들이닥친다. 나는 추위를 좋아하지 않는 편이다. 하지만 오늘 눈이 두껍게 쌓이고 브루클린의 풍경이 그 아래에 따뜻하게 잠들어 있는 것을 보니 나도 어서 밖으로 나가 함께 감싸이고 싶은 충동을 느낀다. 언제나 그렇듯, 이런 충동은 반갑다.

눈과 빙하의 치유법

눈과 눈의 동류인 얼음, 진눈깨비 등은 그 자체로 자연경관은 아니나 경관을 완전히 새롭게 탈바꿈할 수 있는 것들이다. 고위도 지방 사람들은 뚝 떨어지는 온도, 컴컴한 한낮, 쌀쌀한 날씨 덕분에 겨울에는 가끔 즐기는 겨울 스포츠를 제외하고는 야외 여행을 탐탁지 않게 느낀다. 모든 날씨 중에 아마도 얼음이 얼고 눈이 내리는 이런 날씨가 나를 포함한 미국인들을 가장 많은 시간 동안 실내에 웅크리고 앉아 있게 만들 것이다.[1]

우리도 눈 오는 계절에는 동물처럼 많은 시간 동면하지만, 눈 덮인 공간을 조사했던 초기 연구들은 오히려 자주 밖으로 나가는 것이 건강에 더 좋다고 말한다.

눈 오는 날에 외출하는 마음

자연은 눈으로 하얗게 덮인다고 해서 그 회복의 힘이 약해지지 않는다. 오히려 그 반대다. 차가운 눈을 헤치며 걸으면 따사롭고 온화한 계절에 걸을 때처럼 긍정적인 기분이 되지는 않지만(사람에 따라 다르긴 할 것이다), 그래도 여전히 비슷한 방식으로 우리 마음을 회복시키는 것 같다.

이에 관해 가장 참고할 만한 지표 중 하나는 2008년 겨울, 매우 쌀쌀했던 미시간대학 캠퍼스에서 실시한 연구다.[2] 이 연구에서 참가자들은 영하의 날씨에 도시와 나무가 무성한 학교 수목원을 걸었다. 이들의 단기기억력과 주의력은 차가운 자연 속을 걷고 나서 평균 20퍼센트 정도 개선됐지만 차가운 도시 속을 걷고 난 후에는 변화가 없었다.

"영상 26도의 맑은 여름에 걷는 것과 영하 3도까지 떨어진 1월에 걷는 것은 건강상 얻는 이점에 차이가 없다는 사실을 발견했다." 심리학과 인지신경과학 부교수인 마크 버먼Marc Berman은 연구 논평에 이렇게 썼다. "유일한 차이점은 참가자들이 한겨울의 적막한 산책보다 봄과 여름의 산책을 더 즐겼다는 것뿐이다." 이는 자연을 걸으며 특별히 긍정적인 기분을 느끼지 못하더라도 인지적으로는 여전히 이득일 수 있음을 시사한다. 삶의 많은 일이 그렇듯, 우리는 변화하기 위해 반드시 그것을 사랑하거나, 심지어 특별히 좋아할 필요도 없다.

내가 추운 기후와 관련된 연구를 하는 환경심리학 연구자들에게 눈에 관해 물었을 때 이들이 반복적으로 언급했던 것은 준비에 관한 이야기였다.

몸이 얼어붙고 젖게 될 것을 예상하고 겨울 산책에 나선다면 실제 하게 되는 경험은 예상과 거의 맞아떨어질 것이라고 연구자들은 말한다. 이 부합성이 주의 회복 이론의 전제 조건이다. '1장 공원과 정원'에서 언급한 미시간대학 조교수 제이슨 듀발은 어떤 경험이 가장 회복 효과가 높을 때는 예상과 현실이 맞아떨어지는 경우라고 설명한다. "앞으로 어떤 상황에 부딪힐지 잘 예측해서 마음의 준비를 하고, 코트를 챙겨 입고 두꺼운 양말을 꺼내 신는다면 추운 날씨에라도 정말 즐거운 재충전의 경험을 할 수 있습니다." 하지만 듀발은 준비를 아무리 철저히 한다 해도 견딜 수 있는 불편함의 한계는 분명 존재할 것이라고 경고한다. "강풍에 눈을 질끈 감고 얼굴을 때리는 진눈깨비를 헤치며 걸어야 한다면 재충전이 될 리가 없겠죠."

눈은 자연이 인간을 압도하는 힘을 우리에게 일깨워준다. 외출이 위험할 정도로 고통스러워진다면 재충전은 불가능하다. 그러니 눈보라를 헤치며 걷지는 말고 눈이 가볍게 흩날릴 때 밖으로 나가자.

걸어 다니기 안전한 정도로 눈이 내리는 날에 외출하기를 반복하면 추운 날씨에 대해 좋은 기억이 쌓인다. 긍정적인 감정은 자연 경험의 효과를 증대한다.

추위가 우리 몸에 영향을 끼치는 신비로운 방식

준비만 철저히 한다면 추워진 경관은 독창적인 방식으로 우리 몸에 활기를 줄 수 있다. 냉수 샤워처럼 모든 형태의 냉요법은 근육 회복을 촉진하기 위해 익스트림 스포츠 선수들이 많이 애용하는 방식이다. 최근 냉요법은 윔 호프Wim Hof의 세 가지 원칙 중 하나로 큰 관심을 받고 있다. 겨울 익스트림 스포츠 선수인 호프는 마블 영화에 나올 법한 일들로 세계기록을 세워 유명해졌다. 그는 반바지만 입고 킬리만자로산을 올랐고 맨발로 북극권에서 마라톤을 했으며, 또 반바지 차림으로 얼음을 가득 채운 물속에 몇 시간을 서 있었다.[3] 그러나 '아이스맨'이라는 별명에도 불구하고, 호프는 자신에게 초인적인 능력이 있는 것이 아니라고 말한다. 단지 극한의 추위를 견디도록 훈련해왔고 그 과정에서 수면의 질이 좋아지고, 집중력이 높아졌으며, 면역력이 강화되었을 뿐이라는 것이다.

〈테드 토크〉[4]에서 호프는 투명 상자 안에 서서 양동이에 든 눈을 계속해서 머리에 뒤집어쓴다. 몇 분 후 눈이 목까지 쌓이지만 눈사람이 된 호프는 떨지도 않고 반듯하게 서 있다. 이유는 알 수 없지만, 호프는 자동적인 생리 현상이라 여겼던 신체 반응을 주도적으로 조정하면서 얼음장 같은 추위 속에 심박수와 혈압이 치솟아야 함에도 이를 그대로 유지하는 데 성공한다. 연구자들은 현재 이 수수께끼 같은 존재가 어떻게 이런 불가능한 일을 해내는지 탐구 중이다. 그동안 호프는 대중에게 책, 수행, 영상을 통해 추위와 친구가 되라고 가르치고 있다. 호프의 사례는 인간과 추위의 복잡한 관계와 이에 대해 우리가 아직도 배워야 할 것이 많음을 알려주는 훌륭한 예다.

아직 아이스맨이 될 준비가 안 되어 있는 우리 같은 사람들에게 좋은 소식은 이보다 훨씬 안전하고 편안한 수준의 추위 노출도 건강에 좋을 수 있다는 사실이다. 예를 들어 스포츠의학과 부교수인 애덤 텐포드Adam Tenforde는 건강 웹진 〈하버드 헬스 퍼블리싱Harvard Health Publishing〉과의 인터뷰[5]에서 추운 겨울에 하는 야외 운동은 심장이 많은 일을 하지 않아도 되어 땀을 덜 흘리고 에너지도 덜 소모하기 때문에 신체가 좀 더 효율적으로 움직이도록 도와준다고 말한다. 또 낮은 기온에 단시간 노출되면 우리 뇌는 기분을 좋게 하는 엔도르핀 분비를 촉진하므로, 냉요법은 불안증과 우울증 치료법으로도 연구되고 있다.[6] 따라서 적당히 눈을 맞는 것은 그 순간에는 조금 불편할지 모르나 몸과 마음에는 유익할 수 있다.

가랑눈:
눈이 가르쳐주는 침묵의 소리를 듣는 법

차가운 눈이 쌓여 얼기 시작하면 치유의 힘은 한층 단단해진다. 그때가 바로 침묵이 내려앉는 순간이다.

음향생태학자이자 올림픽국립공원에서 이루어지고 있는 '침묵의 1제곱인치One Square Inch of Silence' 프로젝트[7]의 설립자 고든 헴프턴은 침묵을 소리의 부재가 아니라 소음의 부재라고 규정한다. '소음'은 보통 더 가치 있고 복합적인 자연의 '소리'를 못 듣게 방해하는 상대적으로 시끄럽고 단순한 청각 정보다. 거리에서 와글거리는 사람들의 잡담이나 사이렌, 자동차 소리는 분명 소음이다. 그러나 바람 소리, 잎이 흔들리는 소리, 동물이 우는 소리로 생기 넘치는 설원은 헴프턴의 관점에서는 여전히 침묵의 땅이다.

그는 침묵을 음미하기 위해 수십 년 동안 사람이나 기계가 부재한 야생의 소리를 녹음하려고 세계에서 가장 적막한 장소들을 찾아다녔다. 그러나 그런 곳은 점점 찾기 힘들어진다. 어느 쌀쌀한 겨울 아침, 헴프턴은 트럭에서 나에게 화상전화를 걸어 이제는 소음이 거의 모든 생태계를 침범해 있다고 한탄했다. 그는 우리가 보호하지 않는다면 자연적인 고요도 10년 이내로 멸종해버릴 자원이 될 수 있다고 우려했다.

요새는 전투기의 그르렁거리는 소리가 땅과 해저에 충격을 주고 있으며,[8] 자동차 엔진이 윙윙대는 소리가 메아리치며 근처의 나무와 관목을 때린다고 그는 말한다. 도시는 어떠한가? 말할 것도 없다. 도시의 소음은 어디에나 존재하고 너무 일반화되어 우리는 이제 그것 역시 위험한 오염원이라는 것을 잊고 있다. 장기간의 소음 노출이 심장병, 불면증, 인지 장애를 얼마나 증가시킬 수 있는지에 대한 자료를 샅샅이 살핀 세계보건기구는 서부 유럽에서만 매년 교통 소음으로 건강한 삶이 100만 년이나 사라지고 있다고 추정했다.[9]

강설 후의 침묵은 그런 값비싼 소란에서 벗어난 휴식을 준다. 거리에 사람이 줄고, 도로에 차가 뜸해지고, 눈이 나머지 소음마저 덮어버리면 남는 것은 우리가 눈여겨야 할 진귀한 고요다.

인간은 과거부터 이런 침묵의 순간을 자아 성찰을 위해, 혹은 신과 교감하기 위해 이용해왔다. '대침묵capital S Silence'으로 박사 학위를 받은 하버드 철학자 티머시 갤러티Timothy Gallati는 가톨릭 전통의 수도원 제도인 시토 수도회 헌법the constitution of Cistercians에 있는, 침묵의 힘을 완벽하게 표현하는 조항 한 구절을 나에게 알려주었다. 이 헌법 조항은 수도사들에게 "침묵을 향한 열광, 이는 말과 생각의 수호자이니"라고 가르친다. 이 구절은 '1119년'에 쓰였다.[10] 그로부터 900년 후, 윙윙거리는 기계 소리와 휴대전화의 알림 소리는 고요와 그 고요가 표방하는 미덕을 우리 귀에 훨씬 더 신성하고 가치 있게 만든다.

결국 자연적으로 고요한 장소는 정직하고 신중하게 말하고 생각할 기회를 준다. 침묵은 우리를 내면의 풍경으로 다정하게 초대하여 우리가 삽을 잡고 마음에 있는 잔가지와 바위를 골라내며 앞으로 나갈 길을 만들도록 해준다. 갤러티가 나에게 말한 것처럼 "그곳은 기대가 끝나고 진정한 발견과 경이가 시작되는 곳"이다.

그런 발견에 헌신하기는 절대 쉽지 않은 일이며, 갤러티는 침묵과 그 '직계가족', 즉 정적과 고독이 정보의 시대를 사는 우리를 불안정하게 할 수 있다고 덧붙인다.

실제로 2012년에 실시한 미국인의 여가 활용 설문[11]에서 사태의 심각성을 알 수 있는데, 오직 응답자 17퍼센트만이 지난 24시간 동안 '가만히 휴식 혹은 명상'을 한 적이 있다고 답변했고, 응답자 95퍼센트는 그보다 좀 더 활동적인 여가(대부분 텔레비전 시청)를 보냈다고 대답했다. 한 연구에서는 단 15분 동안 생각에 잠기는 것도 몹시 불편하고, '견디기 힘들 정도로 싫어서' 선택할 수 있다면 약한 전기 충격을 받아서라도 이 순간을 피하고 싶어 한다는 사실을 발견하기도 했다.[12]

이는 많은 사람이 눈 덮인 들판이나 도시 풍경을 처음에 다소 불안하게 느끼는 이유를 어느 정도 설명한다. 대화 사이의 정적처럼 이런 공간들은 채우고 싶은 충동으로 못 견디게 하는 침묵으로 채워진다. 이 초반의 불편함을 견뎌야만 침묵 너머에서 우리를 기다리는 그 귀중한 선물을 받을 수 있다.

고요함의 유용성을 밝히기 위한 연구는 최근에야 생겨났다. 이탈리아에 있는 파비아대학의 내과학 교수이자 의사인 루치아노 베르나르디Luciano Bernardi는 우연히 음악에서 사람의 마음을 가장 평온하게 해주는, 즉 심박수와 혈압을 낮추는 부분은 음악을 고조시키는 브리지bridge나 코러스 구간이 아니라 선율 사이에 출현하는 찰나의 침묵이라는 사실을 발견했다.[13] 마치 폭풍의 세찬 불협화음 뒤에 사방을 고요하게 덮은 눈이 더 매력적인 것처럼, 침묵은 소리의 뒤를 이어 나올 때 더 가치 있는 듯하다.

그러니 어느 날 겨울 한복판에서 문득 침묵이 찾아온다면 그곳에 조금 더 머물러보라. 정적을 채우려고 애쓰는 대신 그것이 당신을 채우게 하라.

가루눈:
눈은 우리에게 현재에 머물라 한다

눈송이는 한번 땅에 내려앉으면 그 하늘하늘한 분위기를 잃고 지저분해진다. 그리고 쌓이기 시작한다. 그 하중은 나무나 집보다 더 무거워질 수 있고, 때로는 눈사태를 일으키며 언덕 아래로 무너져 내리기도 한다. 이런 변화는 계절에 따라 천천히 일어나는 것이 아니라 불과 몇 초 사이에 일어난다. 눈은 변화 과정이 겉으로 그대로 드러나고, 많은 사람은 이 휘발성에 거부감을 느낀다. 하지만 설원을 자기 무대로 삼는 모험가들에게 이에 관해 묻는다면 그들은 이 예측 불가능한 면을 기회라고 답할 것이다.

40대 후반에 이르러 남편과 함께 48일 동안 남극대륙을 스키로 횡단하기로 결심하고, 99킬로그램의 썰매를 끌고 식량이 떨어지기 전에 남극에 도달하는 것을 목표로 삼았던 크리스 패건Chris Fagan의 예를 보자. 그녀는 지구상에서 가장 험난한 땅을 횡단하기 위해 10대 초반의 아들과 안정된 직장이라는 편안한 삶을 뒤로한 채 길을 떠났고, 결국 영하의 온도와 그녀의 기억으로는 "영원히 그치지 않았던" 칼바람을 맞으며 그 여정에 성공했다.

산간 스노보더인 대니 레예스 어코스타Dani Reyes-Acosta는 나에게

"내가 하기로 결심한 일들은 거의 고생길로 직행하는 것뿐이에요"
라고 웃으며 말한다. 고산지대에서 피겨 스케이트를 타는 로라 코
트라우스키Laura Kottlowski는 노천의 얼어붙은 호수 위에서 스케이
트를 타기 위해 빙상경기장을 버렸다. 그녀는 동이 트기 전에 출발
하여 살을 에는 추위 속에 몇 시간 동안 산을 오르고, 때로는 스케이
트가 얼음에 복잡한 무늬를 새기기에 이상적인 온도라는 거의 요행
에 가까운 기회를 잡기 위해 고도 3,400미터에서 4,700미터 정도를
오르기도 한다.

위 여성들이 가장 적응하기 힘든 길을 선택하고 이 차디찬 지형
을 포용한 이유는 그곳이 바로 험난한 미지의 세계라는 사실 때문이
지, 어쩔 수 없는 상황 때문이 아니다. 겨울이 쥐약인 나로서는 이해
하기 힘든 일이다. 나와 신체 구조가 다른 것일까? 살을 에는 육중한
바람과 가차 없는 추위가 이들에겐 다른 영향을 끼치는 것일까?

물론 그렇지 않다. 추위의 안 좋은 점이 싫기는 그들도 마찬가지
다. 나와 다른 점은 그들은 눈과 얼음 속에서 일시적 위험과 불편을
뛰어넘는 기회를 발견했다는 사실이다.

어떤 상태를 경험할 기회란 대단한 것이다. 그들의 이야기를 들
으니, 나는 이 눈부시게 흰 공간이 어떤 것과도 다른 방식으로 우리
마음을 한곳에 집중시키면서도, 동시에 공간의 한계를 없애는 명상
의 상태로 우리를 이끌 수 있음을 이해할 것 같다. 모든 경관이 어느
정도는 이 상태로 우리를 이끌지만 바다, 눈, 사막처럼 좀 더 강력한
것들은 그 상태를 한층 더 위로 끌어올리는 듯하다.

패건은 바람이 잦아들며 사방에 자신과 머릿속 상념만이 존재한 다고 느낀 여정 중의 경험에 관해 이렇게 말한다. "세상 모든 것과 연결되어 있다는 느낌이 드는 찰나에 이 깊은 침묵이 저를 휘감았 습니다. (…) 침묵은 가장 고독한 공간이고, 주위에 존재하는 것이라 고는 새하얀 무無뿐이죠. 그리고 내 몸은 주변 환경과 뒤섞이며 사 라지기 시작했어요."

레예스 어코스타는 이처럼 풍경 속으로 스며드는 듯한 감각을 보드를 탈 때마다 경험하곤 한다. 그럴 때 눈은 그녀에게 한층 더 위 대한 삶의 교훈을 일러준다. 눈 덮인 산의 끊임없는 변화는 아무리 완벽하게 준비해도 언제든 인간의 통제에서 벗어날 수 있다는, 우 리를 겸허하게 만드는 진리 말이다. 언제 무슨 일이 벌어질지 우리 는 알 수 없다. 그녀가 말한 것처럼 "땅이 불안정해지는 데는 수백 만 가지 이유가 있다."

그녀는 이를 마음에 품은 채 보드를 타고 내려오며 눈 위에 자취 를 남긴다. 단 하나, 불변의 진리는 이 흔적이 결국 사라진다는 것뿐 이다. "덧없다는 느낌이 있어요." 그녀는 스노보드를 타며 느끼는 감정에 대해 이렇게 설명한다. "삶의 덧없음, 우리가 남겨두고 가는 것의 유한함 같은 것을 느끼죠." 코트라우스키의 피겨 스케이터, 패 건의 발자국도 결국 눈 속으로 사라진다. 그 사실을 알면서도 이들 은 계속해서 눈 위에 흔적을 남긴다.

이들이 묘사한 겨울은 나에게 흰 도화지를 떠오르게 한다. 겨울 은 어떻게 보느냐에 따라 우리에게 힘을 꺾을 수도, 힘을 줄 수도 있다. 우리가 눈, 얼음, 추위를 기회로 삼고자 결심할 때 비로소 그것에 우리 전부를 맡길 수 있을 것이고, 그 경험은 이후 따뜻한 곳으로 돌아간 뒤에도 여전히 우리에게 힘이 되어줄 것이다.

얼어붙은 심해:
시간 속의 우리 자리를 일깨우는 빙하

추위와 압력이 충분히 지속되면 한때 덧없고 연약했던 눈은 얼고 단단해져 마침내 세상에서 가장 영속적으로 존재감을 과시하는 지형이 된다. 바로 나라와 대륙 전체의 무게를 지탱하고 있는 빙하다.

빙하가 지배하는 곳에서는 시간 감각이 뒤엉킨다. 북극, 남극처럼 얼어붙은 세계의 끝에서 여름은 끝없는 낮이고, 겨울은 그치지 않는 밤이며, 작가 배리 로페즈Barry Lopez가 말한 것처럼 "흐르지 않는 순간"의 연속이다.[14] 빙하학자, 지리학자이자 내셔널 지오그래픽 탐험가인 엠 잭슨M Jackson도 얼음에 발을 디뎠을 때 이와 유사한 시간의 왜곡을 경험했다. "이곳은 거리를 가늠하기가 어렵습니다. 규모가 어느 정도인지 감을 잡기도 어렵고 냄새도, 색깔도 없습니다. 시간도 알 수 없습니다." 이곳이 그녀에게 주는 영감은 바로 이 무한함이다. "이곳에서 세상은 절대 줄어들지 않습니다. 빙하와 있을 때 오히려 세상은 쪼개져 열리고 훨씬 커집니다."

빙하는 그 거대한 깊이 속에 지구의 역사를 품고 있어서 빙하를 보고 있는 사람은 자신이 한없이 작고 덧없으며, 우스울 정도로 보잘것없는 존재라고 느끼게 된다. 광막한 풍경을 응시하거나 강이 수평선을 향해 뻗어가는 것을 바라볼 때처럼 빙하를 보면(실제로 보거나, 혹은 좀 더 현실적으로는 여행 잡지나 텔레비전으로 보면) 우리는 겸허해지고 동시에 묘한 자유를 느낀다. 그 깊이 속에는 광대한 지질 연대가, 혹은 존 맥피John McPhee의 표현대로 "심원한 시간deep time"이 누워 있다.[15] 맥피는 지질학자들이 '인간이 상상할 수 없는 시간의 양'을 묘사할 수 있도록 1980년대에 이 표현을 처음 만들었다. 우리는 심원한 시간을 경험할 때 이 표현을 이용해 우리가 상상할 수 있는 시간의 한계를 확장하고, 그 과정에서 삶 또한 그런 관점으로 바라보리라고 감안한 것이다. 분 단위로 뉴스가 날아오고, 거기에 초 단위로 반응해야 하는 오늘날(게다가 계속 빨라지고 있다), 시간의 확장은 우리에게 정말 필요한 휴식을 줄 수 있다.

빙하가 사라지는 속도를 생각한다면 우리는 대부분 평생 가까이서 빙하를 볼 수도, 그 아찔한 가르침의 깊이를 배울 수도 없을 것이다. 그러나 우리 곁에서 내리는 눈송이도 우주를 운용하는, 우리를 겸허하게 만드는 더 거대한 힘에 대한 암시가 될 수 있다. 이를 통해 우리는 아름다움과 힘, 강인함과 연약함, 찰나와 영원이 우리 세계 속에 공존할 수 있다는 것을 배운다.

겨울은 이처럼 양면성으로 가득 차 있다. 이 계절은 혹독하게 노력할 기회와 더불어 고요히 성찰할 기회, 둘 다 절대 쉽지만은 않은 기회를 준다. 눈과 얼음은 이렇듯 거저 주는 일이 없다.

눈과 빙하에서
우리가 할 수 있는 일

다음 활동들은 눈 위에 당신만의 길을 만들 수 있도록 도울 것이다. 겨울을 제일 잘 아는 이들에게서 영감을 얻은 이 활동들은 사계절 내내 야외로 나갈 수 있는 유의미한 방법을 알려줄 것이다. 눈이 잘 내리지 않는 지역에 산다면 비가 오거나 그 외의 궂은 날씨에 시도해도 괜찮다.

5~10분이 생긴다면

눈 위에 자신만의 흔적 남기기

마지막 눈송이가 떨어지고 나면 새하얀 눈으로 뒤덮인 대지가 모습을 드러내고, 그곳은 새롭게 탐구해야 할 장소로 탈바꿈한다. 누구도 밟지 않은 새 눈은 도화지가 되고, 그 위를 가로질러 걸어가면 당신만의 고유한 흔적을 남길 수 있다. 다음에 눈을 밟게 되면 좀 더 신중히 당신만의 자국을 남겨보라. 로라 코트라우스키를 흉내 내어 예술 작품 한 폭을 남겨보라. 발로 그림을 그리고, 이름을 쓰고, 눈 위에 누워 팔다리를 휘저어 천사 날개도 만들며 아이처럼 놀아보라. 눈 위에 그려지는 모든 것은 당신과 자연이 만나 생기는 세상에 하나밖에 없는 아름다움이다.

고요함은 해결해야 하는 문제가 아니다. 고요함은 존재하는 방식이다. (…) 고요함은 느낌이고 길이며, 우리가 마땅히 가야 할 곳으로 우리를 이끌 것이다.

— 고든 헴프턴, 음향생태학자

침묵의 볼륨 높이기

소리와 침묵 전문가인 고든 헴프턴과 티머시 갤러티는 조용한 장소에 완전히 몰입하기 위해서는 열린 마음과 호기심 어린 마음으로 접근해야 하며, 기꺼이 들을 준비가 되어 있어야 한다고 입을 모은다('침묵silent'과 '경청listen'도 같은 글자를 공유하고 있지 않은가). "내가 지금 뭘 하고 있나, 뭘 듣고 있나 생각하고 있다면 진정으로 듣고 있는 것이 아닙니다." 헴프턴은 이렇게 말한다.

눈을 보러 외출하게 되면 주변 공간에 어우러지기 위해 헴프턴의 루틴을 따라 해보라. 먼저 잠시 서 있을 자리(춥다면 걸어 다닐 자리)를 골라라. 그리고 가장 멀리서 들리는 소리, 바로 귓가에서 들리는 소리를 포착해보라. 그다음에는 가장 희미한 소리에 집중하라. 그 후 바람 소리처럼 들을 수는 있지만 볼 수는 없는 소리에 몰입하라. 그리고 어떤 느낌이 드는지 생각해보라.

한 지점에서 먼 곳까지 청각을 확장해봤다면 또 다른 지점으로 가서 듣는 연습을 반복하며 당신이 풍경에 다가가는 것이 아니라 풍경이 스스로 드러내도록 해보라. 그리고 어떤 느낌이 드는지 메모하라. 이 침묵의 여행을 하고 싶은 만큼, 혹은 당신의 귀가 견딜 수 있을 만큼 반복하라.

1시간이 생긴다면

눈 맞으러 나가기

"나쁜 날씨란 없다. 나쁜 옷차림만 있을 뿐이다"라는 노르웨이 속담이 있다. 겨울을 좋아하고 눈에 대해 즐거운 기억이 있다고 해도 옷을 잘 갖춰 입지 않고 눈 폭풍 속으로 들어가면 얻는 것은 고통뿐이다. "그렇게 되면 계속 긴장하게 되기 때문에 전혀 재충전이 되지 않겠죠." 유행병학자이자 지리학자이며 글래스고대학 교수인 리치 미첼Rich Mitchell은 이렇게 말한다.

내가 정말 스트레스를 받았던 것은 추위나 바람, 혹은 방향감각 상실, 험한 지형 때문이 아니라 헛된 일에 에너지를 소모하고 있다는 사실 때문이었다. 한정된 자원, 한정된 에너지를 소모하고 있다는 사실, 그것이 나를 긍정적인 마음에서 부정적인 마음으로 변질시키고 있었다.

— 크리스 패건, 강연자·상담사·남극에서 보낸 시간을 회상하며

크리스 패건의 경험이 보여주는 것처럼 올바르게 입는 것과 더불어 올바른 마음가짐을 가질 수 있다면 겨울 나들이는 좀 더 긍정적인 경험이 될 것이다. 외출하기 전에 머릿속으로 몸의 근육을 풀어주고 날씨에 대한 마음의 준비를(그리고 날씨를 받아들일 준비를) 하라. 뺨을 할퀴고 지나갈 겨울바람을, 찬 공기가 피부에 얼얼하게 와 닿는 감각을, 눈송이들의 축축함을 상상하라. 이런 육체적 감각 속에서도 마음은 여전히 즐거울 수 있음을 기억하라.

겨울을 산책하기

우리는 '1장 공원과 정원'에서 무언가(새나 그 외의 생물들)를 관찰하려는, 혹은 특정 관점(자연에서 아름다움을 포착하려는 예술가, 독특한 식물을 찾아내려는 식물학자)에서 사물을 바라보려는 목표를 가지고 자연으로 들어간다면 더 풍부하고 긍정적인 경험을 할 수 있다는 것을 배웠다.

겨울 풍경이 겉으로는 삭막해 보일지 모르지만, 사실은 경험하고 탐구하고 발견할 생명과 기회로 가득 차 있다. 많은 지역에서 겨울은 타지에서 날아오는 철새 무리 등 다른 계절에는 볼 수 없는 동물들을 관찰하기 좋은 시기다. 특별히 겨울을 염두에 둔 산책은 이

런 동물들을 찾아내는 것이 될 수도 있고, 각양각색의 나무들 위에 눈이 어떻게 쌓이는지 살펴보는 것이 될 수도 있다. 또한 계절에 따라 당신의 발소리가 어떻게 달라지는지 들어보는 것이 될 수도 있고, 얼어붙은 공기를 헤치며 끊임없이 지저귀는 생명이 어떻게 다른 방식으로 살아가는지 관찰하는 것이 될 수도 있다.

겨울을 집 안으로 초대하기

도저히 밖으로 나갈 상황이 안 된다면 눈 오는 겨울 풍경을 실내로 초대하는 것도 좋은 차선책이다. 마음의 재충전을 위한 준비로, 먼저 창문을 열고 모든 감각을 깨우자. 눈 한 송이가 공중을 떠돌며 천천히 내려앉는 것을 눈으로 좇고, 손을 내밀어 피부 위로 떨어지는 눈의 촉감을 느껴라. 쌀쌀한 공기의 냄새를 맡아라. 입을 벌려 그 맛을 보라. 집 밖의 세계가 점차 평온해지는 과정에 귀를 기울이고 그것을 따라 해보라.

먼 곳에서 느껴보기

집 안에서 침묵 찾기

눈이 잘 오지 않는 지역에 산다 해도 우리는 집 안에서 겨울이 불러오는 고요함을 찾아내는 '소리 산책sound walk'을 할 수 있다고 티머시 갤러티는 말한다.

"집 안의 모든 장소는 다 다릅니다. 예를 들어 방문을 지나가면 방에서 또 다른 방으로 공간이 전환되는 게 느껴질 겁니다……. 이 두 공간의 차이점은 무엇일까요?" 공간의 차이를 발견하는 이 과정을 통해 우리는 집 안에서 특별히 아늑하고, 조용하고, 평화로운 공간을 콕 집어낼 수 있다고 갤러티는 말한다. 앞에서 헴프턴이 제시한 침묵 듣기 명상, 혹은 침묵 성찰을 하기 위한 장소로 집 안을 지정해보라.

계절의 주기를 통해 모든 관계를 떠올려보기

눈을 비롯해 모든 날씨에는 대체로 주기가 있다. 눈보라는 그저 땅으로 떨어져 모이는 성분 덩어리일 뿐이며 결국 다시 대기 속으로 증발해버린다. 우리 몸도 이 같은 주기에 지배받는다. 우리가 숨 쉬는 공기, 마시는 물, 먹는 음식은 모두 형태를 바꾸며 영원히 자연을 여행한다.

스키 애호가이자 라코타 부족의 일원인 코너 라이언Connor Ryan은 이런 주기 안에서 커다란 위안을 발견한다. 눈 덮인 산이든, 건조하고 맑은 날이든 밖으로 나가보게 되는 모든 것에서 그는 평온과 기운을 되찾는다.

"라코타 말로 이를 미타쿠예-오야신Mitakuye-Oyasin, 즉 '나의 모든 친척'이라고 말합니다." 라이언이 나에게 말한다. 이 가르침은 인간과 인간 아닌 것을 포함해 모든 존재는 삶의 그물망으로 연결되어 같은 뿌리를 공유한다는 느낌과 관계가 있다. "우리는 이 관계의 일관된 균형 속에 있습니다. 이런 생각은 나에게 가장 큰 위로가 됩니다."

스트레스를 받거나 사는 일이 벅차다고 느껴질 때 라이언은 들이마시는 모든 호흡이 지구의 산소 웅덩이에서 빌려 온 것이고, 내뱉는 모든 호흡이 대기 중으로 탄소를 되돌려주는 것임을 기억한다. 결국 그 탄소는 나무에까지 도달할 것이고, 그러면 나무는 그것을 산소로 돌려줄 것이다. 혼란을 느낄 때마다 이를 생각하며 호흡에 집중한다면 우리가 더 거대한 삶의 주기 안에 존재한다는 사실을 떠올리며 위안을 얻을 수 있을 것이다.

눈 오는 아무 날이나 정해 새롭게 시작하기

아이들에게 눈 오는 날보다 더 좋은 날이 있을까? 이런 날에는 눈을 구실로 온종일 재미있게 놀면서 쉴 수도 있다. 게다가 언제 눈이 올지도 정확히 모른다. "학교에 안 가도 될까?" 하는 기대감 자체가 아이들에게는 아마도 가장 흥분되는 부분일 것이다(부모들에게는 전혀 다른 이야기가 되겠지만).

어른들에게는 이와 같은 것이 없다. 하지만 우리도 '눈이 올까, 오지 않을까?'를 두고 하루쯤은 계획하지 않은 축하를 해도 되지 않을까? 책임감 때문에 온종일 놀 수는 없을 테지만 '눈을 즐기는 시간snow hours'을 조금이나마 보낼 수 있을지 모른다. 그 순간에 마음 가는 일은 무엇이든 할 수 있도록 시간을 완전히 비워두자.

눈을 즐기고 난 뒤에는 그 일이 당신에게 무엇을 가르쳐줬는지 되새겨보라. 그리고 당신이 삶의 어느 지점에서 새 출발을 할 수 있을지 생각해보라. 그 지점이 흰 눈으로 덮였다고 상상하라. 눈이 녹았을 때 예전과 같은 경관이 드러날지, 혹은 완전히 새로운 경관이 드러날지는 모두 당신에게 달렸다.

눈과 빙하에서 더 생각해볼 것

아래 질문을 통해 침묵과 회복, 그리고 보상이라는 눈의 주제가 당신의 삶에 어떤 모습으로 드러나는지 생각해보라.

- 가장 최근에 마음이 불편한 일을 했던 때가 언제인가? 어떤 일이었고 결과는 어땠는가?
- 너무나 오랫동안 품어온 탓에 세월이 흐르는 동안 '얼어붙어' 단단해지고 고착되어 완전히 굳어버린 의견이나 느낌이 있는가?
- 삶의 어느 지점에서 정적을 느끼며 고여 있는가? 이 고요를 건설적으로 보는가, 혹은 파괴적으로 보는가?
- 날씨가 기분에 어떤 영향을 미치는지 생각해보라. 가장 좋아하는 날씨는 무엇인가? 가장 싫어하는 날씨는 무엇이며 어떤 점 때문에 싫어하는가? 싫어하는 날씨 때문에 집에만 있고 싶다면 그 날씨와 좀 더 친해질 경우 당신이 어떤 모습을 보일지 적어보라.

눈과 빙하가
지속 가능하도록

눈과 얼음은 기후변화로 인해 가장 먼저 사라질 것들이다. 극지방에서 지낸 사람들이라면 이를 너무나 잘 알고 있다. 그 때문에 크리스 패건은 아들이 장성할 때까지 남극 여행을 미루지 않았으며, 대니 레예스 어코스타도 눈 덮인 고원이면 어디든 길을 나서기를 마다하지 않는다. 이들은 이 얼어붙은 지형들이 얼마나 오랫동안 유지될지, 얼마나 오랫동안 두 발로 탐구할 수 있을 정도로 단단하게 남아 있을지 확신하지 못한다.

세계 곳곳의 빙설에 가장 큰 위협이 무엇인지 이해하기 위해 우리는 특정 지역에 집중할 것이다. 바로 북극과 남극이다. 이곳은 지구의 모든 빙하 지역이 얼마나 뜨거워지고 있는지, 우리가 가깝고 멀리 있는 겨울을 구하기 위해 무엇을 할 수 있는지 알아보기 위한 사례연구 대상이다.

지구온난화

물론 이 이야기가 가장 먼저 나올 것으로 예상했으리라 믿는다. 역대 가장 더웠던 스무 번의 해 중에서 열아홉 번이 2000년 이후로 있었으니,[16] 사실상 지구는 우리 눈앞에서 녹아내리고 있다. 그중 북극 지방은 지구 어느 지역보다 두 배로 따뜻해지고 있어 그 열기를 가장 확실하게 느끼고 있다.[17]

어는 것은 불멸이 된다는 뜻이다. 빙하만큼 오래된 것은 무엇으로도 꿰뚫을 수 없을 것처럼 보이지만, 우리도 알다시피 인간은 언제나 영원한 것을 찰나의 것으로 만드는 방법을 찾아냈다. 빙하는 형성되기까지 수천 년의 세월이 걸렸을지 모르나 우리가 살아 있는 동안 사라질 수도 있다. 기후변화가 극지방에 주는 충격은 가장 심원한 시간마저도 끝날 수 있다는 경종을 울린다.

과학자들은 1979년에 이르러서야 북극해를 연구하기 시작했지만, 영국 기후 단체인 카본 브리프Carbon Brief의 조사에 따르면 그 짧은 시간 동안 만년설은 40퍼센트 이상이 줄었고, 얼음의 평균 두께는 반 이상 얇아졌다.[18] 북극은 일명 알베도 효과albedo effect(태양복사에 대한 반사율을 나타내는 알베도에 따른 기온 변화 - 옮긴이 주) 때문에 높은 온도와 빙하가 녹는 것에 특히 민감한 듯하다.

북극의 얼음이 온전하면 많은 양의 햇빛을 반사해 대기 중으로 돌려보낼 수 있다. 그러나 얼음이 녹으면 그 아래에 있는 어두운 땅이나 물이 노출되면서 태양 광선을 더 많이 흡수하여 온난화를 가속한다.

북극 얼음 아래에 있는 토양과 바위가 노출되어 생기는 문제는 이것만이 아니다. 영구동토대permafrost로도 불리는, 앞서 얼음으로 덮여 있던 이 땅은 우리가 남긴 '찌꺼기(이산화탄소, 부패한 동물 사체, 미생물 등)'를 얼려 고이 저장해놓을 수 있는 지구의 냉장고와 같다. 그러나 빙하가 녹으면 하층의 영구동토대가 노출되고 모든 찌꺼기가 다시 해동되어 정말 심각한 문제들을 일으킬 수 있다. 감염증을 일으키는 위험한 병원체를 다시 지상으로 끌어올리는 것은 물론이고, 이제까지 가둬두었던 탄소를 다시 대기 중에 자유롭게 풀어버린다.

저널리스트 다르 자마일Dahr Jamail이 자신의 책《지구를 위한 비가》에서 썼듯, 당연하게도 "북극에서 일어나고 있는 일은 북극에서 끝나지 않는다".[19] 국립해양대기청National Oceanic and Atmospheric Administration이 추정한 바에 따르면,[20] 대기 중에 있는 탄소량의 두 배에 이르는 탄소가 북쪽 영구동토대 토양에 묻혀 있다. 이는 몹시 위험한 성냥과 같아서 한번 그어지면 전 세계에 그 불을 옮기며 온난화를 가속하여 최악의 기후 시나리오를 현실화할 수도 있다.

빙하를 잃으면 인간이 사는 지형에도 지울 수 없는 자국을 남길 것이다. 엠 잭슨이 우리에게 상기시키듯 "빙하가 있는 곳에 사람이 있다".

한때 오크예퀴들Okjökull 빙하가 있었던, 이제는 맨땅이 되어버린 아이슬란드의 어느 꼭대기 한 귀퉁이에 있는 기념물에는 다음과 같은 문구가 쓰여 있다. "200년 후, 지구에 있는 주요 빙하들은 모두 같은 길을 따를 것으로 예상된다. 이 기념물은 현재 무슨 일이 벌어지고 있는지, 우리가 무엇을 해야 하는지 알고 있음을 인정하기 위한 것이다. 우리가 그 일을 정말 실천했는지는 미래의 당신만이 안다."[21]

사고방식의 전환:
집에 있는 물건을 차갑게 유지한다

세계의 온실가스 배출량을 조절하고 빙하가 녹는 것을 막기 위해서는 말할 것도 없이 갖가지 방면의 전략이 요구되는데, 그중 하나는 가정집의 가장 차가운 구역부터 시작된다. 바로 냉장고다.

온실가스 배출 감소 전략에 순위를 매기는 기후 단체인 프로젝트 드로다운Project Drawdown은 냉매 관리를 기후 해결책 1위로 선정했다.[22] 그렇다. 이것은 채식 식단, 태양열 에너지 사용, 플라스틱 사용의 단계적 중지, 그 밖에 우리에게 매우 익숙한 해결책들을 모두 제치고 1위를 차지한 것이다.

냉장고와 에어컨을 차갑게 유지하는 화학물질의 일종인 수소불화탄소HFCs는 사실 외부로 배출되면 고온의 열을 내는 원천이 된다. 프로젝트 드로다운에 따르면 이 냉매는 화학구조가 어떤지에 따라 대기를 데우는 능력이 이산화탄소보다 1,000배에서 9,000배까지 높다고 한다.

"냉매는 생산부터 충전과 사용, 그리고 누출 시까지 모든 단계마다 수소불화탄소를 배출한다. 하지만 자연에 입히는 손상 정도는 폐기될 때 가장 크다." 프로젝트 드로다운의 책 《드로다운Drawdown》에는 이렇게 쓰여 있다. 이 화학물질 배출의 90퍼센트가 바로 폐기될 때 일어나는 것이다. 그러므로 변화를 일으키고자 한다면 우리가 할 수 있는 가장 중요한 일은 냉매를 폐기할 때 미국 환경보호국에 제품처리책임제RAD, Responsible Appliance Disposal 인증을 받은 업체를 통해 올바르게 처분하는 것이다(우리나라는 냉매의 경우 냉매정보관리시스템에서 냉매회수업 등록업체를 통해, 폐가전의 경우 한국전자제품자원순환공제조합을 통해 처분한다-옮긴이 주). 거대한 파괴력에 비한다면 정말 간단한 해결책이다.

전 세계에서 수백 개의 국가가 향후 수십 년 내로 수소불화탄소를 단계적으로 폐지하는 데 전념하고 있으니 적어도 우리는 더 많은 냉매가 생산되는 일을 걱정하지 않아도 된다. 이것만으로 지구온난화를 해결하지는 못하겠지만, 올바른 법률이 적소에 시행되면 온난화의 특정 원인을 상대적으로 쉽게 제거할 수 있으며, 그 과정을 통해 지구상에서 가장 취약한 생태계도 보호할 수 있을 것이다.

극지방의 자원 채취

남극 같은 극지방은 겉으로 보이는 것보다 훨씬 활기찬 곳이다.

남극대륙의 대부분은 눈과 하늘 외에 거의 아무것도 없지만, 그 외의 지역은 다양한 생물로 넘쳐난다.

해양과학자이자 콜로라도대학 볼더 캠퍼스에서 남극을 중심으로 한 자연환경을 연구하는 조교수 커샌드라 브룩스Cassandra Brooks는 이 대륙을 둘러싼 바다를, 수천 종의 생물이 존재하고 탐사할 때마다 또 다른 종이 새로 발견되는 마지막 개척지로 묘사한다. "남극해는 생명으로 가득 차 있어요. 빙점 바로 위 해역만 보아도 그렇습니다."

그토록 춥고 고립된 환경에서는 생명의 그물 구조가 상대적으로 단순하다. 식물성 플랑크톤은 대기 중의 탄소를 흡수하고, 코르크 마개 크기에 선사시대 생물처럼 생긴 먹이사슬 대부분에 연료를 공급하는 남극 크릴새우의 먹이가 된다. 남극의 가장 보편적 주식인 크릴새우는 펭귄, 물개, 그리고 환상적인 외양을 가진 다양한 물고기의 포만감을 채워준다.

또 많은 물고기는 이 냉혹한 바다에서 살아남기 위해 부동액 역할을 하는 혈액 속 단백질에 의존한다. 그런데 그중에서 남극 빙어는 적혈구를 버리는 대신 투명한 피부로 직접 산소를 흡수한다.[23]

더 깊은 해저로 내려가면 불가사리, 해파리, 성게, 바다거미들이 굉장히 다채로운 무리를 형성하고 있어 마치 열대 암초로 착각할 정도다.

육지에서도 작은 규모로나마 생물 다양성이 계속된다. 눈과 얼음 아래에는 미생물이 풍부하게 서식하며 매우 활기차게 운용되는 그물을 땅속에 형성하고 있다. 우리는 산맥이 방패처럼 눈을 막고 있는 맥머도 드라이 밸리 같은 계곡에서 이 그물을 볼 수 있는데, 이곳의 땅은 극심하게 건조하여 마치 영화 〈스타워즈〉 세트장처럼 보인다. 이곳은 화성의 환경과 굉장히 유사해서 과학자들이 화성에 존재할지 모를 미생물에 대한 단서를 찾기 위해 이곳을 연구하고 있다.

이곳 생태계 시스템은 알면 알수록 감탄할 수밖에 없다. 그리고 이런 독특한 생명과 경관을 품은 장소라면 그곳이 어디든 상관없이 인간의 산업이 이익을 좇아 마수를 뻗친다. 1959년에 맺은 남극조약Antarctic Treaty 덕분에 아직은 남극이 시추와 채굴로부터 보호받고 있지만(북극에 대해서는 같은 말을 할 수 없다. 이미 북극은 채굴이 심각한 문제다), 다른 방식의 채굴이 기어이 그 지역에 발을 디밀고 있다. 예를 들어 건강보조식품 산업은 오메가3가 풍부하게 함유된 오일 때문에 크릴새우를 어획 중이고, 거대 해양수산 기업들은 남극의 메로(칠레 농어로 더 많이 알려져 있다)를 잡아 전 세계의 식당에 프리미엄을 붙여 팔고 있다.

브룩스는 갈수록 심해지는 어업 산업을 남극 지방의 미래를 위협하는 주된 요소로 보고 있다. "빙하가 녹으면 선박들은 이제까지 절대 도달할 수 없었던 곳까지 갈 수 있게 됩니다." 남극의 남획은 완벽하게 맞춰져 있는 먹이사슬을 헝클어트려 바다를 영양 불균형 상태로 빠트릴 수 있다.

남극해는 세계에서 가장 강력한 해류 구조를 이루고 있으며, 지구 전체의 수질, 날씨 패턴, 대기 온도에 영향을 미치는 이상, 이 여 파는 전 세계로 이어질 것이다.

사고방식의 전환:
한 번도 가지 않을 곳과도 개인적 관계가 있다

브룩스는 개인의 행동이 남극 같은 장소에까지 영향을 미치기는 어렵다는 것을 인정하지만, 그러면서도 그 지역에서 잡힌 생선을 멀리한다면 그곳을 보호하는 데 도움이 될 것이라고 말한다. 하지 만 그 이상으로 남극을 비롯한 극지방을 보호하는 가장 좋은 방법 은 그곳에 대해 배우는 것이라고 말한다.

이 아득히 떨어진 장소와 관련된 글을 읽고 사진을 훑고 다큐멘 터리를 시청하다 보면 이곳을 보존하는 것이 정말 시급한 문제임을 피부로 느낄 것이다.

우리가 단절한 곳

남극, 북극 같은 장소의 이국적인 아름다움은 축복이면서 저주 다. 우리는 한편으로 이토록 특별한 장소는 보호할 가치가 있다고 여긴다. 또 다른 한편으론 이곳은 우리에게 익숙한 장소들과 너무

달라서 거의 현실감을 느끼지 못한다. 낯선 동식물의 보금자리이고 낯선 풍경과 소리가 있으며 살을 에도록 추운, 일 년의 반은 어둠이면서 나머지 반은 눈부시게 밝은 이곳은 많은 사람이 호기심을 느끼지만 가려고 꿈꾸는 이조차 드문 그런 곳이다.

사실 어떤 겨울 경관에도 이 말은 적용된다. 눈이라는 말은 곧 '불 옆에서 아늑함을 느끼다', '집 안에 머무르다', '문과 창문을 닫다' 등 밖에 있는 추운 세계로부터 자기를 보호하는 모든 행동과 동의어나 마찬가지다.

이런 관념이 문제가 되는 이유는 기후변화는 무엇보다 단절로 인한 위기이기 때문이다. 많은 환경문제는 자연에서 우리를 분리하는 순간 시작된다. 요즘 우리는 자연을 우리 집 너머에 있는 장소로, 우리 육체 밖에 있는 장소로 보는 사고방식에 갇혀 있다. 이런 단절은 위험하다. 무언가와 연결되어 있다고 느끼지 않으면 그에 소홀해지기는 정말 쉽다.

그러나 감히 형이상학적으로 말해보자면 이 세상에 진정한 단절은 없다. 자연의 모든 것은 연결되어 있으므로, 우리는 한 장소를 단절시킬 때마다 우리 일부를 잘라내는 것이나 마찬가지다.

사고방식의 전환:
지속 가능한 미래를 위해 현재를 기꺼이 희생한다

나는 오랫동안 본능적으로 그래, 맞아, 인간이 바로 자연이다, 그러니 자연을 오염시키면 우리도 오염되는 것이지, 라고 생각해왔다. 이는 내가 한동안 글을 쓰며 겉핥기식으로라도 탐구하던 생각이다. 이 연결성이 내 마음에 정통으로 꽂힌 것은 앞서 언급한 스키 애호가 코너 라이언과 대화를 나누면서였다. 내가 이제껏 만난 그 누구보다 능변가인 라이언은 기후 온난화, 사라지고 있는 겨울, 녹아내리는 눈을 환경문제가 아니라 인간의 생존 문제로 보고 있었다.

라코타 문화에서는 겨울을 와니예투Waniyetu라고 부르는데 '눈의 시간'으로 번역된다. 겨울의 월 명칭 또한 '설맹의 달snow blindness'에서 '대설의 달big snows'로 이어지는 등 눈에서 따왔다. 라코타에서 눈은 삶에 주는 혜택으로 인해 문화의 중추 역할을 한다. 결국 지구에 있는 신선한 물은 대부분 만년설과 빙하에 저장된 것이기 때문이다.

"사람들은 토착적으로 사고하는 경험을 지나치게 영적인 것으로 여기는 경우가 많습니다. 하지만 신성이 진정으로 의미하는 것이 무엇일까요? 제가 해석하기로 신성하다는 것은 우리 삶에 필수적이라는 뜻입니다. 그런 이유로, 모든 땅과 모든 물은 신성합니다."

환경운동가가 된다는 것을 종종 붉은 고기, 플라스틱, 국제선 여객기를 멀리해야 하는, 즉 무언가를 희생해야 하는 이타적 행동으로 여기곤 한다. 그러나 좀 더 근본적인 관점에서 본다면 환경운동가가 된다는 것은 이타적인 행동이 아니다. 그저 우리 자신과 우리 공동체를 가장 우선시하는 새로운 방법일 뿐이다.

"내가 정말 보호하고 있는 것은 나 자신의 살아갈 능력, 그리고 내 후손들의 살아갈 능력입니다." 라이언은 자신의 '행동주의(이렇게 부르기를 주저하면서도)'에 대해 이렇게 말한다. "'나는 행동주의자가 아닙니다. 저는 그저 라코타인입니다'라고 말하는 사람이 많이 있습니다. 나도 그렇게 느낍니다. 어느 날 아침에 갑자기 일어나서 '나는 불편한 진실을 보았으니 환경운동가가 되어야겠어'라고 한 게 아닙니다. 제가 결심하기 위해 앨 고어나 CNN이나 그레타 툰베리의 말을 들을 필요는 없었습니다. 순전히 제가 가진 문화적 이해로 인해 물은 나의 최우선순위가 된 것입니다. 나에게는 너무나 합리적인 일입니다. 나는 인간이고, 나는 물입니다. 그러므로 나는 그 물을 보호할 것입니다."

현대사회에서 공기와 물 같은 자연 요소에 돈이나 물질처럼 우리가 생산해낸 것과 같은 가치를 두는 건 말이 쉽지, 그렇게 행동하기는 어렵다. 급박성의 차이다. 해안선이 올라오는 날은 아주 멀리, 심지어는 평생이 걸릴 정도로 멀리 있다고 느껴진다. 그러나 고지서 납기는 절대 한 달을 넘지 않는다.

하지만 이 가치 시스템을 논리의 끝까지 따라 올라가며 나는 크리족 인디언이 했던 예언을 자꾸만 떠올리게 된다. "마지막 나무가 잘려 나가고, 마지막 물고기가 먹히고, 마지막 개울이 오염되면 그

때야 우리는 돈을 먹을 수 없다는 사실을 깨달을 것이다."

　단절이라는 미혹은 위협이며, 이는 문명이 만들어낸 긴급성으로 더 악화된다. 그렇다면 어쩌면 우리를 구하는 것은 수십 년에 걸쳐 축적된 부를 걱정하는 것이 아니라 영겁에 걸쳐 축적된 부를 귀하게 여기는, 즉 좀 더 빙하의 속도에 맞춰 걸음을 늦추는 일에 달렸는지 모른다.

6장

사막과 건조지

내 안의 두려움과 맞서기

"단순히 관점만 바꿔도 황량한 곳이
생명으로 가득 찬 곳으로 변한다."

어떤 사람들은 특유의 냄새 때문에 향을 태운다. 나는 연기 때문에, 성냥의 숨죽인 폭발이 나무로 옮겨붙어 그 끝이 다 타들어갈 때까지 공기 중에서 춤추며 올라가는 연기 때문에 향을 태운다. 위로, 위로 길게 올라가다 사라진다. 연기의 띠를 보고 있으면 현재 마주하는 주변 환경에 안정감을 느끼면서도, 동시에 저 먼 곳에 있는 사막으로, 사막의 각 요소가 시간이 존재하는 순간부터 온 낮과 밤 동안 공기와 불의 협주곡을 영원히 연주하는 곳으로 나를 데려간다.

사막에서 자라지 않은 많은 이처럼, 나도 이 경관은 좋은 환경이 아닐 거라고 생각했다. 그러나 미국 서부의 소노란 사막에 첫발을 내딛자마자 나는 신비롭다고밖에 묘사할 수 없는 사막지대의 정직함과 공기의 질에 강하게 매혹됐고 더 이상 뒤를 돌아보지 않았다. 그곳은 내가 언제라도 행복하게 되돌아갈 수 있는, 정 안 된다면 마음만이라도 찾아갈 수 있는 곳이 되었다.

사막과 건조지의 치유법

사막은 사람들 대부분이 '혹독하다'라고 생각하는 지형이다. 알다시피 사막은 건조하다. 객관적 수치로 보자면 1년 총강수량이 254밀리미터도 채 되지 않고, 이 기후에 고도로 적응된 동식물과 신선한 물 없이도 살 수 있도록 단련된 사람들에게만 적합한 곳이다. 그 결과, 지형은 더더욱 노출되어 풍화와 소멸의 과정을 훤히 드러낸다.

사막은 또한 거대하다. 사막은 지구 육지의 5분의 1을 차지하며 모든 대륙에 인접하고(남극 대부분도 극지 사막으로 여겨지는데 비의 형태로 모이는 물이 극소량이기 때문이다), 나중에 언급하겠지만 시간이 갈수록 넓어지고 있다.

사막의 아찔한 열기와 건조한 햇볕은 과다하게 복용하면 위험하지만, 소량으로 복용하면 치료제가 될 수도 있다. 이 극단의 땅에서 어떻게 하면 그 균형점을 찾을 수 있을지 연구한 자료들을 소개한다.

햇빛 효과:
태양이 안정감 있고 긍정적인 마음을 가지도록 돕는 법

얼어붙은 지형과 마찬가지로 사막 또한 회복시켜주는 환경에서 한순간에 위험천만한 곳으로 바뀔 수 있다. 햇볕에 화상을 입거나 탈수증이 오면 '편안한 자연 여행'은 완전히 망가지고, 우리 뇌는 환경이 주는 즐거움보다 고통에 집중하게 된다. 그러나 우리가 사막 여행에 잘 준비되어 있으면 사막의 특질 중 많은 면이 우리의 마음과 정신을 북돋워준다.

햇빛을 예로 들어보자. 맑은 날에 사막으로 들어서면 비타민D를 생산하는 데 필요한 자연 빛을 받을 수 있다. 그런데 이 햇빛 비타민은 뼈를 튼튼하게 하고 면역력을 강화할 뿐 아니라 정신적 힘도 길러주는 것으로 보인다.

연구자들은 비타민D 결핍과 우울증의 연결고리를 여러 번 규명해왔지만, 어떻게 비타민D가 사람의 기분에 영향을 미치는지 정확히 이해하지 못하고 있다.[1] 이는 단순히 사람의 마음에 긍정적인 영향을 미치는 자연 자체의 일반적 특성 때문일 수도 있는데, 평소 비타민D를 충분히 얻는(적어도 햇빛에서) 사람들은 보통 밖에서 많은 시간을 보내는 등 이미 건강한 습관을 지닌 경우가 많다. 혹은 비타민D가 특정한 신경전달물질의 조절을 도와주는 방식과 연관된 좀 더 직접적 원인이 있을지 모른다.

우리 신체에 비타민D 생성을 명령하는 것 외에도, 머리 위로 거침없이 쏟아지는 사막 햇빛은 체내의 시계를 끊임없이 돌아가게 한다. 이 시계가 어떻게 작동하는지 요약해보겠다. 아침 햇볕은 하루를 시작할 시간이라는 신호를 보내고, 어둠은 아직 잠들지 않은 몸에 잠자리에 들 시간이라는 신호를 보낸다. 우리가 자연 빛의 도움으로 수면과 기상 시간을 유지해갈 때 이는 우리 기분을 조절하고 더 깊은 잠을 잘 수 있도록 한다(숙면은 기분을 더 좋아지게 한다). 이런 이유로, 왜 흐리고 음울한 지역에서 겨울의 긴 날 동안에 햇빛을 모방한 조명이 인기를 얻는지, 반대로 낮은 더 환하고 밤은 더 어두운 사막처럼 햇빛이 강한 지역에서는 그렇지 않은지가 설명된다.

또 햇빛이 많고 비가 적다는 것은 사막에서 사는 이들이 1년 내내 밖으로 나들이할 수 있으며, 이를 통해 정신 건강의 이점을 누릴 수 있음을 의미한다. 간단히 말해 햇빛은 정신적 회복을 돕고, 사막에는 그 햇빛이 풍부하다.

현재로서는 한 연구만이 이 기본적인 장점 이상의 것을 찾아보기 위해 녹색 공간에는 없는 사막만의, 혹은 '갈색 공간'만의 고유한 건강상 이점을 조사하고 있다(기존의 환경심리연구는 대부분 울창한 공원이나 대학의 녹지 캠퍼스에서 이루어졌을 뿐, 선인장으로 덮인 공간이 아니었다는 것을 기억하라). 이 연구는 라스베이거스 네바다대학에서 실시한 작은 실험으로, 학생 10명을 실내, 도시의 야외, 녹지, 그리고 경치 좋은 사막 두 곳 등 다섯 종류의 자연환경을 30분 동안 걷게 했다. 사막은 라스베이거스 밖에 있는 레드록캐니언과 캘리포니아에 있는 데스밸리 국립공원이었다.[2]

이 두 사막을 걸은 학생들은 녹지를 걸은 학생과 같은 정도로 마음이 편안해지고 침착해지며 스트레스 지수가 낮아지는 것을 경험했는데, 이들은 이미 사막에서 살았던 경험이 있고 그곳의 위험성에 익숙한 학생들이었다. 연구는 "종합하자면 이 수치는 사막 환경에서 하는 운동도 녹지 환경에서 하는 운동과 같은 정도로 이롭다는 증거다"라고 결론을 내린다. 수석 연구자이자 라스베이거스 네바다대학에서 운동학 조교수로 재직 중인 제임스 내발타James W. Navalta에 따르면 이 결과는 정신적 회복을 위해 꼭 나무의 피톤치드 향이나 녹색 잎사귀의 화려한 패턴이 필요하지는 않다는 사실을 암시한다. 좀 더 좁은 규모의 모래, 하늘, 햇빛이 있는 경관은 우리가 안전하게, 그리고 조심스럽게만 다룬다면 녹지와 비슷한 회복력을 지니게 된다.

열기 : 사막의 고온이 가진 정화 능력

사막 대부분에서 따뜻함은 태양과 함께 온다. 열은 호불호와 상관없이 오래전부터 치유에 한몫을 해왔다. 핀란드의 가정 사우나, 러시아식 한증막 반야banya, 터키식 한증막, 인디언들의 땀 움막sweat lodge, 그리고 한국의 찜질방은 모두 마음의 정화를 위해 고온을 이용했다.

이런 정화 요법은 육체에도 좋은 영향을 주는 것으로 보인다. 거의 20년 동안 2,000명 이상의 핀란드 남성을 추적해 연구한 결과, 일주일에 사우나를 4~7회 정도 했던 이들은(그렇다, 이들은 사우나를 정말 좋아한다) 일주일에 사우나를 1번만 했던 사람에 비해 기억력 관련 질병에 걸릴 가능성이 더 낮았다.[3] 나이, 알코올 섭취량, 심장병 유무와 같은 변수를 조정한 후 연구 설계자들은 "이들 남성의 보통에서 높은 정도의 사우나 빈도는 치매와 알츠하이머의 낮은 발병률과 관계가 있었다"라고 결론 내렸다.

일본에서는 사우나를 기분 개선, 불안증 감소와 연관시켰다.[4] 심혈관 질환, 고혈압, 호흡기 질환의 비율 역시 사우나를 하는 이들 사이에서는 상대적으로 적은 것으로 보인다.[5]

사막에 사우나 증기는 없을지라도 그 특유의 열기에는(조심히 다룬다면) 다양한 장점이 있는 것으로 알려졌는데 그중에는 근육 경직과 부기의 감소, 유연성 개선 등도 포함된다.[6] 일본의 오키나와, 이탈리아의 사르디니아, 코스타리카의 니코야 반도, 그리스의 이카리아섬, 캘리포니아의 로마 린다 등 오대양 지역에 있는 최장수 마을들이 모두 기후가 따뜻한 곳에 있다는 사실은 어쩌면 당연한 결과인지 모른다.

물론 가장 뜨거운 사막이라도 사우나만큼 온도가 올라가지는 않지만(다행히도), 라스베이거스 네바다대학의 연구가 입증한 바와 같이 따뜻하고 건조한 날에 야외에서 활발히 활동한다면 위와 같은 이점을 누릴 수 있을 것이다.

광활한 풍경:
창의적 문제 해결에 영감을 주는 사막의 지평

높은 나무나 무성한 초목이 없는 덕분에 사막의 하늘은 한 폭의 광활한 그림이다. 연구자들은 이런 광활한 하늘이 똑같이 방대한 아이디어들을 떠올리게 할 수 있다고 말한다.

신경과학자들은 연구를 통해 사람들이 문제 해결에 골몰하거나 창의적인 생각을 떠올리려 할 때 시선을 자연스럽게 텅 빈 곳으로 돌린다는 것을 발견했다[7](최근에 누군가가 어려운 질문을 받고 텅 빈 벽을 응시한 적이 있는지 떠올려보라). 만약 광활한 무無의 공간이 분주한 마음에 휴식을 준다면 탁 트인 사막의 광경(들판과 같은 다른 광대한 경치도 마찬가지로)은 문제 해결에 골몰하기 이상적인 곳이 될 수 있다. 물론 숲처럼 막힌 경관도 스트레스 감소와 창의력 증진 효과 덕분에 우리가 더 깊이 사색하도록 도와준다. 이런 공간은 또 우리에게 경외감을 불러올 수 있고, 이는 '3장 산과 고지대'에서 다루었듯 사물을 새로운 관점으로 볼 수 있도록 이끈다.

그러나 인지신경과학자이자 연구설계자 캐롤라 살비Carola Salvi에 따르면 무관한 것처럼 보이는 개념 사이로 새로운 연결을 만들어내는 창의적 생각에 영감을 주는 곳은 사막의 지평선만 한 곳이 없다. 조지아 오키프Georgia O'Keeffe부터 폴 볼스Paul Bowles, 살바도르 달리Salvador Dalí와 같이 한 시대를 풍미한 위대한 예술가들이 사막을 자신의 뮤즈로 여긴 것도 어쩌면 이 때문인지 모른다. 이런 비어

228

있는 공간은 우리에게 가장 폭넓은 아이디어, 단어, 붓질로 채울 수 있는 풍부한 여백을 제공한다.

선인장과 사막 장미석 : 사막에서 자라는 강력한 치유제

사막은 생명이 번성하기 어려운 공간으로, 이곳의 모든 생물은 생존을 위해 버틴다. 미국 남부와 중앙아메리카가 원산지인 다육식물 블루 아가베Blue Agave가 잎에 저장된 귀중한 물을 보호하기 위해 그 두꺼운 잎사귀를 가시로 덮고 있는 것을 생각해보라. 혹은 미국 남서부 소노란 사막의 토종 식물인 사와로 선인장Saguaro Cactus이 여느 다른 사막 선인장처럼 이산화탄소를 빨아들이기 위해 열기로 물이 증발해버릴 수 있는 낮을 피해 밤에 '모공'을 열어 물을 저장하는 것을 생각해보라. 어떤 연구자들은 날씨 패턴을 바꿔버린 인도네시아의 화산 폭발로 인해 유례없이 춥고 비가 많이 왔던 1884년에 많은 선인장이 싹을 틔웠다고 생각한다.[8] 이렇듯 험난한 환경과 참사 속에 태어난 이 사막 식물들은 꽃을 피우는 일이 드물지만(블루 아가베는 10년에 한 번, 사와로 선인장은 70세에 이르면 꽃을 피운다) 한 번 피우면 그 모습은 무척 찬란하다. 이들의 꽃은 시련을 이겨내고 피워낸 아름다움의 극치다.

수수한 사막 식물이 열기에 적응하느라 변모한 것 중에는 우리

원기를 북돋워주기도 한다. 건조함에 적응한 알로에는 피부를 진정시키고 부드럽게 만들며, 야생 감초는 기침을 진정한다. 어떤 인디언 전통문화에서는 세이지를 태우면 정화의 힘이 생기고, '사막의 원로'로 지칭되는 향나무는 그 연기를 통해 우리에게 회복력과 힘을 전해준다고 여긴다.

사막은 무수한 압력과 마찰 속에서 많은 보석이 형성된 곳이기도 하다. 다채로운 빛깔의 석영, 화려한 석류석, 섬세한 터키석 등은 모두 사막의 혹독한 환경 속에서 받은 수백 년 동안의 압력으로 형성된다. 물, 바람, 모래에 의해 만들어지는 사막장미석Desert rose selenite은 아마도 그중 가장 멋진 작품일 것이다. 이것은 꽃잎 같은 무늬를 형성하며 45킬로그램이 넘는 무게의 자연 꽃다발로 자란다. 이런 식물과 보석을 보고 있으면 사막은 그 자체로 예술가이자 창작자, 허공에서 마법 같은 아름다움을 창조하는 연금술사와 같다는 생각이 든다.

거친 여정:
사막은 어떻게 사람을 무너뜨리고 새롭게 일으키는가

인간의 결심 또한 사막 안에서 명확해지곤 한다. 성서와 설화 속에서 사막은 역사적으로 원형적 영웅의 여정을 위한 무대로 설정되어왔다. 주인공이 사막에 들어서면 우리는 이들이 그 여정 동안 가장 근원적인 모습으로 벌거벗겨지게 될 것을 알고 있다. 모래 폭풍, 부족한 물, 사람을 현혹하는 신기루 같은 사막의 위험 요소들은 필연적으로 주인공의 결심을 한 겹씩 허문다. 이런 전설 덕분에 외지인들은 애초에 사막을 방문하는 일에 조심스럽다. 무엇 하러 침식과 모래의 땅, 벌거벗은 바위의 영토, 풍화로 흩날리는 따가운 잔재들로 가득 찬 대지에 자기를 노출하겠는가?

그러나 땅 일부가 침식되면 그 조각은 완전히 사라지는 것이 아니다. 그것은 계곡과 강의 밑바닥 같은 곳으로 옮겨 가서 새로운 토대를 쌓는다. 어쩌면 사막에서는 우리도 그렇게 할 수 있을지 모른다.

관상觀想 전통에 특히 관심이 있는 로욜라메리마운트대학의 신학 교수인 더글러스 크리스티Douglas E. Christie는 사막을 근본적으로 변모의 과정으로 본다. "나는 사막이 모두가 좋아하는 경관은 아니라는 것을 알고 있습니다. 여기에는 두려움이나 어떤 불길한 예감도 한몫하죠. 많은 이가 이렇게 느끼는 것은 본능이라고 생각합니다. '여기는 너무 훤히 보여. 너무 노출되어 있어'라고 본능이 속삭이죠. 하지만 바로 그 때문에 '사막'은 고난뿐 아니라 부활의 상징이 되기도 합니다."

불사조가 재에서 부활하듯 창조성은 긴 가뭄 끝에 갑작스럽게 터져 나온다. 이 획기적 발전의 순간은 성장에 앞서 좌절이 찾아올 수 있음을 증명한다. 오래된 습관이 열기로 말라붙고 결심이 태양빛에 시험당한 후, 사막을 지나는 자는 그제야 남은 것에서부터 재건을 시작할 수 있다. 크리스티는 이렇게 말한다. "만약 우리가 안전한 곳에서만 머문다면 더욱더 상처받기 쉬워지고, 연약해질 것입니다."

《연금술사》는 산티아고라는 젊은 양치기가 보물을 찾아 이집트의 사막으로 떠나는 이야기다. 그 여정 동안 한 상인이 그에게 '만물의 영혼'이라는 전능한 힘이 그를 필연적으로 시험하게 될 것이라고 경고한다. "그 힘이 악독해서 그렇게 하는 것이 아닐세. 그렇게 함으로써 우리는 꿈을 깨닫게 될 뿐 아니라 그 꿈을 갈고닦는 동안 배운 교훈을 완전히 숙달할 수 있기 때문이라네. 그때가 바로 사람들 대부분이 포기하는 시점일세. 그때가 바로 사막의 언어로 말하자면 '사람은 지평선 너머로 야자수가 막 나타날 때 목말라 죽는다'라고 말하는 순간이라네."

사막을 건너기 위해서는 목마름의 순간이 끝나면 야자수가 불과 몇 발자국 안에 있다는 것을 믿어야 한다. 우리가 계속해서 속박을 끊어내려 할 때마다 좀 더 웅대한 목표를 향해, 지평선 너머의 오아시스를 향해 움직일 때마다 우리는 이 교훈을 몸소 구현한다. 우리는 사막을 내면화하고 그로 인해 성장한다.

사막과 건조지에서
우리가 할 수 있는 일

"사막은 아마도 대부분의 문화권에서 무슨 독특함을 지니고 있는가로 규정되기보다 무엇이 결핍되어 있는가로 규정되는 세계 유일의 경관일 것이다." 생태학자 게리 폴 나브한Gary Paul Nabhan은 자신의 책《사막의 특성The Nature of Desert Nature》에 이렇게 쓰고 있다.[9] 아래에 나오는 활동들은 당신이 가까이서든 멀리서든 이 다층적 경관의 과소평가된 풍부함에 적응할 수 있도록 도와줄 것이다.

5~10분이 생긴다면

지평선에서 창조성 되찾기

창조적인 생각이 필요할 때는 캐롤라 살비의 연구를 실행에 옮겨 탁 트인 사막의 하늘을 응시해보라. 연구에 따르면 우리는 코앞에 있는 문제에서 한 발자국 떨어질 때 번개처럼 깨달음을 얻는 경우가 많으므로, 당신의 작업 과정에 이 지평선 휴식을 끼워 넣는 것도 가치 있을 것이다.

"골치 아픈 문제에 봉착해서 해결하기 어려울 때 계속해서 그 생각에 매달리는 것은 도움이 되지 않습니다. 가장 좋은 일은 그냥 생각을 멈추고, 외출해도 괜찮다면 산책을 좀 한 후 다시 돌아와 문제를 재해석해보는 것입니다."

1시간이 생긴다면

사막 식물에게서 한두 가지 배워보기

사막 식물은 회복력의 표본이다. 건조한 다육식물은 넓고 얇은 뿌리를 통해 물을 흡수하고 재빨리 잎과 줄기에 예비용으로 보관한다(그 때문에 이들의 잎사귀는 다른 열대 지방의 품종에 비해 부풀어 있으며 두툼하다). 이들은 이 신중한 삶의 방식 덕분에 대부분의 생물에게 적합하지 않은 건조한 지형에서도 생존할 수 있다. 이런 뿌리 구조는 또 이웃한 식물들 사이에 충분한 공간을 확보한다. 선인장은 서로 모여 있는 일이 드물어서 각 개체의 세밀한 부분을 살피기 쉽다. 사막에 가게 되면 선인장들을 관찰해보라. 각각의 식물이 이 불리해 보이는 상황을 어떻게 극복하고 생존하는지 생각하라. 이들에게서 제약이 많은 환경, 근면함, 그리고 비좁은 공간으로 무엇을 만들어낼 수 있는지 배워라. 환경학자 에드워드 애비Edward Abbey가 《사막의 고독》에 아치스 국립공원의 식물들에 관해 쓴 것처럼 "탁 트인 곳에 자유롭게 피어나는 꽃들을 가장 사랑하라".[10]

가장 메마른 곳에서 생명 찾아보기

더글러스 크리스티가 사막에서 연구에 몰두하며 몇 년을 보내긴 했지만, 그곳이 언제나 편하거나 흥미로운 장소는 아니었다. 그는 10대 시절에 자동차로 시에라네바다산맥으로 가는 길에 모하비사막을 지나며 그곳을 '진정한 자연'이 시작되기 전 통과하는 황량한 길목의 끝으로 생각했던 일을 기억한다. "전혀 인상적이지 않았어요." 그는 이렇게 회상한다. "그저 텅 빈 불모지에 불과했죠." 이는 자연스러운 반응이다. 사막에는 인간이 만들어낸 풍요의 흔적이 없으므로 우리는 당연히 자연의 기준에서도 불모지일 것이라고 억측한다.

크리스티는 다른 생물학자들과 함께 그곳을 다시 찾아 모하비족을 만났을 때야 생명이 약동하고, 다채로우며, 변덕스러운 아름다움을 지닌 사막의 진정한 모습을 깨닫기 시작했다. "모하비족의 눈과 귀와 감각은 사막의 미묘한 차이를 감지할 만큼 세밀하게 조율되어 있었습니다"라고 그는 말한다. 모하비족의 느리고 빈틈없는 안내 덕분에 그는 그곳에서 사막뿐 아니라 세상 전체를 새롭고 사색적인 시선으로 바라볼 수 있었다.

사막에 갈 기회가 있다면 내면의 생물학자 본능을 깨워 그동안 당신 곁에 계속 존재해왔던 생명에 눈떠보라. 선인장에서 새 잎사귀나 알록달록한 싹이 돋아나는 것을 주의 깊게 지켜보라. 단순히 관점만 바꾸어도 황량한 곳이 생명으로 가득 찬 곳으로 변하기도 한다.

먼 곳에서 느껴보기

뜨거운 증기 쬐기

사막의 태양 빛이나 가정용 사우나와는 거리가 먼 사람들도 소박한 열기 정도는 즐길 수 있다. 내가 가장 좋아하는 한 가지 방법은 얼굴 스팀이다. 커다란 대야에 끓는 물을 붓고 향이 좋은 고농축 천연 오일을 몇 방울 떨어뜨리거나 홍차 잎, 허브 잎 등을 뿌린다. 눈을 감고 물에 얼굴이 닿지 않게 조심하면서 대야 근처에 얼굴을 대고 있다가 그 자세에서 수건을 뒷머리에 씌워 열기가 날아가지 않도록 한다.

5분 정도 뜨겁고 향기로운 스팀을 쬐면서(나는 보통 노래 한 곡이 끝날 때까지 한다) 호흡에 집중해보라. 주변이 밀폐된 아늑한 공간에서 한다면 그 효과는 한층 강화된다. 스팀의 열기, 숨소리, 오일이나 허브 잎의 향이 한데 합쳐지며 사막 여행의 맛을 조금이나마 느끼게 해준다. 약간 불편할 수도 있지만 정화 효과는 매우 크다. 나의 혈색 또한 이 작은 여행 덕이라고 볼 수 있다.

낯선 시간대에 나가기

뜨거운 사막에서 사는 사람(그리고 동물)은 보통 그날 기온에 맞춰 일정을 정해야 하는 경우가 많다. 즉 이른 아침에 외출해서 해가 중천에 뜨기 전에 들어오거나 아예 공기가 차가워진 밤에 나가야 한다. 여기에서 힌트를 얻어 평상시 외출하지 않는 시간에 밖으로 나가보자. 자연환경은 하루 동안 해와 그늘에 따라 다양한 형태를 띠므로, 이를 통해 동네의 새로운 면모를 발견할지 모른다.

향 피우기

앞에서도 말했지만, 향 피우기는 나에게 내면의 사막으로 통하는 입구다. 눈 오는 겨울날이나 비바람이 부는 날처럼 실내에 틀어박혀 있어야 할 때 내가 가장 갈망하는 사막 특유의 느낌을 불러내기 위해 향을 피운다. 냄새, 열기, 구불거리며 가느다랗게 올라가는 연기는 미세하나마 사막 특유의 분위기를 지니고 있다.

향을 피워서(향초도 좋다) 사막을 집 안에 펼쳐놓고 잠시 감상한 후 연기에 시선을 집중하자. 하고 싶은 일을 하며 향을 타이머처럼 이용할 수도 있다. 명상, 시각화 명상, 일기 쓰기, 요가 같은 것이면 좋다. 마지막 향이 타들어가면 창문을 열어 환기를 한 후 본래 풍경으로 돌아가자.

사막처럼 침묵과 방대함을 동시에 경험할 수 있는 곳은 얼마 없다. 시야를 가리는 것 없이 광활하고 아득한 지평선에 시선을 두는 일은 무척 진귀한 경험이다. (…) 그 침묵과 방대함 속에 있으면 그들이 우리 마음 속에 무엇인가를 터놓기 시작하는 듯하다.

— 더글러스 크리스티, 로욜라메리마운트대학 신학 교수

두려워하는 것들을 적고 이겨내기

광활한 사막을 가로지르면 마치 과거로 여행을 가는 느낌이 든다. 어쩌면 사막을 무대로 펼쳐진 모든 신화 때문인지도 모른다. 혹은 오래전 인간이 진화하며 살아온 대초원에 어느 정도 사막 같은 광활한 특성이 있었기 때문인지도 모른다. 이렇게 탁 트인 공간은 우리에게 친숙하다. 사막의 이 척박한 열기도 인간의 역사 어딘가에 새겨져 있다.

사막은 원시적 경관으로 인간의 가장 근원적인 본능을 깨운다. 거기에는 사랑, 충성이 있지만 또한 두려움도 있다. 두려움은 우리의 기본적 욕구가 충족되지 못할 때(가령 물이 없을 때) 느껴지는 자연스럽고 귀중한 감정이지만, 상대적으로 안정적인 상황에서도(가령 마감일이 다가올 때) 느낄 수 있는 감정이기도 하다. 멀리서 사막을 느껴보는 방법 중 하나는 일부러 이런 두려움에 맞서보는 것이다.

실질적인 두려움(나에게는 비행기 이륙, 발표, 쥐 같은 것들이다)에서 좀 더 추상적인 두려움(외로움, 후회, 죽음 같은)까지 당신이 두려워하는 것들을 적어라. 더 이상 떠오르지 않을 때까지 적고 나서는 한 번 더 고민하여 적어보자. 다 끝났으면 써놓은 것을 보며 이 두려움 때문에 당신이 무엇을 하고 무엇을 하지 않는지, 그리고 그로 인해 결국 허탈함과 갈증을 느끼지는 않는지 생각해보라. 평가할 필요는 없다. 단지 떠올려보라. 두려움을 인식하는 것은 그것을 이겨내기 위한 첫걸음이다.

사막과 건조지에서 더 생각해볼 것

사막을 묘사하며 내가 썼던 열기, 가혹함, 기회 같은 단어들은 흔히 삶의 장애물을 표현하는 데 자주 쓰인다. 힘든 상황이나 불편한 시간을 견뎌야 한다면 사막만큼 생각을 정리해보기에 딱 맞는 소재도 없을 것이다. 한번 아래 질문들로 시작해보자.

- 두려울 때 자신에게 뭐라고 말하는가? 두려워진 이유야 있겠지만 그것이 언제나 진실은 아니다. 머릿속에서 속삭이는 혼잣말을 적어보고, 그 두려움 중 어떤 것이 진실이고 어떤 것이 과장됐는지 판단하자.
- 불확실한 미래의 한 시점을 떠올려보자. 그 불확실성이 어떻게 느껴지는가? 광활하고 선명한 지평선을 보는 듯한 느낌인가? 물도 없이 사막에 갇힌 듯 무서운 느낌인가?
- 당신의 '신기루'는 무엇인가? 힘겨운 시기에 당신이 위안을 얻기 위해 매달리는, 그러나 길게 보면 도움이 되지 않는 나쁜 습관은 무엇인가?
- 힘든 시기의 끝에 당신을 기다리는 '오아시스'는 무엇인가? 어떻게 최악의 상황을 헤쳐 나와 그 끝에 도달했음을 알게 될까?

사막과 건조지가
지속 가능하도록

사막은 보호해야 하지만, 또한 더 이상 확장되지 않도록 할 필요도 있다. 최근 수십 년간 우리는 재앙의 전조 증상으로도 볼 수 있는 침식과 삭박 작용으로 인해 거의 400만 제곱미터의 땅을 잃었다. 유엔의 자료에 따르면[11] 건조한 사막에 사는 인구는 다른 지역 인구보다 빠른 비율로 증가하고 있어서 2030년이 되면 지구의 거의 절반에 해당되는 인구가 물 부족 지역에서 살 수도 있다고 한다. 땅이 건조해지는 주된 이유와 이에 대해 우리가 무엇을 할 수 있는지 알아봤다.

농축 산업

미국의 대규모 농축업은 현재 궁지에 몰려 있다. 한편으로는 먹여야 할 입이 어느 때보다 많고, 농장은 그 증가하는 인구에 보조를 맞춰 생산량을 늘려야 한다. 하지만 다른 한편으로는 그들이 항상 사용해온 운영 방식이 거꾸로 농축업을 망칠 원인이 될지 모른다.

산업 시대의 농사는 고도로 정형화되어 있다. 미국에 있는 전형적인 상업 작물 농장에 가보면 똑같은 작물이 깔끔하게 줄줄이 심겨 있는 것을 흔히 볼 수 있는데, 이는 단일작물재배라고 불리는 농업 방식이다. 때가 되면 이 작물들은 모두 수확될 것이고, 경운기가 흙을 뒤엎으며 다음 파종을 준비할 것이다. 계절이 지날 때마다 또 같은 일이 반복된다. 목장도 사정은 비슷하다. 생산량을 극대화하기 위해 많은 소를 한 공간에 욱여넣은 채 사육한다. 이렇듯 고도로 효율화된 시스템은 계속 반복되어 예측할 수 있고, 일관되며, 결과가 확실하다. 다른 말로 하면 거의 모든 자연의 법칙을 위반하고 있다.

자연의 변동성을 통제하는 것은 결과적으로 농장주들에게는 좋지만, 자연에는 손상을 입히는 경우가 대부분이다. 수확 시기가 아니거나 가축을 풀어놓지 않아 쉬고 있는 땅이 헤집어진 상태로 방치되면 그 땅에 내리는 빗물은 더 많이 증발하여 사라진다. 토양이 빗물을 적게 흡수할수록 땅은 점점 건조해진다. 경운기가 한 번 쓸고 지나가면 땅은 더욱 헤집어져 결국 남는 것은 토양에 이로운 미생물 군집을 다 파괴해버린, 변질한 농축업 시스템뿐이다. 우리 몸의 장기 속에도 미생물 군집이 있는 것처럼 이 작은 생물들의 네트워크는 땅속 영양분을 소화하여 식물이 더 쉽게 흡수할 수 있도록 돕는다. 미생물이 다 쓸려나가면 작물은 고통받다가 결국에는 탈수와 영양소 부족 상태가 되며, 더 쉽게 해충을 끌거나 질병에 걸린다.

사고방식의 전환: 자연의 재생 방식을 흉내 낸다

재생농축업은 작물이 자연에서 좀 더 천천히, 부드럽게, 다른 것들과 끊임없이 협력하며 자라나는 방식을 좀 더 비슷하게 흉내 낸다. 경운기 대신 인간(혹은 동물)의 손을 사용하고, 단일한 작물 대신 다양한 작물을 재배하며, 합성 화학비료 대신 퇴비를 사용하는 등 산업화 이전의 원시적 시스템으로 돌아가는 것이다. 그 결과, 풍부한 미생물로 비옥해진 토양은 작물에 더 많은 영양분을 주고, 더 많은 물을 흡수하며, 해충으로부터 보호해주기도 한다.

재생농축업의 근본 원칙은 생물물리학적이고 화학적이어야 한다는 점이다. 그 관점에서 볼 때 농부는 생산자가 아니다. 농부로서 우리는 에너지와 그것의 변모, 즉 먹을 수 없는 형태에서 먹을 수 있는 형태로 에너지가 변모하는 전반적 과정을 책임지는 관리인이다. 그리고 그 변모 과정의 근본 원칙은 동물의 장기와 지구의 장기, 즉 흙 속에서 일어나는 미생물학적 원리에 있다.

— 레지널도 하즐렛 마로퀸, 재생농축업연합회 회장이자 최고경영자

이 재생 기술은 토양을 건강하게 회복시켜 공기 중에서 더 많은

탄소를 빼낼 수 있다. 건강해진 토양이란 곧 건강해진 식물을 의미한다. 건강한 식물은 광합성을 통해 대기에서 이산화탄소를 흡수하여 이를 에너지로 전환한다. 사용되지 않은 이산화탄소는 다시 토양으로 돌아가며, 그로 인해 토양은 짙고 윤기 나는 갈색이 된다. 이런 형태의 탄소는 좀 더 안정적이다. 탄소는 대기에서 벗어나 온난화 주범의 꼬리표를 떼고 땅속에 행복하게 정착한다.

몰리 엔젤하트Mollie Engelhart는 재생농축업에서 사막화를 되돌리고 땅을 본래 모습으로 회복시킬 잠재력을 본 농부 중 한 명이다. 엔젤하트는 2018년에 남부 캘리포니아에서 당시 흔한 관습적 방식으로 관리된 69제곱미터 정도의 땅을 샀을 때 그곳이 '난장판'이었다고 회상한다. 메마른 토양이 모래처럼 흩어져 자갈밭을 드러내고 있었다.

처음 몇 번의 계절이 지나는 동안 "토양은 점점 나아지고, 또 나아지고, 또 나아졌습니다". 엔젤하트는 자신의 농장 '마음을 뿌리다Sow a Heart'[12]에서 영상통화로 나에게 이렇게 말한다. 그녀는 자랑스러운 어조로 최근 시행한 실험에서 토양이 매입 당시보다 다섯 배나 빨리 물을 흡수하며 생산력이 더 좋아졌다고 이야기했다. 그녀가 창문 밖의 농장을 살짝 보여주었을 때 브루클린 태생의 멋모르는 나의 눈에도 그곳은 에덴처럼 보였다. 산을 배경으로 무성한 초록빛 잔디밭과 작물들이 캘리포니아의 태양 아래에서 반짝거리고 있었다.

그렇다면 세계의 농부들은 이토록 훌륭한 윈윈 전략을 왜 사용하지 않는 것일까? 놀랄 것은 없다. 대부분 자금과 장려금 문제다.

재정의 한계 때문에 오랜 농부들은 예전 방식을 고수할 수밖에 없다. 재생농축업 시스템을 갖추기 위해서는 시간과 새로운 설비와 새로운 사고방식이 필요하다. 이런 전환의 시기에는 언제나 작물(장기적으로는 돈)을 얻기 전에 먼저 잃을 위험이 존재하며, 농부는 대부분 이런 모험을 감내할 수가 없다(요리사이자 세이지 플랜트 베이스드 비스트로Sage Plant Based Bistro라는 체인 레스토랑의 사장이기도 한 엔젤하트도 기존의 다른 사업에서 수입이 계속 있었기 때문에 재생농축업을 할 수 있었다고 말한다). 또 다른 복잡한 요인은 미국에서 실제로 단일작물 재배를 계속하는 농부들에게 장려금을 지급하고 있다는 사실이다. 이 정부 보조금은 옥수수, 밀, 콩 같은 주요 작물을 대량으로 재배하는 농부를 위한 것이다. 이는 극심한 기상이변을 겪고 가뭄이 들 때도 그들에게 안정적인 수입원을 제공하기 위한 것이지만, 결과적으로는 이런 재앙을 불러오는 농업 방법을 장려하고 있는 격이다.

정부는 1995~2020년 사이에 농업 보조금으로 2,405억 달러를 지출했다.[13] 이 자금의 26퍼센트가 고작 1퍼센트의 농장에 돌아갔다.[14] 이런 대규모 농장이 생태학적 전환을 위해 우리가 목표로 삼아야 하는 곳들이다. 만약 이들이 농축업 방식을 바꾼다면(예를 들어 탄소 감소량에 따라 보조금을 받는다면?) 땅과 기후에 끼치는 영향은 막대할 것이다.

우리는 1퍼센트가 차지하는 보조금을 재조정하는 동시에 역사적으로 불합리한 처우를 받아온 이들에게도 자금이 돌아가도록 재배치할 필요가 있다. 그 시작으로, 현재 농장 매입에 들어가는 계약금의 비율이 감소한다면 이를 통해 엔젤하트가 언급한 젊은 1세대 농부들이 혜택을 볼 수도 있다. 현재 상황에서는 보수적인 농축업 방식을 고수하지 않는 장래 유망한 신진 농부들에게는 이 계약금이 지나치게 높다.

유색인과 원주민 농부들도 지원해야 한다. 이들은 이 나라에서 농축업 관리의 전체 시스템을 만들어낸 장본인인데도 정작 땅을 소유할 권리는 박탈당해왔다(현재 미국 농부의 95퍼센트는 백인이다[15]). 레지널도 하즐렛 마로퀸Reginaldo Hasletto Marroquín은 자신의 사업체인 재생농축업연합회를 통해[16] 가금류의 재생 시스템 구축에 집중한 음식 공급 유통망을 미국 중서부에 주로 전개하고 있다. 그는 농부, 기업, 공공 기관의 인종적 다양성을 추구하는 것이 재생농축업을 키우는 유일한 길이라고 말한다. 결국 재생은 다양성에서 힘을 얻는다. 미세한(미생물) 차원에서 토양을 강화하기 위해서는 넓은 범위의 유기체가 함께 작동해야 한다. 인간 사회의 차원에서는 폭넓은 의견, 배경, 관점이 요구된다.

농축업의 이런 대대적 구조 변화는 하루아침에 일어나지 않는다. 우리가 이 구조적 변화에 영향을 끼칠 수 있는 가장 좋은 방법은 재생 농법을 사용하는 지역 농부들의 제품을 사주고, 계속해서 이에 대해 목소리를 내는 것이다. 슈퍼마켓이나 농장의 가판대에 가서 식료품을 어떻게 기르는지, 재생 농법에 관심이 있는지 물어보라. 식료품과 의류 분야의 대기업에는 재생 농법을 사용하는 농부들에게서 원재료를 사는지, 혹은 이들이 재생농축업으로 전환할 때 재정적으로 보조해주는지 물어보라. 지역의 정책 입안자들에게도 농축업을 제대로 대우하는 법안, 즉 토양 회복 전략과 기후변화를 해소할 가능성이 있는 법안을 지지할 것을 권하라.

염류화 현상

증발 비율이 강수량 비율을 초과하는 건조한 환경에서는 토양의 영양 상태가 좀 더 불균형하기 쉽다. 건조한 토양에 미네랄이 풍부한 물을 댄다거나 그 이후 물이 제대로 빠지지 않는다면 물이 증발한 후 땅에는 소금의 잔여물이 남는다. 그것을 씻어낼 신선한 빗물이 계속해서 공급되지 않는 이상 이 소금은 시간이 흐르면서 토양에 축적된다. 미네랄 함량이 높은 센물로 집에 있는 식물에 물을 줘본 적 있는 사람이라면 아마도 이 과정을 작은 규모로 목격했을 것이다. 식물이 물을 빨아들인 후 남은 미네랄이 토양이나 화분에 하얗게 묻어나는 것이다.

집에 있는 식물이라면 쉽게 문제를 해결할 수 있지만, 커다란 생태계에서 이 염류화는 좀 더 심각한 해악을 끼친다. 세계적으로 점차 물이 부족해지는 상황에서 유엔의 보도에 따르면[17] 약 6,200억 제곱미터의 땅에 염류화 현상이 나타났다. 유엔은 세계적으로 매주 맨해튼보다 더 큰 지역이 토양 염류화로 인해 그 기능을 잃고 있으며, 한 나라 크기에 맞먹는 땅이 식물 생장에 부적합한 불모지가 되어간다고 추정한다.

소금 축적 현상은 왜 민물이 지구 생물들에게 필수적인 자원인지, 그리고 왜 우리가 그에 맞는 대접을 해야 하는지 설명하는 한 가지 예에 불과하다.

사고방식의 전환:
물이 재생 가능한 자원이 아니라는 것을 안다

캘리포니아의 센트럴 밸리는 우물이 반복적으로 마르고 토양 염류화가 점차 심각한 문제가 되어가는 지역이다. 나는 2018년에 미국의 대표적 농축업 지역들에서 일어나고 있는 물 위기에 관해 기사를 썼는데, 그때 인터뷰했던 포드햄대학의 신학, 과학, 물윤리학 부교수 크리스티아나 제너Christiana Zenner와는 그 이후로도 함께하고 있다. 제너는 자신의 커리어 내내 민물이 재생 가능한 자원이라는 고정관념과 싸워왔다. 민물은 재생 가능한 자원이 아니다. 계속 그런 것처럼 취급한다면 수백만 명이 넘는 사람은 곧 수돗물을 틀었을 때 아무것도 나오지 않는 것이 어떤 느낌인지 알게 될 것이며, 몇천억 제곱미터 이상의 땅은 망가지고 말 것이다.

물 사용을 줄이는 방법에는 여러 가지가 있다. 물론 샤워 시간을 줄이고 양치할 때 수돗물을 잠그는 것도 도움이 되지만, 좀 더 신중하게 쇼핑하는 것 또한 우리의 물발자국water footprint을 옅게 만드는 데 도움이 된다. 물발자국이란 우리가 직접 쓰는 물과 우리가 소비하는 제품의 생산, 사용, 폐기 등 전 과정에 걸쳐 사용되는 물의 총 사용량을 뜻한다. 우리가 소비하는 모든 것, 음식부터 옷과 전자기기까지 만드는 데 엄청난 양의 물이 사용되므로 까다롭게 소비하는 태도가 가장 중요하다. 그런데 물 사용량의 꾸준한 감소를 위해서는 무엇보다 정부가 물을 효과적으로 절약하는 농업 방식에 권한을 부여하고, 과도하게 사용하는 방식에는 세금을 부과하는 등의 정책을 시행할 필요가 있다. 그동안 우리는 우리가 가진 물을 소중히 여기고 현명하게 사용함으로써 물이 재생 가능한 자원이 아니라는 사실을 되새길 수 있을 것이다.

사막화

사막은 되돌릴 수 없다. 사막의 경계는 바다만큼 유동적이고, 심지어 더 빠르게 상승 중이다. 날씨 패턴, 기후변화, 인간으로 인한 오염 같은 요인들로 인해 세계의 사막들이 바로 우리 눈앞에서 확장하고 있다. 예를 들어 고비사막은 계속해서 베이징을 향해 기어가고 있으며, 바람이 강하게 불면 모래가 도시까지 날아가 연기로 공기를 질식시키는 통에 교통은 마비되고 창문과 문은 굳게 닫힌다. 중국 내륙 더 안쪽에 있는 닝샤 자치구는 땅의 57퍼센트가 사막화에 영향을 받았는데, 삼면을 둘러싼 사막이 안쪽으로 계속 기어 들고 있기 때문이다.[18] 기후 역학자이자 메릴랜드대학의 대기해양 과학부 학과장 수만트 니감Sumant Nigam이 연구를 진행 중인 사하라 사막은 기후가 변화하면서 불안정해지고 있다. "사하라는 계절에 따라 차고 기웁니다." 그는 이렇게 말하지만, 사막 남쪽 경계는 평균적으로 매년 1킬로미터씩 남쪽으로 전진하고 있다. 사하라 전체를 놓고 보면 1920년 이래로 총면적의 10퍼센트가 더 넓어졌다.[19]

사막 가까이 사는 사람에게 사막이 다가오는 것은 큰 위협이다. 중국에서는 고비사막으로 인해 수십만 명이 고향에서 쫓겨나 신도시로 이주했고, 그곳은 '생태학적 이주민'[20]의 집이라는 이름표가 붙었다. 사막은 가까이 있는 사람들에게만 피해를 주는 것이 아니다. 모래는 굉장히 멀리까지 여행할 수 있어 고비에서 일어난 흙먼지는 태평양을 건너 캘리포니아주로, 오리건주로, 워싱턴주까지 날아간다. 로마에서는 사하라의 흙먼지가 거의 3일에 한 번 도시로 날아오며,[21] 이와 함께 심혈관 질환으로 인한 사망률도 높아지고 있다.

사고방식의 전환: 땅을 먼지처럼 취급하지 않는다

점차 잠식해오는 사막에 직면하여 어떤 지역에서는 물리적인 방패를 치기 시작했다. 중국에서는 넓어지는 고비사막 주위에 나무를 심는 '녹색장성綠色长城, Great Green Wall' 사업에 거의 40년 동안 몰두하고 있다. 이 자연적 국경이 메마른 땅에 영양분을 주어 완충지 역할을 하게 한다는 생각이다. 고비사막을 억누르기 위해 이제까지 나무 660그루를 심었지만, 고비사막은 그 힘과 예측 불가능함, 불을 뿜는 입김으로 황룡이라는 별명까지 붙었다.

이 사업에 대해 알아볼수록 나는 지난 몇 세기 동안 타지로 규정한 지역을 분리하기 위해 인공적인 벽을 건설한 정치적 의도를 생각하지 않을 수 없다. 나는 나무 심기 전도사를 자처하므로 중국이 그 거대한 규모의 식재 사업에 초기 성공을 보도한 데 고무된 것도 사실이다. 그러나 봉쇄는 그것이 어떤 성격이든, 심지어 녹색 벽이라 해도 문제의 해결책이 될 것이라는 생각은 들지 않는다. 사막 흙먼지의 광범위한 여행이 증명하듯 어쨌든 자연의 세계는 국경을 모른다.

이 지구적으로 유명한 황룡을 길들이는 데는 분명 방패 이상의 것이 필요하다. 여기에 요구되는 것도 협력이지, 분리는 아니다.

내가 "인간 문명은 수명이 다했다"라는 기후 위기 담론을 즐겨 쓰지 않는 이유는 두려움이 꼭 행동으로 연결된다고 믿지 않기 때문이지만, 끊임없이 팽창하는 사막은 나를 절망에 빠뜨리는 얼마 안되는 자연현상이다. 사막이야말로 결국 우리에게 붕괴와 부패, 완전한 죽음에 대한 가장 원시적인 두려움을 불러일으키는 경관이다.

오스트레일리아의 디킨대학에서 토착 지식을 가르치는 부교수 타이슨 윤카포타Tyson Yunkaporta는 자신의 저서 《모래 이야기—원주민식 사고가 세상을 구한다Sand Talk: How Indigenous Thinking Can Save the World》에서 "도시는 스스로가 올바른 길을 가기 위해서는 필연적으로 붕괴해야 하는 끝장난 시스템이라는 것을 알면서도 동시에 영원한 성장을 고집한다"라고 썼다.[22] 윤카포타는 성장을 위한 갈망이 결국 메소포타미아의 수메르부터 고대이집트까지 인간의 가장 오래된 문명들을 시들게 한 원인이라고 설명한다. 이들은 모두 모래에 파묻혔고 사막으로 희미해졌다. 주변 환경을 헐벗기고 이제는 폐허 속에 누워 있다.

"왜 우리는 땅을 혹사하고 먼지처럼 취급할까요?" 사막화방지협약United Nations Convention to Combat Desertification은 이런 물음을 던진다.[23] 적절한 질문이다. 땅이 이 이상 붕괴하는 것을 막으려면 토양을 소유물로 바라보는 것이 아니라 함께 살아가는 동반자로 바라보는 관점의 변화가 필요하다. 미래로 전진하는 인류로서 우리는 모든 의사 결정에 토양의 건강을 고려해야 하며, 그렇게 하지 못한다면 땅은 결국 우리 발밑에서 사라지고 말 것이다.

7장

강과 개울

삶의 여정 되돌아보기

"호수와 바다와는 달리 강은 목적지가 있다."

강은 보이기 전에 들린다. 졸졸거리는 희미한 소리에 강에 가까워지고 있다는 것을 안다. 몇 번 길을 잘못 들고 나서야 나는 이른 아침 햇빛에 반짝이고 있는 강을 발견한다. 이 친숙한 광경을 보니 강가에 살던 무렵의 어린 시절로 돌아온 듯하다. 처음 강을 만났을 때 내가 어디에 있었는지, 그 이후로 어디에서 보냈는지가 머릿속을 스친다.

내가 록크리크강 바람을 타고 워싱턴 D.C.를 통과해 체서피크만을 거쳐 대서양에 이르는 포토맥강의 지류인 이 개울을 따라 달린 이후로 벌써 몇 년이 흘렀다. 이 굽이치는 시내는 내가 처음으로 달리기를 고문이 아니라 마음을 비우는 운동으로 바라볼 수 있었던 곳이다. 그 깨달음 덕분에 나의 건강과 삶은 좀 더 나은 쪽으로 변화했다. 나를 괴롭히던 불안증에서 벗어난 것도 달리기 덕분이었다. 내가 변화하도록 도와준 이 강에 나는 부채감을 느끼기도 한다. 강물이 바위를 씻기는 그 일관된 움직임을, 이 힘찬 흐름을 바라보고 있으니 내가 이곳을 떠난 이후로 이들은 무엇을 보았을까 궁금해진다. 나는 강의 모습에 잠시 흠뻑 젖었다가 다시 하류 쪽으로 달린다.

강과 개울의 치유법

강은 자연의 충실한 집배원이다. 이들은 세계 곳곳의 민물을 끊임없이 다음 목적지로 배달하고, 그러면서 마주치는 갖가지 지형을 대담하게 휘돌고 꺾는다. 강은 연결자이고, 강둑은 연결자를 잇는 영원한 길이다.

　인간의 문명은 여전히 강의 흐름 곁에서 살고 죽는다. 우리는 농사에 필요한 민물과 비옥한 땅을 강에 의존한다. 비록 지구 표면의 1퍼센트도 안 되지만 강 덕분에 우리는 지구에서 살 수 있으며, 어떤 경우에는 이 땅을 초월할 수 있도록 도와주기도 한다. 강, 그보다 작은 시내, 개울은 신비와 상징으로 넘실거리며 그 흐름을 따라가면 우리 안의 새로운 면모가 드러나기도 한다. 무엇이 이 경관을 그토록 특별하게 만드는지 살펴보기 위해 상류부터 시작해 하류로 내려간다.

상류:
굽이치는 강이 마음을 안정시키는 과학적 이유

낯선 강의 상류에 서 있다 보면 강은 영원히 흘러가 미지의 장소에 도달할 것처럼 보인다. 주의 회복 이론의 스티븐 캐플런과 레이철 캐플런 박사에 따르면 이 비밀스러운 느낌이 강이 매혹적인 이유 중 하나다. 캐플런 부부는 우리가 이해할 수 있으면서도(그래서 안전하다고 느끼는) 여전히 탐험할 것이 있는(신기하고 새로운 면이 있는) 곳을 본능적으로 선호한다고 말한다. 강은 이 조건에 딱 들어맞는다.

급류를 제외하면 강은 상대적으로 안전하고 안정적이지만 그 구불구불한 굽이와 다양한 유속, 불확실한 수심 때문에 신비롭기도 하다. 캐플런 부부는 경관의 조화(각 요소가 얼마나 잘 어우러지는가), 복잡성(주의를 계속 사로잡을 만큼 많은 일이 일어나는가), 읽기 쉬움(헤쳐 갈 수 있거나 헤쳐 가는 방법을 떠올릴 수 있는가), 신비(깊이 들어가면 더 많은 것이 나타나는가)의 정도가 높을수록 경관에 대한 선호도가 올라간다고 주장한다.[1] 그렇다면 굽이치는 물줄기, 다채로운 초목과 동물의 생태로 가득한 강이 경관 선호에 대한 캐플런 부부의 초기 연구에서 두드러진 역할을 한 것도 이해가 된다.

캐플런 부부는 1989년 자신들의 저서 《심리학적 관점에서 본 자연 경험The Experience of Nature: A Psychological Perspective》[2]에서 왜 자연의 특정 요소에 심리적 매력이 있는가를 상세히 서술하며 강을 50번

넘게 언급한다. 굽이쳐 흐르다가 시야를 벗어나는 강이 바로 신비로운 경관의 대표적 예시이며, 보는 사람은 사물을 완벽히 인지할 수 없으므로 '상상하고 싶은 대로' 그 빈칸을 채울 기회를 얻는다는 것이다.

올리비아 랭Olivia Laing은 자신의 책《강으로To the River》에서 굽이치는 강이 지닌 본능적 매력에 대해 이렇게 쓴다. "강에는 우리를 잡아끄는 신비로운 매력이 있는데, 이들이 숨겨진 곳에서 솟구쳐 올라와 항상 오늘과 다른 내일을 여행하기 때문이다. 그러나 호수나 바다와는 달리 강은 목적지가 있고, 여행길이 확실하다는 점에는 위안이 되는 무언가가 있다. 신념을 잃어버린 사람들에게 특히 그렇다."³

랭이 강을 보며 느끼는 편안함에 관해 근거를 제공하는 연구가 있다. 경관 선호도는 회복 능력의 잠재성과 관계가 있는데, 이 말은 우리가 심미적으로 즐거운 곳을 더 편안한 장소로 생각한다는 뜻이다. '2장 바다와 해안'에서 살펴봤듯 물이 있는 경관도 긍정적인 생각과 기분이 들도록 해주니, 파란색과 녹색의 조합은 아마도 우리를 가장 행복하게 해주는 풍경인 듯하다.

인지적 관점에서 보면 결국 강은 회복력 있는 경관의 모든 요소를 가지고 있으므로 더 신비롭다. 강을 따라 걷는(혹은 노를 저어 가는) 것은 미지를 받아들이는 연습, 통제를 통해서만 편안함을 느끼는 것을 버리는 연습이다. 우리 앞에 무엇이 놓여 있는지 모른다고 해서 강가에서 쉬고, 회복하고, 백일몽을 꾸지 못한다는 뜻은 아니다.

폭포: 초월로 이끌어주는 강

강은 마음을 비워주고 나면 다시 새롭고 초월적인 경험으로 우리를 채워주는 잠재력이 있다. 그 경험 속에서 우리는 세속적 차원을 초월하여 하느님 혹은 신과 연결되고, 육체를 초월하여 자연과 하나가 되며, 자아를 초월하여 자아실현에 더 가까워지기도 한다.

정신적 초월 경험의 인지적 근원을 찾기 위해 예일대학과 컬럼비아대학에서 꾸린 연구팀은 소수의 건강한 참가자에게 하느님, 우주, 혹은 자연경관 등 신이나 영적 존재와의 교감을 느꼈던 상황을 회상해보라고 요청했다.[4] 연구원들이 기능성 자기공명영상을 통해 참가자들의 뇌 활동을 모니터하는 동안 앞서 회상한 과거 경험이 대본화되어 참가자들에게 음성으로 전달됐다. 그 결과, 이들의 뇌 하두정소엽 활동이 잠잠해지는 것으로 나타났다. 이곳은 공간을 파악하고, 타인의 의도와 몸짓언어를 읽고, 주변 세계 속에서 자신의 위치를 파악하는 능력과 관계된다. 또 냄새, 촉각, 온도 같은 감각 정보를 받아들이는 역할도 한다. 우리가 영적 경험을 할 때 이곳의 활동이 느려진다는 것은 하두정소엽이 자아와 타아의 관계와 연관된 역할을 한다는 것을 뜻한다.

연구자들은 어떻게 이런 초월적 순간이 일어나며, 왜 자연에 있을 때 더 자주 생기는가에 점차 흥미를 느끼고 있다. 강에는 이 정신적 돌파구로 향할 수 있는 두 가지 길이 있다. 경외감을 일으키는 폭포와 급류, 사색할 기회를 주는 잔잔한 개울이 그것이다. 좀 더 격정적인 길부터 자세히 살펴보자.

멜버른대학의 환경심리학 교수이며 박사 학위를 위해 자연의 초월성을 연구했던 캐스린 윌리엄스Kathryn Williams[5]를 만났을 때 그녀는 참가자들이 규모가 크고 새로움의 범위가 넓은 자연에서 경외, 감탄, 놀라움을 느끼는 경우가 많았다고 회상했다. "환경의 규모 문제였습니다. 커다란 것을 경험하는 사람은 자신보다 훨씬 거대한 세계를 인식하면서 스스로는 매우 작아지는 것을 경험했죠." 커다란 나무가 그랬듯 폭포도 참가자들에게 강렬한 경외감을 일으키는 풍경으로 윌리엄스가 언급한 자연경관 중 하나다.

이 격동적인 광경들은 보는 이의 숨을 빼앗지만 그 보답으로 사물에 관한 새로운 관점을 주며, 21세기 심리학자 에이브러햄 매슬로Abraham Maslow가 '절정경험peak experiences'이라고 명명한 상태로 이끈다. 이는 "시간과 공간 감각을 잃고, 자아를 초월하며, 자기 이익을 넘어서는 무욕의 상태를 말한다. 세상은 선하고 아름다우며 살 만한 곳이라는 자각의 상태다".[6] 욕구위계이론으로 잘 알려진 매슬로는 이런 절정경험이 자아실현으로 가는 길이라고 여겼으며, 자아실현을 인간성의 가장 높은 차원으로 생각했다.

또한 거친 강의 모습은 철학자 이마누엘 칸트가 묘사한 숭고한 환경에 속한다. 칸트는 아름다운 경관과는 구분되는 이 숭고한 경관이 보는 이에게 본능적인 위협감을 준다는 이론을 세웠다. 칸트에 따르면 숭고한 경관이란 해를 끼칠 요소(세찬 급류, 날카로운 바위)를 가지고 있거나, 너무나 광활하여 무한한 우주를 떠올리게 하고,

우리를 불안하게 하는 수수께끼(지평선 너머로 계속 흘러가는 물)를 품고 있다.

비교적 안전한 곳에서 숭고한 경관을 감상할 때 인간은 지금 멋지게 보이는 아름다움과 이후 위대하게 남을 위험이라는 성질이 상호작용하는 것을 보며 그 뒤섞인 느낌을 파악하기 위해 고심한다고 칸트는 생각했다. "우리는 자기 존재에 대한 내면적 고찰과 관계된 외부 경관에 감탄합니다." 텍사스A&M대학에서 박사 후 과정에 있는 연구원 니콜 A. 홀Nicole A. Hall은 숭고의 경험에 대해 이렇게 말한다. 이 이론에 따르면 숭고한 광경을 볼 때 우리는 자기 삶을 떠올리며, 강력하면서도 완전히 이해하기는 어려운 과정을 통해 자신의 이중성과 인간성을 슬쩍 엿보게 된다. "우리는 스스로 완벽하게 형상화하기 힘든 경험을 개념화합니다." 온전히 이해할 수 없는 무의식의 메시지처럼 숭고한 자연 경치는 우리의 이해 범위를 넘어선 것이다. 정치철학자 에드먼드 버크Edmund Burke가 숭고함을 "마음이 느낄 수 있는 가장 강렬한 감정"이라고 부를 만도 하다.[7]

잔잔한 강으로 돌아가:
자아 성찰의 길을 열어주는 강

숭고한 급류와 대조적으로, 좀 더 잔잔한 강물은 영적 발견의 또 다른 입구가 된다. 미국 황무지에서 겪는 영적 경험을 연구하기 위해 연구팀[8]은 여성 몇 명을 일주일간 북부 미네소타로 보내 카누 여행을 하게 하고, 여정 내내 일기를 쓰도록 했다. 한 참가자는 이렇게 썼다. "내가 자주 경험했던 일은 어떤 장소에 익숙해질 때마다 나자신, 그리고 내가 세상과 어우러지는 방식에 대해서도 다시 익히게 된다는 것이었다. (…) 내가 '영적인' 순간을 경험하기 위해서는 반드시 그 대상이 자연이어야만, 물, 나무와 함께여야만 했다." 다른 이는 또 이렇게 쓴다. "강물과 나무는 내가 무리에서 떨어져 나와 바위 위에 혼자 앉아 있을 때 더 아름답게 보였다. (…) 마치 집에 돌아온 것 같았고, 내 자리를 찾은 것 같았다."

이는 다른 방식, 즉 개인의 내밀한 성찰을 위한 길을 마련해주는, 좀 더 조용하고 익숙한 순간에 시작되는 초월적 경험에 관한 이야기다. "자연은 어쩌면 깊게 숙고하기 어려운 것을 숙고할 수 있도록 해주는 곳입니다. 영적인 건강으로 연결되는 길이죠." 스코틀랜드의 제임스허튼연구소James Hutton Institute에서 수석 연구원으로 대화 행동과 환경심리를 연구하는 캐서린 어빈Katherine Irvine은 나에게 이렇게 설명한다. 어빈은 생물 다양성이 높은 자연환경이 영적 건강에 도움을 주는(꽤 여러 가지가 있는 듯하다) 방법에 관심을 가진다. 그녀는 평화, 고요, 경외감이 영적 경험으로 이끌 잠재력이 있는 감정이라는 이론을 제시하는데, 이런 감정들이 한 장소에 대한 애착심이나 소속감을 나타내기 때문이라고 말한다.[9]

소속감과 애착심이라는 감정은 유독 강에 있을 때 진하게 느껴지는 듯하다. 내가 최근에 록크리크강을 다시 찾았던 것처럼 강에는 사람을 계속해서 돌아오게 만드는 무언가가 있다. 과거의 강으로 돌아가면 이 강둑에 앉았던 마지막 날 이후로 자신이 얼마나 변했는지 생각해보게 된다. 특별한 장소가 신성한 장소가 되는 순간이 바로 이 회귀 안에 있다.

환경심리학자들을 계속 고민에 빠지게 했던 질문은 자연을 경험하며 얻은 건강상 이점이 얼마나 유지되는가다. 공원을 걷고 나서 느끼는 스트레스 경감 효과에 시간제한이 있을까? 우리는 탁 트인 풍경에 영감을 받은 창의성을 태양과 함께 희미해지기 전에 다 써버려야 할까? 날마다 마주치는 것에 대해서는 확실히 알 수 없다(그러나 연구자들은 자연에서 건강 효과를 얻으려면 적어도 일주일에 120분은 노출돼야 한다고 추정한다[10]). 하지만 자연으로 인해 변모하게 되는 경험까지 고려한다면 어떤 영향은 진정으로 사라지지 않는다. 그것이 삶의 방향을 제시해주며, 그런 점에서 시간을 초월하여 마치 강이 흐르듯 영원히 살아 있다.

중류: 자연과의 관계는 나이와 함께 변화한다

인간의 일생은 강의 물길과 미묘하고도 분명하게 닮았다. 강은 끊임없이 움직이면서 언제나 형태를 바꾼다. 강이 휘어지고 돌아가고, 빨라졌다가 느려지는 것처럼 인간도 시간이 흐르면서 주변 환경과의 관계 속에 끊임없이 변화한다. 우리는 그 과정을 어느 지점에서 시작해 다른 지점에서 끝내며, 그러면서 장애물을 피해 경로를 바꾸기도 한다. 민물이 옮기는 토사나 퇴적물과는 약간 다르지만, 우리도 살면서 생겨나는 잔해들을 주워 담는다. 사람도 그렇지만 강에 있어 영원히 지속되는 것은 변화다. 그리스 철학자 헤라클레이토스가 말했듯 "누구도 같은 강에 두 번 발을 담그지 않는다. 그곳은 이미 같은 강이 아니며 같은 사람도 아니기 때문이다". 후에 이야기하겠지만, 강을 오염이나 댐 건설 등의 위협에서 보호하고, 강과 인간의 이런 유사점을 완전히 인식하여 이를 강 보존의 동력으로 삼기 위해 전 세계의 강에 법인격 지위를 주려는 움직임이 생기고 있는 것은 놀라운 일이 아니다. 강은 인간의 삶과 닮은 특성을 통해 우리에게 자신의 여정을 뒤돌아보고, 어린 시절부터 시작된 강과의 관계가 시간이 지남에 따라 어떻게 변화하는지 깊이 생각해 볼 것을 권한다.

어린 시절에 자연은 규칙 없는 교실로 자신감을 키우기 위해, 운동 기능을 익히고 창의력과 상상력을 마음껏 발휘하며 자신을 표현하는 법을 배우기 위해, 두려움과 정면으로 부딪치는 법을 배우기 위해 가는 장소였다. 게다가 자연은 아이에게도 성인과 마찬가지로 정신적인 재충전을 할 수 있는 장소다.[11] 저널리스트인 리처드 루브Richard Louv는 자신의 대표작 《자연에서 멀어진 아이들Last Child in the Woods》[12]에서 문제 행동과 주의력 부족을 보이는 소아 유행병인 자연결핍장애nature-deficit disorder에 관해 이야기한다. 이 병균은 전염되거나 만성질환에서 발전하는 것이 아니라 자유 시간 대부분을 실내의 모니터 앞에서 보낼 때 자라난다. 연구 자료를 분석하고 미국 전역의 아이들과 인터뷰한 후, 루브는 야외에서 많은 시간을 보낸 아이들이 신체뿐 아니라 정서적·정신적으로도 더 건강한 경우가 많다는 결론을 내렸다. 루브는 절정경험, 초월적 경험이 실제로 어린 시절에 가장 강렬하며, 자연에 그 경험의 기회들이 있다는 매슬로의 가설에 동의한다. 어린 시절 자연에서 겪은 영적 경험에 관한 연구는 한계가 있으나(루브는《자연에서 멀어진 아이들》에서 이렇게 쓰고 있다. "연구의 부재는 어떤 불안감의 표현일지 모른다. 결국 자연에서, 특히 혼자 있을 때 아이들이 겪는 영적 경험은 성인이나 기관의 통제를 벗어난 것이기 때문이다."), 성인 250명을 대상으로 과거를 역추적한 연구에서 이들이 기억하는 절정경험은 대부분 14세 이전 자연에서였다는 것을 알아낼 수 있었다.[13]

매슬로는 이 절정경험이 사춘기에 들어서며 약해지기 시작해 일명 '정체기'에 접어들게 된다는 이론을 제시했다. 우리가 주변 자연에 익숙해질수록 신비로움도 어느 정도는 사라진다(물론 전부는 아니다). 그러나 10대 시절은 또한 많은 이가 인생과 인간관계의 격변을 겪으면서 자연이 얼마나 힘이 되어주는지 인식하기 시작하는 때이기도 하다.

일화로, 내가 인터뷰했던 한 환경심리학자는 고등학교 시절 친구 관계에 대한 고민에서 벗어나고 싶은 마음에, 또 10대가 겪는 스트레스에 관해 제대로 된 시각을 얻고자 집 근처에 있는 숲을 거닐면서 이 분야에 처음으로 흥미를 느꼈다고 말했다. 사춘기에 경험하는 사회적 상호작용과 관계 형성이 우리에게 굉장히 중요하다는 사실을 떠올려보면 이런 사회화에 자연이 미칠 수 있는 영향은 매우 막대하다고 볼 것이다.

우리가 성인이 되면 자연에 관한 연구는 대부분 직장 스트레스나 가족에 대한 책임감 등을 자연이 어떻게 치유해줄 수 있는가와 같은 회복을 주제로 한다. 나이가 들수록 직장, 아이들, 그 밖에 책임져야 할 많은 일로 밖에서 재충전하는 시간은 줄어들기 시작할지 모른다. 물론 성인도 자연에서 변화의 경험을 할 수 있지만 다른 이들의 일정에 얽매이게 되는 것은 어쩔 수 없다.

그다음으로 인간의 자연 경험이 중대한 변화를 맞이하는 시기는 정년이다.[14] 핀란드의 얌크응용과학대학에서 노인들의 야외 활동을 연구하는 책임 연구원 메르야 란타코코Merja Rantakokko는 나이가 들수록 단순히 집 밖으로 나서는 일이 육체적 차원에서 더 중요해진다고 언급한다. "집 밖으로 나서는 일은 독립적인 삶의 초석이며, 우리가 독립적으로 살 수 있을 때 삶의 질이 높아집니다." 란타코코는 이렇게 말한다. 그 여행이 기운을 돋우는 자연의 활기찬 모습을 편안하게 관찰할 수 있는, 안전하고 가까운 곳이라면 더욱 좋다.

노년기에 우리가 자연과 맺는 관계는 많은 면에서 어린 시절의 모습과 거의 비슷하다. 어떤 순간에 이르면 우리는 다시 원점으로 돌아와 자연을 두려워해야 할 장소(이번에는 추락이나 부상의 위험 때문이지 부기맨이 무서워서는 아니다)로 보는 동시에 자아 발견을 위한 입구로 보게 된다. 많은 정신철학에서 나이가 들수록 자아가 죽고 좀 더 집단의식의 관점에서 사고하는 경향이 생긴다고 본다. 삶의 경험과 지혜를 얻으면 우리는 좀 더 넓어진 세계와의 관계 속에서 자기 자리를 보다 분명히 보게 된다. 삶, 죽음, 유산이라는 더 거대한 질문에 관해 성찰하고 그 과정에서 어린 시절의 절정경험을 다시 맞이한다.

"당신도 강에서 그 비밀을 배웠습니까? 시간 같은 것은 없다는 것을요?" 헤르만 헤세는 고전소설 《싯다르타》에서 이렇게 말한다.[15] "강은 동시에 어디에나 존재한다는 것을, 강 원천에, 어귀에, 폭포에, 연락선에, 물결 속에, 바닷속에, 산속에, 모든 곳에 있다는 것을, 그리고 오직 현재만이 존재할 뿐 과거의 그림자도 미래의 그림자도 존재하지 않는다는 것을 배웠습니까?" 강처럼 우리 삶 또한 순환 속에 존재한다. 어느 순간에 이르면 삶의 끝과 시작은 모호하게 감추면서도 동시에 분명하게 드러내는 그 탁한 강물 속에서 뒤섞이기 시작한다.

삼각주:
강물이 부족해지면 우리가 잃어버리게 될 것들

강은 끊임없이 움직이는 경계 지대로, 오래된 존재 방식과 새로운 존재 방식 사이를 계속 왕복한다. 황혼은 찰나이며 폭풍도 언젠가는 지나가듯 강은 이전과 이후, 과거와 미래 사이에 자리하는 입구다. 그런 이유로 강은 개인의 삶뿐 아니라 세대의 흐름을 상징하기도 한다.

세계의 많은 원주민 공동체는 강에서 물질적 자원을 얻었을 뿐 아니라 오랫동안 강의 그 깊이 안에서 이야기와 역사, 신화를 펴내 왔다. 페루의 아마존강에 사는 쿠카마 쿠카미리아Kukama-Kukamiria 원주민은 강을 선조와 닿는 통로라고 여긴다.[16] 이들은 누군가가 죽어 시신을 찾을 수 없을 때 그들이 강 속에 있는 수중 도시에서 영원히 살고 있을 것이라 믿는다. 캐나다 북서쪽에 있는 스티킨강 계곡인 트라바네에서 사는 탈탄족Tahltan은 강을 미래 세대를 위한 보금자리로 여긴다. "이들은 계곡의 가장 큰 지분을 차지하는 소유권자를 아직 태어나지 않은 세대라고 믿는다." 인류학자이자 내셔널 지오그래픽협회National Geographic Society 소속 탐험가인 웨이드 데이비스Wade Davis는 탈탄족 원로들에 대해 이렇게 쓴다.[17] "신성한 강의 수원은 이들의 육아방이 될 것이다." 이런 관점에서 볼 때 강이 상처를 입는다면 그 무엇도 평생 지워지지 않을 것이다.

그러니 자연이 파괴되면 미래 세대는 무엇을 잃을까? 우리에게 이 질문은 그동안 깊이 고민해야 할 주제였다. 어떤 심리학자들은 자연의 파괴는 '경험의 멸종'[18]을 불러올 것이며, 원시 상태의 자연을 충분히 접하지 못한 세대들은 자연에서 긍정적인 경험을 하지 못할 가능성이 크므로 정신 건강에 주는 이점을 과소평가할 것이라고 말한다. "기후변화와 지구의 도시화에 대한 염려가 커지고 있는 이 시대에, 일반적으로 자연과 더 접촉하게 되면 자연 보호나 보존 정책을 더 지지하게 되기 때문에 우리는 아이들에게 이런 이점을 잘 인식시켜야 합니다." 브리티시컬럼비아대학에서 산림보존과학부 박사과정에 있는 잉그리드 자비스Ingrid Jarvis는 나에게 이렇게 말한다.

워싱턴대학에서 환경심리학 교수이자 연구 책임자로 있는 피터 칸 주니어Peter H. Kahn Jr는 이 해로운 "세대 간의 환경적 기억상실"은 오염된 자연을 물려받은 다음 세대가 이를 본래 모습이라고 믿을 때 나타난다고 생각한다. "세대를 거치며 환경오염이 심해지는 한 문제는 계속 발생하지만, 각 세대는 이 오염된 상태를 정상으로 보는 경향이 있다." 칸 주니어와 그의 공동 저자 테리 하티그Terry Hartig는 학술지 〈사이언스Science〉의 한 기사에서 이렇게 쓰고 있다.[19]

원시 상태의 자연을 접할 수 있는 미래 세대라 해도 여전히 몸에 밴 상실감, 즉 솔라스탤지어solastalgia와 싸워야 할지 모른다. 더 이상 가지지 못하는 것에 대한 갈망을 뜻하는 노스탤지어nostalgia와는 다르게 솔라스탤지어는 눈앞에 있긴 하지만 급격하게 변하는 무언가에 대한 갈망이다. 이 신조어는 환경철학자이자 지속 가능성에 대해 연구하는 오스트레일리아 머독대학 교수인 글렌 알브레히트Glenn Albrecht가 2005년에 만들어낸 용어로, 갈수록 더 익숙해지는 감정에 관한 것이다. 즉 좋아하는 자연경관이 바로 눈앞에서 파괴되는 것을 보는 고통 같은 것 말이다. 이는 사랑하는 이가 병드는 것을 지켜봐야 하는 아픔과 유사하다. 이들 앞에 선다는 것은 곧 이들이 한때 어떠했는가를 애도하는 일이 된다. 알브레히트는 이 같은 환경 변화로 인한 고통을 "고향에 있으면서 향수병을 앓는 것"에

비유한다.[20]

　강은 시간과 기억의 수호자다. 강은 영적이면서 물리적인 통로로서 우리에게 과거를 존중하고 미래를 보호해야 한다고 가르친다. 좋은 윗세대가 되어야 한다는 속삭임이 강의 물결 속에 찰랑거린다. 지구의 자원을 잘 보살펴 그것이 다음 세대로, 그다음 세대로 계속 흘러가도록 해야 한다고 속삭인다.

강과 개울에서
우리가 할 수 있는 일

강은 발견의 연결고리이자 통로다. 아래에 소개하는 활동들은 강이 멀리 있든, 가까이 있든 당신이 강물의 흐름을 따라갈 수 있게 도와줄 것이다. 어쩌면 이를 통해 몇 번의 돌파구를 맞이할 수도 있을지 모른다.

5~10분이 생긴다면

물가에서 명상하기

흐르는 물은 유한한 것의 아름다움을 보여준다. 강을 보고 있으면 움직이는 것이 곧 살아 있는 것임을 깨닫는다. 강은 또 머리를 식힐 수 있는 휴식처이자, 모든 번뇌는 찰나이며 그것도 삶의 이치임을 깨달을 수 있는 곳이다.

강에서 방해받지 않고 쉴 기회가 온다면 강가에 앉아 수면을 바라보라. 마음 가는 대로 내버려두면서 이 생각에서 저 생각으로 변하는 과정을 인식해보라. 명상 지도자이자 자연 가이드인 마크 콜먼Mark Coleman이 생각해낸 방법을 이용해보자. 물을 바라보며 매 순간 생각나는 감각마다 라벨을 붙여라. 깔고 앉은 잔디가 간지럽다고 생각했다면 '촉감'이라고 붙이는 것이다. 물 흐르는 소리에 집중하게 된다면 '소리'라고 붙인다. "이 명상의 목적은 당신이 경험하는 감각이 얼마나 급격하게 변하는가를 인식하는 것이다." 콜먼은 자신의 저서 《야생에서 깨어나다─자기 발견의 통로, 자연 명상 Awake in the Wild: Mindfulness in Nature as a Path of Self-Discovery》[21]에 이렇게 썼다. 이 일시성은 삶의 모든 면에 적용된다. 선과 악은 언제나 유동적이므로, 결국은 우리가 이 급류에 얼마나 침착하게 대처하느냐가 중요한 문제가 된다.

1시간이 생긴다면

강의 가르침 배우기

책상과 펜, 컴퓨터는 없지만 강은 심오한 배움의 현장이다. 글을 쓰거나 창작 활동을 하는 문인과 크리에이티브 예술인을 대상으로 세계 강 전역에서 워크숍을 진행하는 프리플로협회Freeflow Institute의 설립자 찬드라 브라운Chandra Brown은 강이 낳은 학문적 발견을 수없이 목격했다. 교실에서도 강의한 경험이 있는 브라운은 실내와 비교했을 때 강이라는 환경은 우리를 원초적 모습으로 벌거벗겨 새롭고 독창적인 생각에 좀 더 열린 마음으로 접근할 수 있도록 해준다고 말한다.

"강은 좀 더 수용적이고 상호적이며 연대적입니다." 브라운은 자연으로 사람들을 데려가는 일에 관해 이렇게 말한다. "강에서는 자연스럽게 속도를 늦추어 자연과 강에 보조를 맞추게 되며, 배움의 우선순위를 다시 정하게 됩니다."

배우려는 열의를 가지고 하루 정도 강으로 나간다면 우리는 자연의 제자가 될 것이고 같이 가져가는 책의 제자, 동행하는 이의 제자, 혹은 여행하는 땅의 제자가 될 수 있을 것이다.

> 단순히 강에 있는 것만으로도 통찰력을 얻을 때가 있다. 그때마다 나는 감사함을 느낀다.
> ― 찬드라 브라운, 작가·교육자·강 가이드

더 많은 시간이 생긴다면

추억의 강으로 돌아가기

자연에서 영적 순간은 다양한 형태로 온다. 그것은 야단스럽고 숨 막히는 사건일 수도, 혹은 조용하고 사색적인 순간일 수도 있다.

극도로 이질적인 광경에, 혹은 놀라울 정도로 친숙한 광경에 자극받아 생길 수도 있다. 그것은 즉각적으로 깨닫게 할 수도 있고, 물결 속에 암호처럼 흘려 넣어 시간이 한참 지난 후에 와닿을 수도 있다. 자연에는 초월성을 경험할 수 있는 셀 수 없는 방식이 있고, 많은 경우에 강이 이 초월의 수문을 연다.

과거의 자연을 찾을 때마다 우리는 친숙함에서 태어난, 좀 더 상냥해진 경외심을 느끼곤 한다. 지금 가려고 계획 중인 어린 시절의 강, 혹은 돌이켜보니 당신의 삶을 변화시켰던 그런 강이 있는가? 그 강에 다시 돌아갈 기회가 생긴다면 한번 가보라. 강가에 앉아 강물이 흘러가는 것을 바라보며 그동안 당신이 얼마나 변했는지 속삭이는 강의 음성을 들어보라.

강과 개울이 가까이 없다면

상념의 흐름을 댐으로 막지 말기

개울의 끊임없는 흐름은 우리의 표류하는 마음을 보여준다. 상념은 물처럼 흐르고, 그 물 위를 헤매는 것은 마치 불신에 가득 찬 채 힘겹게 노를 저어 상류로 거슬러 올라가는 느낌이다. 강물을 통제하려고 할 때 어떤 일이 일어나는지는 뻔하다. 더 빠르고 강하게 하류로 휩쓸려 내려간다.

강에 가지 않고도 이 상념과 친해지는 한 가지 방법은 의식의 흐름(이름이 참 잘 어울리지 않는가?)이라는 기법을 이용하여 글로 적어 내려가는 것이다. 예술가이자 작가, 자유 흐름 작법의 권위자인 줄리아 캐머런Julia Cameron은 아침마다 머리에 떠오르는 것을 3장 정도로 써보는 일부터 시작하기를 추천한다. 결과물의 논리가 정연할 필요는 없다. 중요한 점은 내 생각에 목소리를 주고 그 생각을 종이 위에 표현하는 것, 그리고 내면의 진정한 풍경을 이해하고, 그동안 어느 지점에서 자기 검열을 해왔는지 깨달아 앞으로 나아가는 것이다.

자신의 책《아티스트 웨이》[22]에서 캐머런은 이 기술이 "우리의 기분, 관점, 이해가 일시적이라는 것을 깨닫게 해준다. 이를 통해 우리는 삶 속에서 일어나는 움직임에 대한 감각, 변화의 흐름을 깨우친다. 이 흐름, 혹은 강물은 올바른 삶, 이상적 동반자, 정당한 운명으로 우리를 이끄는 우아한 흐름이다"라고 말한다.

우리 안의 강물, 이 흐름에 따름으로써, 캐머런은 우리가 자신감과 목적을 가지고, 우리가 지향하는 최종 목적지를 바로 인식한 채 삶을 헤쳐 나갈 수 있다고 말한다.《아티스트 웨이》에서 제시한 것처럼 실제로 12주 동안 자유로운 글쓰기를 해본 나도 그 지향적 가치를 분명히 증언할 수 있다.

벗어나는 유일한 방법은 정면 돌파라는 걸 기억하기

카누이스트이자 카누 워크숍 '여자처럼 노 젓기Paddle Like a Girl'의 설립자인 토리 베어드Tori Baird는 자신이 'B 타입 놀이'라고 부르는, 당시에는 끔찍하지만 돌이켜보면 멋진 기억으로 남는 활동들에 정통하다. 베어드는 캐나다의 외진 계곡에서 탔던 급류 래프팅을 향수와 공포가 뒤섞인 감정으로 회상한다. 그것은 예측할 수 없는 환경에 대한 불안, 고된 육체 활동으로 인한 힘겨움, 그리고 꿈에도 하지 못하리라 생각했던 일을 해냈을 때의 성취감 같은 감정이다.

강은 의지를 시험하기 위한 무대 외에도 자연의 더 깊고 외진 곳을 향하는 입구가 되어준다. 강은 걸어서는 갈 수 없는 땅에 이르는 수단이며, 베어드는 그 덕분에 많은 이가 보지 못한 곳을 볼 수 있었다. 여행을 마치며 느껴지는 자부심 때문에 그동안 힘들었던 일에서 가치를 발견하고 계속해서 배로 돌아가며, 다른 여성들에게도 이와 같은 도전을 해보라 격려하게 된다. "이 자부심이 일상에서 겪는 어려움도 잘 이겨낼 수 있으리라는 자신감을 줍니다." 베어드는 강을 여행하는 것에 관해 이렇게 말한다. "우리는 이런 생각을 하게 될 겁니다. 내가 이런 일을 할 수 있는지 몰랐네. 또 무엇을 해낼 수 있을까?"

자부심과 성취감을 얻기 위해 꼭 강으로 갈 필요는 없다. 대신 삶이 크게 출렁일 때마다 강을 시각화 도구로 이용할 수 있다. 두 눈을 감고 물을 따라 흘러가는 자신을 상상하라. 그리고 여행의 끝에서는 강물이 잔잔해지고 안도의 감정이 밀려올 것을 기억하라.

강과 개울에서 더 생각해볼 것

강처럼 생각의 흐름을 자유롭게 이어가며 아래 질문에 답해보라. 과거를 성찰하고 현재에 평온함을 느끼며 미래를 꿈꾸는 데 도움이 될 것이다.

- 자연에서 겪은 일 중 당신을 가장 크게 변화시킨 경험은 무엇인가? 그 순간 어떤 기분이었는지, 어떤 점이 그렇게 특별했는지, 그 경험 덕분에 얻은 통찰은 무엇인지 적어보자.
- 강은 마땅히 가야 하는 목적지로 물을 바다로 실어 나른다. 당신이 목표로 삼은 종착지를 떠올려보라. 어떻게 하면 강처럼 좀 더 자신감을 가지고 편안한 마음으로, 결국 해낼 것이라고 믿으면서 목표를 향해 갈 수 있을까?
- 당신에게 좋은 어른이란 무엇을 뜻하는가? 다음 세대에게 어떤 세계를 남겨주고 싶은가?
- 자연에서 가장 좋아하는 곳은 어디인가(경관의 종류를 생각해도 되고, 의미 있는 특정 장소를 생각해도 된다)? 항상 그곳이 가장 좋아하는 장소였는가? 살아가면서 좋아했던 장소들을 떠올리며 지도를 그려보고, 각각의 장소에서 어떤 영향과 영감을 받았는지, 자신과 주변 세계에 관해 어떤 점을 깨닫도록 해주었는지 생각해보자.

강과 개울이
지속 가능하도록

강은 우리 정신뿐 아니라 육체에도 자양분을 공급한다. 강은 마시고 농사지을 민물과 땅을 비옥하게 유지하는 영양분, 우리 배를 채워줄 물고기를 옮기는 통로다. 강줄기 덕분에 인류는 그 옆에서 함께 달릴 수 있었지만, 이제는 그 흐름이 점점 예측하기 어려워진다. 강은 갑작스러운 범람이 잦아지고, 빈번하게 가뭄을 겪으며, 물고기보다 쓰레기로 가득 차 있는 경우가 많은데 대부분 우리가 제멋대로 손을 댄 탓이다.

현재 세계 강 유역의 반 이상이 인간의 활동에 크게 영향받는 것으로 나타난다.[23] 오염, 기후변화, 강줄기의 파편화 때문에 전 세계의 바다와 민물을 오가는 회유성 민물고기 수는 1970년 이래 무려 76퍼센트나 급락했는데, 이는 바닷물고기의 감소보다 더 빠른 속도다.[24] 민물고기 연구원인 귀환수Guohuan Su는 〈내셔널 지오그래픽〉과의 인터뷰에서 이렇게 말한다. "우리는 강의 품에서 살고 있다고 말하지만, 실상은 그 팔을 잘라내고 있습니다."[25]

여기에 오늘날 인간이 강을 파괴하는 가장 극단적인 사례 몇 가지와 이를 바로잡기 위해서는 어떻게 해야 하는지 소개한다.

강물의 남용

콜로라도강은 인간의 갈증이 강의 흐름을 어떻게 교란하는지 보여주는 아주 좋은 예다. 한때 로키산맥에서 캘리포니아만에 이르는 2,330킬로미터의 거리까지 세차게 물을 쏟아냈던 장엄한 콜로라도강은 몇 년간 수백만 사람에게 식수를 제공하고, 가뭄이 지기 쉬운 주변 농장들에 물을 공급하고, 나라의 가장 큰 댐들에 동력을 공급하고, 관광산업까지 떠받치면서 점점 더 파편화되고 있다. 미국연방개척국US Bureau of Reclamation은 콜로라도강의 유용 비율이 이 수준으로 지속된다면 2060년에는 강물에 대한 수요가 공급을 적어도 320만 에이커 피트(땅 1만 3,000제곱킬로미터를 깊이 30센티미터의 물로 채울 수 있는 양이다)는 능가하게 될 것이라고 예상한다.[26] 이는 현재 강 상류 유역의 주(콜로라도주, 뉴멕시코주, 유타주, 와이오밍주)에 매년 할당되고 있는 양의 절반 수준에 달한다.[27]

이미 위험한 수준으로 마르고 있는 저수지들도 있는데 예측하기 힘든 날씨까지 복합적으로 작용한 탓이다. 정상적인 상황이라면 로키산맥의 눈이 녹아내리면서 강에 물을 공급한다. 그러나 겨울이 따뜻해져 로키산맥에 눈보다 비가 더 많이 오면 빗물이 한꺼번에 쏟아져 범람한 후 사라져버린다. 또 온도가 높아지면 물은 더 많이 증발한다. 그렇게 해서 공기 중에 수증기가 많아지면 땅에 쓸 수 있는 물의 양이 적어진다. 우리는 사실상 강이라는 은행 계좌의 돈을 그날 벌어 그날 써야 하는 시점이 올 때까지 과다 인출을 하고 있는 격이며, 기후변화가 생기고 있다는 것은 수입 일부가 이제는 영원히 입금되지 않을 것이라는 뜻이다.

사고방식의 전환: 자연의 권리를 인정한다

환경문제는 단순하고 명료한 해결책을 찾기 어렵다. 강이 연관된 문제는 특히 더 모호하다. 강은 생계의 원천이며 정체성이기도 하므로 사람들에게 "강을 이용하는 방식이 잘못됐다"라고 말하는 것은 무례한 행동이며 생존 방식에 대한 공격이기도 하다. 또 비현실적이다. 인간은 강을 이용한 삶의 방식을 한순간에 그만둘 수 없다. 우리는 생존을 위해 민물과 그 물로 키우는 식량이 필요하므로, 앞으로 나아갈 수 있는 유일한 방법은 우리의 필요와 강의 필요 사이에 균형을 맞추는 것뿐이다.

요즘 힘을 키우고 있는 한 국제 캠페인은 이 균형의 실현을 위해 강에 발언권(글자 그대로)을 주어야 한다고 주장한다. '자연의 권리 찾기The Rights of Nature' 운동은 자연 생태계도 인간과 같은 기본권을 갖고 있으며 이 권리를 행사할 수 있는 법적 자격이 있어야 한다고 선언한다.[28] 소수의 국가가 법적으로 강의 법인격 지위를 인정하여 이 주장을 지지하고 있다. 강이 법원에 좋은 인상을 주기 위해 옷을 갖춰 입고 나와 자유롭게 흐를 권리를 강력히 주장하는 일이 처음에는 다소 터무니없게 들릴지 모른다. 그러나 생계가 강의 상태와 직결된 지역사회들을 생각해보면 강에 법적 발언권을 준다는 것이 그렇게 이상한 소리로 들리지는 않을 것이다.

법인격을 부여받은 최초의 강은 뉴질랜드 북쪽 섬의 황거누이강 Whanganui River으로 '테 아와 투푸아Te Awa Tupua'라고 불리기도 한다. 이 강가에 터를 잡고 사는 마오리족Māori의 속담 중에 "코 아우 테 아와Ko au te awa, 코 테 아와 코 아우Ko te awa ko au"라는 말이 있는데 번역하면 "나는 강이고, 강은 나다"라는 뜻이다. 황거누이의 문화적·영적 가치를 인정받기 위해 의회와 수십 년을 다툰 끝에, 2017년 마오리족은 강의 법정대리인이 되는 데 성공했다. 강의 미래와 직결되는 모든 결정은 이제 '테 아와 투푸아를 대신하여 행위하고 발언할 수 있는' 강의 대리인 2명(정부가 지정한 1명과 마오리족 1명)에 의해 내려져야 한다.[29] 이 획기적 판결 이후로 콜롬비아, 방글라데시, 인도도 자신들의 법 테두리 안에서 특정 강의 권리를 인정하고 있다.

그중 어떤 판결들에 대해서는 보여주기에 불과하여 실제로 시행되지는 않을 것이라는 염려도 있다. 강이 인간의 지역사회를 지탱할 때만 강의 권리를 인정하겠다는 콜롬비아의 법 체제에 관해서 2020년 법학자와 환경운동가들은 논설에 "자연의 권리는 인간의 착취에 직접적 비용이 들어가느냐, 아니냐에 달린 것인지도 모른다"라고 썼다.[30] 그러나 어떤 강의 권리선언은 날카로운 이를 드러내고 있다. 예를 들어 나라 안의 모든 강이 법적 권리를 가지게 된 방글라데시에서는 강둑을 침범한 4,000개가 넘는 불법 건축물이 철거됐고, 강 주변의 무허가 공장 231군데가 이 새로운 법적 보호가 시행된 지 1년 만에 문을 닫았다.[31] 그러나 이런 초기 성과에도 불구하고 강의 자유롭게 흐르는 성질은 우리에게 까다로운 숙제를 던진다. 방글라데시의 커다란 강 중에는 국경 밖에서 발원하는 곳도 있어서 이 경우 강의 일부만이 법적으로 '살아 있게' 된다. 이들의 운명은 결국 인접한 국가가 강의 법적 권리를 채택하고 시행하느냐에 달려 있다.

이를 염두에 두고 지구법센터Earth Law Center는 현재 강의 법적 보호를 장려하기 위해 세계 각지 정부들에 '세계 강 권리선언'을 널리 알리고 있다.[32] 이 선언은 비영리 환경 단체, 법률가, 시민들의 많은 지지를 받고 있다. "이런 움직임은 강이 지닌 강력한 사회적 가치와 그보다 더 강력한 문화적 가치에서 생겨났습니다. 최근 몇 년간 세계에서 일어난 가장 흥미로운 움직임 중 하나죠." 국제보호협회Conservation International의 담수 전문가 이언 해리슨Ian Harrison은 이렇게 말한다.

이 운동은 강을 인간의 사회체제에 편입함으로써 우리가 강과 떨어질 수 없는 관계라는 사실을 인정한다. 강의 삶이 곧 우리 삶이다. 강의 죽음이 곧 우리 죽음이다. 이 선언의 채택 여부와 상관없이 우리는 이 인식의 변화를 삶 속에 완전히 녹여내도록 노력해야 한다. 자연이 당신과 나와 같은 사람이라면 우리는 얼마나 달라진 태도로 자연을 대할까?

강물의 오염

자원의 남용과 더불어 오염 역시 강의 주된 위협이다. 층층이 쌓인 병이 강을 완전히 채우고 있는 인도네시아의 시타룸강 일부 지역부터, 의류 공장에서 흘러나온 화학 염료에 완전히 오염되어 강물만 보아도 현재 의류계에 유행하는 색깔이 무엇인지 알 수 있는 중국 양쯔강까지, 세계 곳곳의 강줄기에 인간의 쓰레기가 그대로 버려진다. 영국 동부에서 시행한 연구는 최근 강에 플라스틱이 완전히 뿌리내려 바위 같은 자연 지형보다 플라스틱에 서식하는 수생 곤충류 비율이 더 높아졌다는 충격적 사실을 발견했다. "이는 도시의 많은 강이 얼마나 서식하기 열악한 환경인가를 보여줍니다. 생물 다양성에 자연환경보다 쓰레기가 더 큰 힘이 되고 있으니까요." 이 실험의 수석 연구원은 미국 환경 전문지인 〈환경과 에너지 Environment and Energy Publishing〉와의 인터뷰에서 이렇게 말한다.[33]

미국에서는 오염된 토지가 비나 눈에 쓸려 강으로 흘러가면서 수질에 또 다른 위협이 되고 있다. 미국 환경보호국에서 염려하는 물질은 질소와 인이다. 2013~2014년 환경보호국에서 실시한 수질

조사에 따르면[34] 농장과 잔디의 화학비료와 동물의 거름, 혹은 무단으로 방류된 폐수로 인해 전체 강과 개울의 58퍼센트에는 인 함량이, 48퍼센트에는 질소 함량이 과도한 것으로 나타났다. 이 물질들은 강 생태계에 필수적인 구성 요소이지만 그 수치가 높아지면서 해를 끼치고 있다. 이렇게 되면 조류藻類와 세균이 번성하여 강을 뒤덮으면서 햇빛을 차단하고, 강류를 교란하며, 부패하면서 산소를 고갈시킨다. 이런 '녹조현상'은 강을 생명이 살 수 없는 일명 데드존dead zone으로 변질시킨다. 최악의 경우에 강이 유독해져서 수영하거나 그곳의 생선을 먹으면 목숨을 잃을 수도 있다.

미국에서 가장 넓은 데드존은 미시시피강이 흘러 들어가는 멕시코만의 1만 3,000제곱킬로미터가 넘는 지대다. 이곳을 회복시키기 힘든 이유는 이 문제가 미시시피 강가에 사는 사람들 대부분에게는 보이지도, 느껴지지도 않기 때문이다. 강은 미네소타에 있는 빙하호에서 시작해 여러 지역을 누비며 그곳에서 흘러드는 질소와 인을 끌어모아 하류까지 옮긴다. 강 상류에 사는 사람들은 자신들의 행위가 멕시코만에 미치는 영향까지 알 필요를 느끼지 못한다. 무슨 일이 벌어지는지조차 모르고 있다. 그들은 물속에 머리를 집어넣은 채로 2만 4,000킬로미터를 떠내려오며 물고기가 한 마리도 보이지 않는다는 것을 깨달아야 자기 행동이 미치는 영향력을 실감할 수 있을 것이다.

강 생태계가 이토록 취약한 이유는 부분적으로 육지보다 훨씬 많은 종이 서식하면서도 훨씬 제약이 많은 구조이기 때문이다. 그래서 사소한 변화에도 커다란 영향을 받는다. (…) 강에 주는 영향이 아무리 미약하다고 해도 결과적으로는 수많은 종에 영향을 끼치게 되는 것이다.

— 이언 해리슨, 국제보호협회 담수 전문가

사고방식의 전환: 모든 환경문제를 기회로 바라본다

강의 연계성은 오염에 무척 취약하다. 강 일부가 오염됐다면 그 하류도 오염됐다는 뜻이다. "이 연계성 때문에 강의 위협 요소들이 정말 심각한 문제라고 말하는 것입니다. 마치 하류로 피를 흘리는 것과 같습니다." 국제보호협회의 이언 해리슨은 이렇게 말한다. 그러나 이 연계성이 심각한 문제를 일으킨다고 해도 이는 동시에 기회가 될 수 있다. 강을 오염시키는 행동만이 하류에 영향을 주는 것은 아니다. 깨끗하게 만드는 행위도 영향을 줄 것이다. 템스강이나 시카고강의 회생은 대중이 함께한다면 유독하고 황량한 강물도 비교적 빨리 경치 좋은 명소로 바뀔 수 있다는 사실을 증명한다. "숲은 복원한다 해도 최상의 모습이 되기까지 많은 시간이 걸리죠." 플로리다국제대학에 있는 트로피컬 리버스 랩Tropical Rivers Lab 소속의 도시생태학자이자 박사 후 연구원인 내털리아 필랜드Natalia Piland는 이렇게 말한다. "하지만 강은 우리가 노력만 한다면 꽤 빠르게 깨끗해질 수 있고, 우리와도 건강한 관계를 맺을 수 있습니다. 나는 강이

다른 생태계와는 다른 방식으로 자연 보전을 위한 시민 과학에 연구 공간을 마련해준다고 생각합니다."

시민들은 쓰레기 줍기 모임을 조직하거나 참여하고, 시민 과학에 참여할 기회를 찾으며, 강을 의제로 하는 지방정부 회의에 참석함으로써, 혹은 그저 강가를 자주 산책하고 그러면서 보이는 변화에 목소리를 냄으로써 강을 보전하는 데 좀 더 적극적으로 힘쓸 수 있다.

생태계의 분열

댐보다 강의 흐름을 더 급격하게 바꿔버리는 것은 없다. 20세기에 대규모 댐이 우후죽순 건설되기 시작했는데, 이는 우리가 전기를 쓰기 위해 강의 힘을 동력원으로 이용하고, 범람을 통제하며, 도시와 농장 개발을 위해 물의 흐름을 바꾸려고 안간힘을 쓰면서부터였다. 큰 댐의 수는 1950년부터 2017까지 적어도 10배는 증가했다.[35] 이제는 80만 개가 넘는 댐이 전 세계에 걸쳐 있으면서 세계에서 가장 긴 강들의 3분의 2를 조종하고 있다.[36]

이런 댐들이 인간의 가치를 지워버리고 있다. 댐은 재생할 수 있는 수력을 제공하고 도시를 유지하는 물이 마르지 않도록 보관한다. 그러나 우리가 자연 생태계 중앙에 철벽과 콘크리트를 박는 순간, 주변의 야생 동식물에게 큰 영향을 주게 된다.

댐이 강의 자연적 흐름, 수위, 온도를 교란할 때마다 강은 그 특정 환경에 적응해 먹이를 먹고 번식하고 포식자를 피했던 토종 곤충과 물고기에게 더 이상 맞지 않는 환경이 되어버린다. 댐은 또 외래종, 어느 때는 침입종까지 수로를 통해 유입한다. 만약 댐 안에 수생생물이 다닐 수 있는 통로가 없다면 회유어는 산란하기 위해 상류로 올라가지 못한다(이들이 상류로 올라가지 못하면 생태계의 균형은 당연히 더 심하게 흔들린다).

댐은 인간에게도 해로운 환경을 만들 수 있다. 자유롭게 흐르는 강은 침전물을 옮겨서 주변 땅을 비옥하고 살기 좋게 만들며, 연안의 범람을 방지하기도 한다. 댐은 이런 침전물을 가두어 하류 지역을 살기 척박하고 자연 재난에 취약한 곳으로 만든다. 또한 댐은 어떤 지역에서는 유속을 빠르게, 어떤 지역에서는 느리게 만드는데 유속이 느려지면 데드존을 형성할 수도 있는 질소와 인을 축적하기 쉬워진다. 강의 모든 환경문제가 그렇듯 이 문제도 인간의 진보적 성질과 자연의 온전하게 유지하려는 성질 사이에 벌어지는 힘겨운 싸움이다.

사고방식의 전환: 하류식 접근법으로 의사 결정하기

비교적 짧은 시간에 지나치게 많은 댐을 건설한 일은 여러 면에서 과도하고 근시안적이었으며, 이제 우리는 그 뒷감당을 하고 있다. "미국연방개척국은 댐을 건설하며 어종의 이동이나 퇴적학에 관해 깊이 생각해보지 않았다." 헤더 한스먼Heather Hansman은 콜로라도강의 지류인 그린강 하류를 여행한 후 강이 처한 위험에 관해 쓴《하류로: 서부 지역에 흐르는 물의 미래로Downriver: Into the Future of Water in the West》[37]에서 이렇게 말한다. "우리는 에너지가 필요하지만, 또 다른 이유도 있다. 미래에도 계속 물이 있을 것이 확실한 지속 가능한 강 역시 필요하다."

잘못 건설되어 망가지고 환경을 위협하는 댐을 제거하는 일이 우리가 미래로 나아갈 수 있는 하나의 방법이다. 신중하게 댐을 해체하는 일은 생태계 하류에 더 심각한 해를 끼치지 않도록 하는 데도 중요하지만, 성공한 사례를 들어보면 댐이 없어지고 얼마 안 되어 물고기가 강 상류에 나타나기 시작했다고 한다.[38] 그대로 두어야 하는 댐에는 통로를 만들어 더 많은 물고기가 통과해 다닐 수 있도록(하류와 상류 양방향이어야 한다), 그리고 물이 자연적으로 순환하는 것처럼 흐르게 할 수도 있다. 그러나 결국 강의 지혜를 보존하는 유일한 방법은 애초에 그 흐름을 방해하지 않는 것이다.

모든 사물은 서로 연결되어 있어 자연에 아무리 작은 변화가 가해져도 언제나 반동이 있기 마련이다. 우리 강을 구하고, 그럼으로써 자신을 구하기 위해서는 모든 행위의 영향이 우리 바로 앞 그 이상의 곳까지, 강줄기가 휘어져 시야에서 사라지는 저 너머에까지 미친다는 것을 떠올리자.

8장

도시와 시가지

일상에서 만나는 작은 치유

"창문으로 쏟아져 들어오는 하루의 마지막 빛,
가로수 그늘, 강가의 새들, 이것이 나의 자연이다."

뉴욕을 사랑하게 되는 이유는 많다. 음식, 문화, 공연, 거리가 새로운 생명으로 옷을 갈아입는 봄의 첫날. 모래알과 반짝이는 빛, 아침 출근길 공기 중에 떠도는 야망의 열기. 평화를 깨트릴까 걱정하지 않고(어차피 평화란 없지만) 거리에서 마음껏 웃고 울고 노래할 수 있는 자유. 가능성, 사람들, 끝없는 놀라움. 언제 보아도 질리지 않는 황혼 녘 도시의 모습.

물론 여기에 치러야 하는 대가는 있다. 소음, 교통 체증, 쥐, 봄에서 여름으로 넘어갈 무렵 뜨거워진 햇볕에 부패하는 쓰레기 냄새. 번아웃과 우울. 출근길에 지하철이 연착되어 사무실까지 뛰어가야만 하는 상황. 사람들에 둘러싸여도 우리는 여전히, 온전히 혼자라는 깨달음. 가능성이 치러야 하는 값비싼 대가, 붐비는 거리, 신선한 공기를 향한 끝없는 갈망. 이 모든 것을 뒤로 주말에 보이는 잔디와 하늘의 풍경.

이는 모두 도시를 도시답게 만드는 것들이다. 도시를 사랑하게 되는 이유도, 싫어하게 되는 이유도 있지만 우리는 결국 살아 있음을 느끼고 싶을 때 여전히 도시로 향한다.

도시와 시가지의 치유법

현재 지구 인구의 반 이상이 도시에 산다. 2050년이 되면 약 98억 지구 인구의 70퍼센트에 육박하는 사람들이 도시를 집으로 삼을 것이다.[1]

도시는 인간이 만든 경관이다. 이 책에서 탐구하는 여덟 가지 경관 중에서 유일하게 우리 자신을 위해 설계한 곳이다. 그런 점에서 우리는 도시를 인간 종이 가질 수 있는 모든 최악의 특징들(탐욕, 교만, 망상), 혹은 최상의 특징들(지성, 창조성, 공동체)이 드러나도록 만들어갈 수 있다. 자연 세계를 얼마나 인간의 환경 속으로 들여올 것인가, 그리고 그것과 어떻게 어우러질 것인가 선택하는 것도 우리에게 달렸다.

마지막 장에서는 우리 도시 안에 이미 존재하는 자연을 살펴보고, 더 많은 자연을 데려와야 할 필요성에 관해 이야기한다. 인적 없는 황야에서만 경험할 수 있을 것으로 생각했던 광활한 자연을 어떻게 잿빛의 좁은 보도블록 위에서 경험할 수 있을까를 탐구한다. 관점을 바꾸고 기꺼이 탐험하려는 마음만 있다면 우리는 자연이 저 멀리에만 있지 않아도 된다는 것을 깨달을 것이다. 자연은 생각보다 흔하게 바로 앞에서 우리를 기다리고 있다.

도시의 삶에 내재하는 스트레스 요인들

많은 사람에게 둘러싸여 사는 데는 얼마간 장점이 있다. 도시 거주자는 더 질 높은 의료 서비스를 받을 수 있고 취업 기회도 더 많으며 음식, 예술, 문화, 오락 등에 폭넓은 선택권이 있다. 그러나 이와 동시에 공기 오염, 소음 공해, 인공조명으로 인한 광공해, 높은 기온 등 많은 단점도 따른다.

세계에서 이뤄진 도시 관련 연구는 정신 건강 면에서는 단점이 장점을 빠르게 넘어설 것이라고 말한다. 캐나다의 한 연구는 도시 거주자들이 평균적으로 시골 거주자들보다 주요 우울 증세가 나타나는 기간이 더 많다는 사실을 발견했는데, 수입이나 인종 같은 변수를 제거했음에도 같은 결과가 나타났다.[2] 약 7만 5,000명의 네덜란드 거주민을 대상으로 시행한 연구도 우울증 위험의 증가를 도시 생활과 연관 지었다.[3]

미국의 한 연구는 인구통계학적으로 도시와 유사한 교외의 거주자들이 도시 거주자들보다 삶에 조금 더 만족하고 행복을 느낀다는

사실을 발견했다.[4]

2009년에 출판된 한 과학문헌비평은 불안증과 우울증의 유행이 평균적으로 전 세계의 도시환경에서 더 많이 나타난다는 견해를 뒷받침한다.[5]

오염은 이런 결과를 유발하는 요인 중 하나일 가능성이 크다. 이산화질소와 아황산가스 같은 공기 오염 수치는 도시에서 더 높은 경향이 있고, 이는 불안증[6]과 정신병 증세[7]의 비율 증가와 연관이 깊다. 소음 공해는 또 다른 자극제로 자동차, 공사, 거리의 각종 소음은 고혈압, 수면 장애, 심박수 증가의 원인이 될 수 있다.[8]

부산스러운 도시 생활은 심지어 뇌가 스트레스에 반응하는 방식을 바꿔버리기도 한다. 2011년에 실시한 소규모 연구에서 도시와 시골 거주자 32명을 스트레스 상황에 노출했을 때 도시 거주자의 뇌에서 편도체 활동이 눈에 띄게 증가했는데, 편도체는 감정과 기분을 조절하는 역할을 한다.[9]

편도체는 두려움과 불안에 관여하기 때문에 이 결과는 도시 거주자가 비도시 거주자보다 스트레스를 좀 더 강하게 느끼는 경우가 많다는 사실을 알려준다.

도시에 살면 반드시 건강이 안 좋아진다고 말하려는 것은 아니다. 다만 특정 스트레스 요인은 분명 인간이 만들어낸 경관으로 인해 형성된다.

도시와 자연을 구분하지 말아야 하는 이유

도시에는 건강을 해치는 요인이 많지만, 우리는 이제 어떻게 자연이 그 타격을 줄일 수 있는지 안다. 피로한 뇌를 쉬게 하고 회복을 돕는 것 외에도, 자연 생태계는 공기 오염을 줄이고 소음을 막으며 더운 날을 식힐 기회도 제공한다. 자연을 찾는 일은 사회적 고립과 외로움, 종일 앉아서 하는 업무, 혹독한 스트레스같이 현대 도시의 삶이 주는 거의 모든 문제에 위안이 될 수 있다.

그러나 너무 오랫동안, '자연을 찾는 것'은 인공적 환경에서 완전히 벗어난 시간을 보내기 위한, 즉 도시를 '떠나기' 위한 편법이 되어왔다. "어쩌면 이는 미국이 비교적 젊은 국가라는 사실에서 비롯하는지도 모르고 개척지, 황야와 우리의 관계, 그리고 그 숙명을 드러내는 것인지도 모릅니다." 워싱턴대학의 환경대학에서 사회과학 연구원으로 일하는 캐슬린 울프Kathleen Wolf는 왜 유독 미국인은 '진정한' 자연은 도시 너머에 있어야 한다는 생각에 사로잡혀 있는지를 이렇게 추측한다.

이 관점에 관해 내가 이야기를 나누어본 울프와 많은 연구원은 진정한 자연이 인간의 영향을 전혀 받지 않는 곳이라는 고정관념은 문제가 될 것으로 생각한다. 우선 현재 자연 지형은 대부분 어느 정도는 인간의 영향을 받고 있다(미세플라스틱이 가장 깊은 심해 해구와 가장 높은 산 정상에서 발견되고 있다는 사실을 생각해보라). 이 모든 장소의 건강상 이점을 가치 없는 것으로 취급한다면 우리 자신에게도 몹쓸 짓일 것이다. 또한 이 관점은 자연환경에도 해를 끼친다. 우리가 인간의 손길이 닿지 않은, 원시 상태의 자연처럼 보이는 곳을 쫓으며 인공환경에서 계속 도망친다면 오래가지 않아 자연 그대로의 땅은 없어지고 말 것이다.

도심의 자연 속에서 휴식할 수 있으려면 도시를 그저 또 다른 형태의 자연경관으로 보아야 한다. 자연의 이야기에서 인간을 제외하는 대신, 우리는 사람이 포함된 자연을 이야기할 필요가 있다.

이제까지 이 책에서 소개한 많은 연구는 단순히 회색(도시) 대 초록(자연)의 구조로 실험을 설계하여 자연과 도시의 극명한 이분법적 관점 위에서 이루어졌다. 참가자들에게 외진 숲길 아니면 차로 가득 찬 도로를 걷게 하고, 창밖으로 공원 아니면 시멘트 벽을 보게 하여 그 사이에 존재할 수 있는 경험의 가능성을 완전히 배제한 것이다. 이렇게 한 데는 분명 이유가 있다. 자연의 건강상 이점을 추론하려면 연구자는 비자연적인 것과 대조해야 한다. 하지만 시멘트 벽과 교통 체증만이 도시를 이루지 않는다.

사실 우리가 탁 트인 자연경관에서 찾는 행복, 휴식, 경외는 잘 설계된 도시 거리에도 있을 수 있다. 우리는 보도를 뚫고 자란 풀포기와 거리에 우뚝 선 나무들, 빌딩 너머로 보이는 푸른 하늘을 발견하면 이런 감정들을 언뜻 느낀다. 도시는 대개 만들어진 공간이지만, 그렇다고 함께 존재하는 자연의 작은 조각들이 진짜가 아니거나 회복의 힘이 없다는 것을 의미하지는 않는다.

도시에서도 야생과 생물 다양성을 찾을 수 있다

도시민 중에서 언제나 바다와 숲, 산과 사막을 갈망하는 이들에게는 도시에서 이사하는 것보다 자연과 함께 살 궁리를 해보는 것이 더 좋을 수 있다.

도시 산책을 생각해보자. 그것은 헤드폰을 끼고 세상의 소리에서 멀어지는 시간일 수도, 탁 트인 풀밭 공원, 작은 숲, 심지어 강이나 염습지鹽濕地 같은 도시 변두리의 풀이 꽤 우거진 풍경으로 들어가는 시간일 수도 있다. 잘 계획된 도시 안에서라면 이 모든 것을 도보 거리 내에서 찾아볼 수 있으며, 이는 좀 더 넓게 펼쳐진 시골 환경에서는 드문 일이다. 이를 생각하면서 이제부터는 자신의 동네에서 자연을 재발견하고, 어떻게 하면 여기 자연과 좀 더 치유의 힘을 얻을 수 있는 방식으로 관계를 맺을 수 있는지 알아본다.

도시의 비인간 거주자들과 교감하는 법

나는 집에서 나와 올해 들어 처음으로 따뜻해진 거리를 걷는다. 마지막 겨울눈이 여전히 남아 있지만 봄은 공기 중에, 그리고 이웃들의 창백한 얼굴 위에 서려 있다. 해안가로 향하며 그들이 나누는 대화의 끝자락에 귀를 기울이는데 문득 다른 소리가 들려온다. 새들이 앞뒤로 날갯짓하며 지저귀는 것이 마치 새들도 새해 계획을 세우는 듯하다. 나무로 만든 산책로 옆의 관목 덤불에서 날아온 것 같다. 새들이 끊임없이 지저귀며 관목 사이로 들락날락하는 것을 옆에서 지켜보자니, 건물이 밀집한 도로 옆에서 언제나 이런 활발한 활동이 벌어지고 있다는 사실이 멋지다는 생각이 든다.

산책의 이 즐거운 시작 덕분에 나는 생물 다양성, 즉 한 지역 내에 존재하는 생물 종의 종류와 수가 도시 환경에도 풍부할 수 있다는 사실을 새삼 깨닫는다.

사람의 손이 닿지 않았던 땅을 개발하면 생물 다양성은 언제나 급격히 감소한다. 하지만 특별한 토종, 외래종은 도시에도 존재한다. 새가 쉽게 꼽을 수 있는 예시가 될 것이나 그뿐만은 아니다. 도시에는 관속식물[10]이나 벌 같은 곤충 종[11]도 다양할 수 있는데, 이는 부분적으로 자연과 반자연적인 것이 약간씩 뒤섞인 공간의 다양성 덕분이다.

생태학자이자 베를린공과대학의 생태계 과학과 식물생태학 교수인 잉고 코바리크Ingo Kowarik는 자신이 구조화한 '네 가지 자연 Four Natures' 이론[12]을 통해 도시에는 각기 다른 형태의 자연이 존재할 수 있으며, 각 자연은 저마다 다른 형태로 생물학적 풍부함의 가능성을 품고 있다고 강조한다. 숲이나 습지대처럼 노숙림의 보호를 받는 자투리 지역, 들판과 초원 같은 전원 지형, 정원이나 공원처럼 인공적으로 건설된 녹지 공간, 도심의 황야로 자라도록 남겨진 비어 있는 산업 지대가 그것들이다.

녹지 대부분이 사유지로서 인구 밀집도가 낮은 시골과 비교하면, 도시는 또한 생물 다양성을 가까이서 들여다볼 수 있는 공공녹지 비율이 높은 편이다. 또 다른 장점도 있다. 이런 공공장소는 많은 다양한 사람에게 매력적이고 접근하기 좋은 곳으로 관리된다. 도시 거주자 중에는 편안하게 앉을 곳이 있고 그늘도 많은 잘 관리된 공원에서 하루를 보내며 생물 다양성을 충족하는 것을 좋아하는 사람도 꽤 많다.

앞서 '3장 산과 고지대'에서 살펴본 것처럼 주의 회복 이론에 따르면 생물 다양성은 환경의 복잡성을 높이고, 그럼으로써 정신적 회복력도 높인다. 좀 더 개인적인 차원에서 보면 리처드 루브가《야생이 부른다Our Wild Calling》의 저자 강연회에서 말했듯, 우리가 도시의 생물 다양성에 끌리는 이유는 "우주 속에서 필사적으로 혼자라고 느끼지 않기 위해서"이다.[13]

그동안 몇 안 되는 연구자들이 도시 속 생물 다양성이 지닌 회복 능력을 시험하기 위해 도시로 향했다. 그리고 예상대로 가이아나의 수도 조지타운[14]부터 이탈리아의 바리, 피렌체, 로마, 파도바[15]에 이르는 도시들에서 시행한 연구에서는 사람이 한 장소에서 생물 다양성이 풍부하다고 인지할수록 그곳을 회복력이 더 좋은 장소로 여긴다는 사실을 발견했다. 인공적 환경이 바로 옆에 있어도 생물 다양성은 건강을 증진하는 데 도움이 되는 것으로 보인다.

가로수 그늘을 찾아서

새들을 구경한 후 나는 동네 공원으로 향한다. 그곳을 가려면 레스토랑과 술집이 줄지어 있는 혼잡한 거리를 지나야 한다. 열 블록 정도를 지나자 특별 할인 시간을 나타내는 해피 아워 표시와 접이식 탁자가 가로수로 바뀌고, 나는 목적지에 가까워지고 있다는 것을 깨닫는다. 내 앞에 서 있는 나무는 다섯 그루 정도밖에 안 되지만, 이들의 두꺼운 줄기와 무성한 나뭇가지들은 거리의 블록 전체를 덮고 있다. 이제 퇴색해 부스러지기 시작하는 낙엽들은 발에 짓밟혀 오그라들고 젖은 흙냄새를 풍긴다. 이곳 나무 아래를 걷다 보면 언제나 왕의 행차 길을 통과하는 듯한 느낌이 든다. 어깨의 긴장이 풀리고 걸음은 느려지며 모든 것을 한눈에 담기 위해 사방을 응시한다.

우리는 이제 축축하고 향기로운 삼림지를 걸으면 어떻게 오감이 동원되어 마음이 누그러지는지 안다. 이 노숙림 가로수에 그와 똑같은 힘이 있는 것은 아니지만 이들도 나름의 고요함을 지니고 있다.

거대하고 울창한 숲에 가기 힘든 사람에게 도시의 나무는 좋은 차선책이 될 수 있는데, 핀란드 헬싱키 거주자 77명을 대상으로 한 연구[16]에서 도시 숲길을 산책한 후 스트레스 호르몬인 코르티솔 수치가 줄었다. 도시공원을 산책하는 것보다 회복 효과가 더 높다고 보기도 했다. 아이슬란드의 한 연구에서는 성인 188명에게 디지털로 조작한 도시의 거리 사진들을 보여주며 퇴근길에 걸을 때 느낄 것 같은 회복의 정도를 각각 점수로 매겨보라고 요청했다.[17] 참가자들은 사진에 가로수가 많이 나올수록 더 높은 점수를 주었는데, 이는 우리가 가로수를 보면 도시환경의 인지적 요구(직장, 해야 할 일 등)에서 벗어난 듯한 느낌을 받을 수 있음을 시사한다.

이런 소규모 연구들은 도시 속 나무가 우리 마음을 편안하게 해줄 수 있다고 말한다. 더 큰 도시 규모의 연구에서는 이 나무들이 도시 전체 인구에 그늘을 제공하여 보건 기능을 할 수 있다고도 분석한다. 지금은 서리대학의 환경심리학 조교수로 있는 멀리사 마르셀 Melissa Marselle은 연구팀과 함께 독일 라이프치히에 거주하는 약 1만 명에게서 수집한 두 가지 핵심 자료, 즉 우울증 치료제 사용과 가로수로의 접근성에 관해 분석했다.[18] 이들은 100미터 거리(축구장 정도 길이) 내에 나무가 있는 지역에 사는 도시 거주자는 나무에서 멀리 떨어져 사는 사람보다 우울증 치료제를 처방받을 가능성이 더 낮다는 것을 발견했다. 이는 집 근처에 나무가 있으면 정신 건강에 좋은 영향을 미친다는 사실을 시사하는 것이다. 특히 사회적으로 소외된 이들에게는 이 연관 관계가 더 밀접했다.

미국 276개 대도시를 대상으로 한 연구 모형에서도 이와 유사한 사실을 알아냈다. 녹지가 더 많은 지역에 사는 사람들, 특히 인공 구조물 옆에 나무가 있는 경계 환경에 사는 사람은 정신적 고통을 호소하는 일이 적었다.[19] 위스콘신의 녹지와 정신 건강의 관계를 조사한 연구팀은 결과에 대해 "이는 나무가 없는 환경과 100퍼센트 나무가 있는 환경에 사는 각 개인 간의 우울증 증상 차이는 사설 보험이 없는 사람과 있는 사람을 비교한 차이보다 더 크다는 사실을 나

타낸다"라고 말하기도 한다.[20]

연구자들은 아직 가로수가 기분을 개선하는 힘에 대해 완벽히 설명하지 못한다. 이는 적어도 정신적 피로감에서 회복하도록 도와주는 초목의 일반적 능력과 관계가 있을 것이다. 그러나 나무는 더운 날 그늘을 내리고, 오염된 도시 공기에서 이산화탄소와 휘발성 유기화합물을 제거하는 특별한 생태계 서비스까지 제공한다. 나무 군락은 또 주변의 소음을 둔화시켜 소음 공해가 주는 건강상 위협을 줄여주기도 한다.

이런 특징들은 정신적 긴장을 풀어주는 것 이상으로 우리의 건강 전반을 개선할 수 있을지 모른다. 2016년 캘리포니아에서 한 연구는 비만, 제2형 당뇨병, 고혈압, 천식 비율이 더 낮아진 원인을 지역의 나무 분포도와 연관 지었다.[21] 이런 종류의 연구들로 인해 어떤 이들은 나무가 기후변화 시대에 점차 생명을 구하는 사회 기반 시설이 되어가고 있다고 여긴다.

오늘은 있으나, 내일은 없다

나는 늦은 오후의 태양이 황금빛 절정에 다다르기 시작할 때쯤 공원을 향해 걷는다. 내가 수없이 걸어왔던 장소가 이 시간대에는 완전히 새로운 모습이 된다. 넓게 비추는 햇빛이 전에는 눈치채지 못했던 구석구석을 드러낸다. 매시간 빛은 더 선명하게 사방을 물들이고 곧이어 잔디, 흙, 하늘 전체가 황금빛으로 일렁거린다.

우리는 이런 아름다운 찰나의 순간이 정확히 언제 다가오는지 알 수 없다. 자연은 정해놓고 움직이지 않는다. 자연은 기분에 따라 모습을 드러내고, 이를 볼 때마다 나는 왜 언제나 엄격하게 짜인 계획에 따라 움직이는가 자문하게 된다. 자연은 삶에서 가장 좋은 것들은 이렇게 계획되지 않은 것이라고 우리에게 명확히 말하고 있기 때문이다.

자연의 덧없음은 그 매력의 일부다. 자연의 가장 평범한 부분에도 우리 시선을 잡아끄는 무한한 변화의 능력이 있다. 예를 들어 어떤 나무를 사랑할 때 우리는 나무 자체만을 사랑하는 것이 아니다. 계절과 함께 변해가는 나뭇잎 색깔을 사랑하고, 아침 햇빛 아래에 내리는 그늘을 사랑하고, 바람이 스칠 때 무성한 나뭇가지가 내는 소리를 사랑한다.

질적 조사 방법을 이용한 연구에서 참가자들에게 왜 자연의 특정 모습에 교감을 느끼는지 설명해달라고 하면 이 찰나의 순간들은 거의 항상 언급된다. 사람들이 디지털로 재창조한 자연에 어떻게 반응하는지 연구한 학자로, 앞서 '2장 바다와 해안'에서 소개한 앨릭스 스몰리는 이 찰나성에 단순히 그 강렬한 인상 이상으로 회복의 힘이 내재해 있다고 생각한다.

"내가 익숙한 자연경관에서 시간을 보낸다면 그곳의 주기에 적응하게 됩니다. 그런데 갑작스럽게 예상치 않은 무지개나 황혼, 눈 내리는 풍경을 보게 된다면 그 광경은 제가 계속해서 기억하고, 아마도 다시 보기 위해 노력할 이전과는 전혀 다른 의미를 갖는 장면이 될 것입니다. 그 희귀성과 찰나성 때문에 회복의 힘을 느끼게 되는 것입니다."

우리에게 놀라움과 기쁨, 회복의 힘을 주는 자연의 능력은 경직된 도시환경에서 매우 반가운 것이다. 꽃봉오리, 저녁노을의 빛깔, 무지개의 둥근 호는 이것들이 아니었다면 콘크리트에 불과했을 도화지 위에서 왠지 더 매혹적으로 보인다.

제임스허튼연구소의 캐서린 어빈은 사람들이 자기가 사는 도시의 자연에서 이처럼 색다른 면을 발견하면 좀 더 웅장한 곳을 찾아 도시를 떠날 필요를 느끼지 못할지도 모른다고 설명한다. "우리가 자연을 이런 관점으로 바라보기 시작하면 굳이 야생의 자연으로 갈 필요가 없습니다. 바로 여기 도시에도 야생이 있다는 것을 깨닫기 때문이죠." 그녀는 스코틀랜드에 있는 자기 집에서 영상통화를 통해 나에게 말한다.

우리가 대화를 나누는 동안 어빈의 시선이 창문 밖에 내려앉은 새에게로 향한다. 그녀는 뜻밖의 광경에 미소를 짓는다. 희귀한 새가 도시 한복판에 있는 그녀의 마당을 찾은 것이다. 도시에서도 경외와 환희의 순간을 우리가 찾을 수 있다는 신호보다 더 좋은 것이 있을까? 우리가 할 일은 어쩌면 그 감정이 날아가버리기 전에 잡아채는 것뿐인지도 모른다.

왜 도시 자연은 함께할 때 더 좋은가

공원 가장자리를 빙 둘러 걸으면서 나는 친구들 무리, 운동 시합을 하는 이들, 가족들, 연인들이 각각의 방식으로 공간을 차지하고 있는 것을 지나친다. 잔디밭은 공동체의 모임 장소이며 사람들은 축하하고, 뛰어놀고, 혹은 그저 함께 있기 위해 이곳으로 향한다.

자연건강학자들은 대부분 지금까지 개인이 자연에서 겪는 경험을 연구해왔다. 혼자 자연으로(도시 자연을 포함하여) 떠나는 이유는 대체로 삶이 요구하는 것에서 벗어나 휴식하고 사색하고 회복할 수 있기 때문이다. 그러나 혼자가 아닐 때는 어떨까? 자연에서 타인과 시간을 보낼 때도 건강상 이점을 얻을 수 있을까? 관계가 더 결속될까?

관계 회복 이론[22]은 이 질문에 그렇다고 대답한다. 인간은 결국 사회적 동물이며 우리에게 좋은 것이 우리 관계에도 좋다는 논리는 어느 정도 이치에 맞는다. 연인과 산책하다가 갑자기 커플 관계에 꼭 필요하다고 생각하는 일들을 말로 표현하기가 쉬워졌다고 느낀 적이 있는가? 혹은 밖에서 동료를 만나 대화를 나누다가 회의실에서보다 더 빨리 창의적인 아이디어를 떠올린 일은 없는가?

이 관계 이론에 따르면 그런 일이 일어나는 이유는 자연이 개인의 정신적인 짐을 가볍게 해주어 그 결과로 타인과의 관계를 강화하는 데 쏟을 에너지가 많아지기 때문일 수 있다. 자연은 개인 차원의 회복 이상으로 관계를 구성하는 어떤 요소, 특히 우리가 소홀히 다룬 관계의 중요한 부분까지 회복시킬 수 있다. "우리의 내면뿐 아니라 관계 속에도 이런 적응력 있는 자산이 존재합니다. 개인의 인지적·생리적 자원과 마찬가지로 관계적 자원도 한정되어 있습니다." 웁살라대학의 환경심리학 교수이자 회복 환경 분야의 선구적 이론가인 테리 하티그는 이렇게 말한다. "관계는 결국 믿음, 존경, 애호 같은 관계적 자원이 고갈되면 악화될 수밖에 없습니다."

관계 형성을 돕는 자연의 잠재력에 관해서는 아직 연구 중이다. 이를 양적으로 측정하기 힘든 부분적 이유는 모든 관계가 다르기 때문이다. 그러나 다른 이들과 자연을 즐겁게 누릴 수 있다면 특히 도시 생활 면에서 어떤 이점이 있는 것은 분명하다. 조용한 숲과 강이 혼자만의 사색에 빠지게 해준다면 도시공원은 친구들과 함께하기 좋은 장소다. "일반적으로 도시의 녹지에서 시간을 보내는 것은 혼자 하는 시도가 아닙니다. 사회적 시도이죠. 그래서 우리는 녹지에 존재하는 사회적 맥락에 대해 좀 더 연구할 필요가 있습니다." 서리대학의 멀리사 마르셀은 나에게 이렇게 말한다. 한 연구에서 마르셀은 실제로 자연을 중심으로 한 걷기 모임에 참여한 이들이 그렇지 않은 이들보다 우울증, 스트레스, 부정적 감정 등의 증상을 덜 보이는 경향이 있다는 사실을 발견했고, 이는 상대적으로 미개척 연구 분야인 것을 감안한다면 꽤 유망한 시작이라 볼 수 있다.[23]

만약 연구자들이 다른 이들과 자연을 즐기는 일이 마음을 회복시키고 사회적 유대감을 강화한다는 사실을 증명할 수 있다면 도시에서, 더 넓게는 세계적으로 고독이라는 유행병이 증가하는 현시점을 생각할 때 특히 영향력 있는 발견이 될 것이다.

휴먼 네이처,
인간과 자연의 접점에 존재하는 아름다움

나는 윌리엄스버그브리지의 브루클린 방면 아래로 흐르는 강에 가기 위해 공원에서 집까지 멀리 돌아가는 길을 선택한다. 이곳은 사람들이 황혼 무렵 사진을 즐겨 찍는 장소다.

나는 주변 카메라가 향하는 곳을 같이 바라본다. 위로, 위로, 다리의 철탑들이 어렴풋이 보이는 곳까지 따라가면 활짝 열린 하늘과 그 너머의 맨해튼 쪽으로 윌리엄스버그브리지가 웅장한 존재감을 드러낸다. 이 육중한 다리는 한 세기 넘게 이곳에 있었다. 그 너머의 부드러운 구름과 태양은 잠시만 머물다가 밤이 되면 사라질 것이다. 극명하게 대조적인 모습이다.

헤드라이트와 경적, 오토바이가 다리를 계속 생기 넘치게 만든다. 하늘은 이와 대조적으로 잔잔히 가라앉아 있다. 다리의 깨끗하고 정밀한 선이 구름의 두루뭉술한 형태를 잘라낸다. 그런데도 이 모든 차이 때문에 다리와 하늘의 만남은 언제나 사람들이 포착하고 싶어 하는 장면이다. 여기에는 이유가 있다.

인간은 자연에서 타고난 매혹적 요소, 즉 안전하고 친숙하며 비옥하게 보이는 광경을 찾아내도록 진화해왔다. 그러나 인간은 또한 우리 서로에게서도 이 같은 특성을 찾아내도록 진화했다. 친구들과 나누는 웃음, 가족들과의 애정 어린 손길 같은 것들이다. 나는 이런 특성도 안정감, 해방감과 비슷한 감정을 느끼게 해준다고 생각한다. 광활한 자연 경치 속에서 경외심과 경이감을 느끼는 것처럼 우리는 굉장히 멋진 건축물, 음악, 예술에서도 경외심을 느낄 수 있다. 기나긴 숲길이 회복의 기회를 제공한다면 영원히 이어졌으면 하는 오랜 저녁 식사 역시 그러하다.

다시 말해 회복적 장소의 토대가 되는 요소는 단순히 주의를 끄는 능력이 아니라 그것을 유지하는 능력이다. 도시는 우리 주의를 말 그대로 잡아채어 쥐고 있기 위해 지어졌다. 여기에 일부 자연의 회복적 요소가 더해질 때 우리의 타고난 갈망과 현재의 호기심을 둘 다 만족시키는 경관이 창조될 것이다.

그 찰나성과 다양한 경험을 안겨줄 수 있는 능력, 혼자만의 은신처를 제공하면서도 사회적 유대감을 뒷받침해줄 수 있는 능력으로 인해, 우리는 이제 도시 속 자연이 그 자체로도 치유라는 것을 안다. 그곳에는 우리가 갈망하는, 우리를 진정시키는 야생의 특징이 있으면서도 인간의 손길이 가해져 조금 더 치료 효과도 있다.

그러므로 자연이 인간에게 아름다운 것들을 가져다줄 수 있는 것처럼 인간도 자연에 아름다움을 가져다줄 수 있다고 나는 생각하고 싶다. 어쩌면 그 때문에 우리가 언제나 다리와 하늘이 만나는 지점을 사진으로 남기는 것일지도 모른다. 그 때문에 내가 집으로 돌아가려는 순간, 연락선이 강을 떠나는 모습을 넋 놓고 바라보게 되는지도 모른다. 인간과 자연이 만나는 이런 공간은 우리가 본래 자연의 일부이며 언제나 그 관계 속에서 존재하리라는 것을 상기시킨다.

아파트 로비로 들어갈 때까지 이런 생각을 계속하며 위층으로 올라가는 버튼을 누른 후, 좁고 어두운 엘리베이터 안에서 랠프 월도 에머슨Ralph Waldo Emerson의 사상에 대해 고찰한 환경론자 폴 호컨Paul Hawken의 이야기를 떠올린다. "만약 별이 1,000년에 한 번씩만 나타난다면 우리는 어떻게 될까요?" 호컨은 아마도 우리가 밤을 지새우며 축하하고 기쁨에 넘쳐 아이들처럼 춤을 출 것으로 생각한다. "그 대신, 별은 매일 밤 나타나고 우리는 텔레비전을 보죠."[24]

엘리베이터가 올라가고 층수가 깜빡일 때마다 공원과 강과 나무가 점점 멀어진다. 새로 지은 이 아파트의 전망창으로는 별을 볼 수 없다. 오늘 밤에도 별빛은 여느 밤과 똑같이 도시의 빛에 가려 있다. 하지만 어쩌면 내가 자연에서 본질적으로 분리된 환경 속에 살고 있다는 바로 그 이유로 자연을 마주하는 순간이 그토록 특별하고 기념할 일로 느껴지는지 모른다.

창문으로 쏟아져 들어오는 하루의 마지막 빛, 가로수의 그늘, 강가의 새들, 이것이 나의 자연이다. 웅장하지는 않을지라도, 바로 그 때문에 이들은 위대해진다. 이들은 내면의 번민에서 벗어날 수 있는 안식처이고, 매일 그곳으로 돌아갈 수 있다는 것은 비록 한순간일지라도 마치 천년 만의 재회처럼 느껴진다.

도시와 시가지에서
우리가 할 수 있는 일

도시 안에서 자연을 찾는 건 약간의 수고가 더 들지만 가치 있는 일이다. 당신이 사는 도시의 새로운 면을 발견하거나 도심 하이킹, 동식물 연구 보조, 시간 팽창 산책 같은 활동을 하는 각종 커뮤니티를 찾아볼 수 있는 몇 가지 방법을 소개한다.

5~10분이 생긴다면

소소한 회복의 순간 맛보기

도시에서 자연에 대한 갈증을 채우는 일이란 보통 소소한 회복의 순간을 맛보는 것이다. 공원 벤치에 평화롭게 앉아 있기, 하늘을 올려다보기, 운하나 분수를 구경하기 등 이런 일을 규칙적으로 하다 보면 캐슬린 울프의 표현대로 좀 더 호화롭게 자연을 만끽할 때까지 우리를 유지해주는 영양분을 받는다.

나무 그늘 밑처럼 사방이 둘러싸인 사적 공간은 이런 순간을 즐기기 좋은 장소인데 초목이 주변 소음을 막아주고, 더 나아가 소음을 일으키는 행위에서 우리를 분리하기 때문이다. 필요하다면 바라보는 시야를 좁혀 주변 환경이 더 아늑하게 느껴지도록 할 수도 있다. 예를 들어 나는 이스트강의 잔물결에 집중하면 언제나 마음이 편안해진다. 강물 너머에 놓인 콘크리트 정글이 아니라 바로 내 앞의 수면을 계속 응시하면 그 부드럽고 잔잔한, 그러면서도 광활하게 흐르는 물결의 리듬에 빠져드는 일이 더 쉬워진다.

일상에서 나는 영양, 에너지, 건강 유지를 위해 질 좋은 음식을 찾아 먹지만 가족과 함께 추수감사절 만찬을 즐기고, 친구들과 맛있는 저녁을 먹는 것도 좋아한다. 자연도 이와 같다. 우리는 가까이 있는 자연의 일상적 영양분이 필요하지만, 국립공원 같은 좀 더 대담하고 격정적인 자연 속 경험과 휴식도 필요하다.
— 캐슬린 울프, 워싱턴대학 환경대학 사회과학 연구원

SNS에 공유하지 않을 사진 찍기

나에게는 야외에서 시간을 보낼 때, 특히 새로운 장소에 갔을 때 휴대전화 카메라에서 손을 떼지 못하는 안 좋은 버릇이 있다. 나는 이렇게 많은 사진을 찍으면 오히려 그 순간에 집중하지 못하는 것은 아닐까, 그 장소에 몰입하지 못하는 것은 아닐까 오랫동안 고민

해왔다. 그러나 재미있게도 휴대전화 대신 DSLR 카메라를 들고 나
가면 그 걱정은 사라진다. 사진 찍는 목적을 달리하면 특별한 변화
가 일어난다. 사진 찍는 일이 내가 여기에 있었다는 증거를 남기기
위한 행위가 아니라 그 장소를 좀 더 알아가기 위한 행위로 바뀌는
것이다. 나는 또 카메라를 가져가면 그곳의 경험을 더 잘 기억하게
된다는 것을 깨달았는데, 이는 아마도 사물을 더 유의해서 바라본
결과일 것이다.

이 깨달음 덕분에 나는 그럴싸한 카메라가 없는데도 좀 더 관찰
력 있는 사진작가의 관점으로 산책해보고자 하는 마음이 생겼다.
그리고 휴대전화 카메라를 켜려고 걸음을 멈추기 전에 이 장면을
자신만의 기억으로 남기고 싶은지, 혹은 누군가와 공유하고 싶은지
자문하게 된다. 이런 선택적 접근이 내가 이 도시에, 그리고 나 자신
에게 좀 더 몰입할 수 있도록 도와준다.

시간 확인하지 않기

도시의 삶은 온통 고된 노동일 수 있다. 그런 삶의 속도는 빠르
고, 힘들고, 가차 없다. 우리가 자연으로 향하는 이유 중 하나는 이
런 시간의 압박에서 도피하기 위해서, 왠지 좀 더 느긋하게 흐르는
듯한 자연의 시간을 느끼고 싶어서다.

남서 잉글랜드의 거주자 33명을 대상으로 한 연구에서 치유 효
과를 느낀 경관에 관해 인터뷰했을 때 많은 사람이 자연에서 느껴
지는 팽창된 시간 감각에 대해 언급했다. 자연의 예측할 수 없는 리

듬 때문에 사람들은 세세하게 짜인 일정에 덜 얽매였고, 자기 삶을 좀 더 폭넓은 시각에서 바라볼 수 있었다. 이 연구에 따르면 "몸과 마음이 시간의 압박에서 잠시나마 벗어나게 되자 참가자들은 부정적 감정이 증폭되거나 일상의 다른 영역으로 침범하기 전에 미리 그 감정을 조절하고 분산하며 자신을 다스릴 수 있었다."[25]

내가 엑서터대학의 보건지리학 조교수이자 이 연구 입안자인 세라 벨Sarah Bell과 이야기를 나누었을 때 그녀는 고대 그리스어에는 실제로 이 깊어지는 시간 감각을 뜻하는 단어가 있다고 말했다. '카이로스kairos'이다. 우리가 인식하는 시계의 시간인 크로노스chronos와 비교하면 카이로스는 천천히, 주기적으로 그 모습을 드러낸다.

다음에 도시를 걷게 되면 시계는 집에 두고, 그 대신 카이로스의 시간을 받아들일 수 있는지 시험해보라. 걷는 동안 주변에서 인간의 시계와 똑같은 리듬을 따르지 않는 요소들을 모두 찾아보라.

1시간이 생긴다면

녹지 찾아가기

뉴욕의 840만 인구 중에 수전 휴잇Susan Hewitt은 주변 동식물 종을 공유하는 유명한 휴대전화 애플리케이션 '아이내추럴리스트iNaturalist'에 가장 많은 자연 관찰 기록을 남긴 사람이다.[26]

도시에 있는 동식물 2,169종에 대해 6만 건 이상의 관찰 기록을 남긴 휴잇은 나에게 랜들스섬에 사는 인상적인 바다 연체동물과 톰 킨스 스퀘어 공원에 있는 야생식물에 관해서도 이야기해주지만 흔히 관찰되는 일상적인 동식물 이야기도 한다. "나는 내가 발견한 야생종들이 얼마나 야생적인지 으스대는 속물이 아니에요. 잡초들이라고 우습게 보지 않아요." 그녀는 이렇게 말한다. 40년 넘게 뉴욕에 산 휴잇에게 이 자유방임주의식 관찰은 잘 맞았다. 이 활동 때문에 그녀는 인공적 환경에서도 자연은 언제나 계속된다는 것을 알게 되었고, 그 덕분에 좀 더 넓어진 세상 속에서 자기 위치를 깨닫는다. "이 일이 자기 몰입에서 빠져나오게 해주는 건 분명해요. 다른 생물에 관해 생각할 때는 나 자신을 생각할 겨를이 없어요. 좋은 점이 더많죠."

자신이 사는 도시의 야생적인 면을 발견하는 데 관심이 있는 사람들에게 휴잇은 어떤 충고를 해줄까? 자연을 폭넓게 정의하고 새로운 장소에 계속 호기심을 가지라는 것이다. 그녀의 책을 참고하고, 도시의 다른 지역으로 가게 될 때는 먼저 지도를 살펴보라. 근처에 녹지가 있는지 찾아보고 그곳에서 야생종을 찾아보라.

호기심을 가지고서 눈을 크게 뜨고 주변을 바라보면 자연은 그야말로 모든 곳에 있다는 사실이 무척 감동적이라고 나는 항상 말한다. 도시는 자연에 관한 한 나를 행복하게 해주는 데 모자람이 없다.

— 수전 휴잇, 맨해튼에 사는 도시 박물학자이자 시민 과학자

가장 오래된 나무, 가장 키 큰 나무 찾아보기

좀 더 긴 시간 동안 도시를 여행하게 되면 그 지역에서 가장 오래된 나무를 찾아가라(문득 퀸스에서 350~400년쯤 뿌리내린 높이 40미터의 미루나무가 보고 싶다는 충동이 든다). 그러면 오래전에 지나가버린 시간과 연결되는 듯 느껴질 것이다. 한 연구는 고목의 크고 복잡한 구조로 인해 고목에서 기운을 회복시키는 힘을 더 강하게 받는 경우가 많다는 사실을 발견했다.

가장 오래된 나무를 보았다면 이번에는 키가 제일 큰 나무를 찾아보라. 조경사 로브 쿠퍼Rob Kuper의 흥미로운 조사에 따르면 높게 자란 잔디류의 지피식물과 같이 있는 커다란 나무는 작은 나무보다 원기 회복의 힘이 강한데, 이는 경관 속에서 존재감이 뚜렷하고 좀 더 다양한 방식으로 사람들의 주의를 끌 가능성이 크기 때문으로 보인다.[27]

'아이 스파이। Spy' 놀이를 하며 함께 걷기

자연의 경험을 공유하면 관계가 더 친밀해진다는 연구 결과를 친구, 연인, 가족과 함께 녹지를 산책하며 시험해보자(테리 하티그는 이 놀이가 특히 부모가 어린 자녀들과 함께하기 좋은 활동이라고 말한다). 산책을 막 시작할 때 무슨 기분인지 생각해보고, 동행에게도 어떤 느낌이 드는지 물어보라. 길을 가며 그날 맞닥뜨린 도시의 자연, 예를 들면 나무 그늘, 새, 식물로 뒤덮인 발코니 중 무엇이 계속 생각나는지에 대해 마치 '아이 스파이' 놀이를 하듯 공유해보라. 아이

스파이는 산책할 때 눈에 보이는 사물을 그 첫 글자로 추측하는 놀이로, 동네 곳곳에 있는 자연 공간에 대해 배우기 좋다. 산책 후 돌아와서 동행과 서로 느낀 것을 비교해보라. 즐거웠다면 둘만의 작은 행사로 만들어보는 것은 어떤가?

더 많은 시간이 생긴다면

도시 하이킹 떠나기

애팔래치아 트레일에서 최고 스피드 기록을 보유한 전문 하이커이자 환경보호 탐험가인 리즈 토머스Liz Thomas는 한창때 뉴욕에서 시카고, 그랜드래피즈, 미시간까지 여러 도시를 '하이킹'했다.

토머스는 나에게 도시 트레킹에 대해 살짝 숨이 찬 목소리로 이야기한다(그녀는 나와의 통화 중에도 역시 걷고 있었다). 로스앤젤레스에서 그녀는 우편번호 36개에 해당하는 지역에 흩어져 있는 공용 계단 수백 개를 올라야 하는, 그리고 걸음마다 신발을 잘못 선택했다고 자책하게 만든 '인먼Inman 300'이라는 꽤 힘겨운 도시 하이킹 코스에 도전했다. 덴버 루트는 좀 더 편안했다. 전략적으로 정해진 65개소 양조장에서 쉬어가며 8일 동안 약 160킬로미터를 걷는 코스였다. 뉴욕에서는 100군데의 '운동장 공원'을 지나갔는데, 이 공원들은 아스팔트로 된 학교 운동장을 공유지신탁기금이 녹지화하여 학교가 쉬는 동안 대중에게 개방했다.

도시 하이킹은 토머스 같은 전문 하이커들이 집으로 돌아와서도 모험 감각을 유지하면서 훈련을 계속하기 위한 방식으로 시작됐지만 누구나 시도해볼 수 있는 코스다. 토머스는 도시 하이킹과 단순한 동네 걷기의 가장 큰 차이점은 평소에 가지 않는 곳을 의도적으로 방문하는 데 있다고 말한다.

"항상 걷는 길 대신에 저 너머에 있는 길을 걷는 거죠. 경로를 신중하게 선택해야 평소보다 색다른 장소를 경험할 수 있습니다."

하루에(혹은 며칠에 걸쳐) 몇 킬로미터를 걷고 싶은지, 가는 동안 어디에 들르고 싶은지(서점, 공원, 카페 등) 결정하면 지도로 미리 경로를 그려볼 수 있으니(토머스는 구글의 마이 맵을 애용한다) 일단 출발한 후에는 즐겁게 걸으며 주변에 주의를 기울이기만 하면 된다. 긴 시간 걸을 계획이라면 만일을 대비해 보조 배터리와 물, 선크림을 챙기고 걷기 좋은 신발을 준비하자.

걸어서 도시를 탐험하면 그곳 자연의 특징과 인공환경의 특징을 파악하고 문화와 역사에 대해 알지 못했던 것을 배우기에 좋다. 토머스는 도시 하이킹이 다양한 지역을 관통하는 테마를 볼 수 있는 새로운 시야를 주었다고 말한다. 도시 하이킹으로 인해 그녀는 '도시의 다른 지역'이 결코 멀리 있지 않으며 결국 모두 도보 거리 내에 있다는 것을 깨닫는다.

주변 자연 보호하기

사람과 자연으로부터 고립감을 느끼는 도시환경 속에서 환경보호 프로젝트는 신선하게 다가온다.

캐슬린 울프는 도시에 대한 책임 의식을, 자연을 향한 감사의 표현으로 생각한다. (자연과 때로 분리된 환경에 있게 될지라도) 그것은 주변에 존재하는 자연을 인정하는 한 가지 방법이다. 이는 또 인간과 자연의 관계가 좀 더 상호 보완적일 수 있도록 연습하고 우리가 그 환경에 긍정적 영향을 끼칠 수 있음을 깨닫는 방법이다. 봉사 활동을 하며 주변 자연과 가까워지면 그곳의 사람들과도 가까워진다. 사회적 화합을 위해 무엇이 필요한지 생각해본다면 자연보호 활동이 타인과 유대감을 형성하는 첫걸음이 되리라는 것을 알 수 있을 것이다.

그러니 다음 주말에 밖으로 나가게 된다면 새로운 장소에 가는 대신 동네 청소나 복원 사업, 혹은 지역 정원 조성 활동에 참여하여 당신의 동네를 새로운 방식으로 만나보기를 권한다.

먼 곳에서 느껴보기

자연을 들여놓기

재미있게도 내가 이야기를 나눈 많은 자연건강 연구자는 비교적 도시적인 환경에 살고 있다. 생계를 위해 자연의 건강상 이점을 연구하느라 이들은 항상 바쁘고, 그래서 정작 자신의 일상은 연구 주제에서 배제된 데 한탄한다. 이들이 생각해낸 과학적 해결책은 무엇일까? 밖으로 나가지 못한다면 밖을 안으로 들여오기다.

실내용 화초를 사는 것이 전부가 아니다. 세라 벨은 인공 구조물에 자연을 가져오는 창의적 아이디어를 제시했는데, 시각장애인들이 자연 세계를 감지하고 관계 맺는 방법을 조사한 자신의 연구에서 영감을 얻은 것이다. 녹음된 자연의 소리를 틀어놓고, 촛불을 켜고, 혹은 자연과 관련한 디퓨저 오일을 놓고, 눈을 감은 후 가장 좋아하는 자연 속에 와 있다고 상상하면서 벨의 표현대로 잠시 "자연의 코트"를 걸치는 등 오감으로 자연을 구현하는 것이다.

혹은 밖에 오래 머물 수 없는 바쁜 날에는 캐서린 어빈처럼 집의 구조물이 자연을 향하도록 조정해보자. "이 분야를 연구하다 보니 도시 속 나의 세계에 자연을 들여오는 방법을 궁리하게 되더군요. 어쩌다 한 번 자연에 대한 허기를 양껏 채우기보다 정기적이고 지속적인 방식으로 조금씩 채워보려고 노력하는 중입니다."

어빈이 말하는 방식이란 밖에 봄꽃 구근을 심어서 집에서 창문으로 볼 수 있도록 하는 것이고, 책상 위치를 옮겨 일하면서도 그 큰 꽃망울을 피우는 것을 볼 수 있도록 하는 것이다. 우리도 레이스 커튼을 달아 햇빛이 통과해 들어와 벽에 레이스 패턴의 그림자를 만드는 것을 보며 잠시 명상에 잠겨볼 수 있겠다. 바다를 좋아한다면 작은 실내용 분수를 사서 밤에 가동해 안정감을 느껴보거나, 사무 공간 위쪽에 텅 빈 지평선 사진을 걸어 사막의 백일몽을 꾸어도 좋다. 가장 좋아하는 경관을 모방하여 공간을 조성하고 실제 자연과 유사한 효과가 있는지 보라.

'휴식의 창문' 정하기

주의 회복 이론의 창시자인 캐플런 부부에 따르면 창문을 통해 자연을 보는 것만으로도 정신적 피로 해소가 가능하다.[28] 도시에 있다고 해도 창문으로 초목이 약간이라도 보인다면 가능하다.

그 예로, 중국의 한 연구는 도시에서 창문으로 다른 건물들만 보이는 고층 건물과 도시에 지어진 공원이 보이는 고층 건물의 전망을 사람들에게 각각 내다보게 한 후 신체적 반응을 비교·관찰했다.[29] 당연하게도 약간의 녹지를 포함한 도시경관을 본 이들에게서 심리적 안정 상태를 뜻하는 부교감신경의 활동이 두드러지게 증가했다. 이와 별개로 이란에서 실시한 연구에서는 하늘이 더 많이 보이는 도시 전망이 좀 더 기운을 회복시켜주는 것으로 나타났다.[30]

도시에 사는 이들은 초목과 푸른 하늘이 가장 잘 보이는 창문을 선택해 '휴식의 공간'으로 정하고, 실제로 나가지 않고도 도시 풍경을 바라보며 마음을 회복시킬 수 있다. 나 또한 그런 경험이 있지만, 집에 있는 모든 창문으로 건물밖에 보이지 않는다면(나도 그랬다) 창문 안쪽이나 바깥쪽에 작은 화단을 만들어도 된다.

도시와 시가지에서 더 생각해볼 것

아래 질문들은 당신과 자연이 어떻게 만나고, 자연이 당신에게 무엇을 주며, 당신은 자연에 무엇을 주는지 생각하면서 당신의 도시적 마음 상태를 들여다보도록 도와줄 것이다.

- 시간과 당신의 관계를 생각해보자. 무엇을 하고 있을 때 시간이 가장 느리게 흐른다고 느끼는가? 무엇을 하고 있을 때 가장 빠르게 흐른다고 느끼는가? 이 둘 사이에서 어떻게 균형을 찾을 수 있을까?
- 당신의 동네 혹은 근처 지역 중 아직 가보지 않은 곳은 어디이며 그 이유는 무엇인가?
- 자연은 당신에게 무엇을 주는가? 당신은 그 보답으로 자연에 무엇을 주는가?
- 당신은 어떤 기술과 열정을 가지고 있는가? 그것으로 환경 운동을 해본다면 어떤 종류일까?

도시와 시가지가
지속 가능하도록

세계 인구 대부분이 사는 도시는 탄소 배출의 중심지다.[31] 인구가 계속 팽창하는 상황에서 도시는 사람과 지구의 안위를 보호하는 방향으로 신중히 발전해야 할 것이다. 만병통치약은 아니지만 녹지화(이 장에서는 나무, 잔디, 꽃, 해안 도로 등 모든 형태의 자연에 대한 투자의 의미로 사용한다)는 사람과 지구를 둘 다 돌보는 데 분명 도움이 된다.

연구는 시종일관 녹지가 많은 도시에 사는 사람들이 그렇지 못한 곳에 사는 사람들보다 정신 건강의 이상 증세를 호소하는 일이 적고[32] 전반적인 건강상태도 좋은 경향임[33]을 보여주며, 이는 모든 사회경제적 집단에서 공통으로 나타나는 현상이다.[34] 지속 가능성의 관점에서 도시의 녹지는 공기 오염 방지, 열 조절, 홍수 방지, 탄소 저장과 같은 중요한 생태계 서비스를 제공한다. 자연을 접할 기회를 많이 만드는 방향으로 도시를 조성하면 더 많은 사람이 환경 보호에 노력을 쏟게 될 것이다.

이 장에서는 도시를 위협하는 요소에 관해 이야기하기보다 녹지를 이용해 도시를 개선할 기회를 탐구하며 긍정적으로 마무리해볼까 한다. 도시에 자연을 뿌리내리는 가장 좋은 방법은 도시별로 다양하겠지만, 이제부터 소개할 성공적인 녹지 조성을 위한 네 가지 원칙은 모든 도시에 적용될 것이다.

자연의 경험을 분산하는 디자인

대규모 공원은 녹색 도시 디자인의 훌륭한 본보기가 되곤 하지만 자연의 작은 부분도 중요하긴 마찬가지다. 공원 바로 옆에 살지 않는 이상 큰 공원을 방문하려면 어느 정도 노력이 들기 때문이다. 하루 몇 시간을 할애해야 하고, 거기로 가는 방법을 찾아봐야 하며, 실제로 가기 위해 에너지를 써야 한다. 어떤 사람에게는 이런 단계가 별일이 아니고 하루 정도 야외로 나가기 위한 작은 대가 정도일 것이다. 그러나 노인, 환자, 교통편이 마땅치 않은 이들, 이동 수단이 제한적인 이들에게는 결국 계획을 세우다가 자신에게 금지된 것만 깨닫는 꼴이 되기 때문에 사람이 사는 곳에는 반드시 어느 정도의 녹지가 있어야 한다.

"사람이 사는 곳에 자연을 조성하면 이런 접근을 제약하는 요소들을 극복하게 됩니다. 자연을 우리 현관 앞으로 가져왔으니까요." 멀리사 마르셀은 이렇게 말한다. 앞서 가로수 가까이에 사는 사람들이 우울증 치료제를 처방받는 일이 적다는 사실을 알아냈던 독일 연구에서 멀리사는 가로수가 심어진 장소도 주의 깊게 살폈다. 정신 건강에 실제 영향력을 갖기 위해서는 가로수가 집에서 어느 정도 가까이 있어야 할까? 결국 사람들이 사는 곳 바로 근처에 있었던 것은 자연이고, 그들이 의도치 않게 매일 지나갔던 것도, 그래서 가장 커다란 영향을 미친 것도 자연이기 때문이다.

이처럼 사람과 접점이 없는 녹지는 보건적 관점에서 볼 때 도시 공간 활용의 최선책이 아니다. 대신 내가 이야기를 나눈 연구자들은 대부분 녹지를 서로 연결한 망을 구축하면 유의미한 자연 접촉의 기회가 더 많이 생긴다는 데 동의한다. 커다란 공원들이 가로수, 화단형 중앙분리대, 버려진 부지나 철로 안의 소공원으로 한데 연결되는 모습을 상상해보라.

"다양한 종류의 공간을 연결하는 녹지 네트워크가 형성되면 모든 다양한 요구를 만족시킬 수 있을 것입니다." '5장 눈과 빙하'에서 언급한 글래스고의 유행병학자 리치 미첼은 이렇게 말한다.

그런 점에서 도시는 그저 공원 몇 개가 군데군데 있는 곳이 아니라 그 자체로 경관이 된다. 초목으로 이루어진 길은 또 도시의 야생생물들에게 더 안전하다. 이와 관련해 국제자연보호협회The Nature Conservancy가 추정한 바로는, 미국 동부에 있는 녹지에서 현재 동물들이 자유롭게 다닐 수 있도록 연결된 곳은 고작 2퍼센트도 안 된다고 한다.[35]

캐슬린 울프는 이런 녹지가 계속해서 일정 수준을 유지하며 다른 도시에 만들어지는 세상을 마음에 그린다. 만약 우리가 도시 녹지화라는 세계 공용어에 유창하다면 도시에 살면서도 습관처럼 자연을 찾고 있을지 모른다.

생물 다양성을 위한 디자인

보존생물학자 리처드 풀러는 도시화란 그 형태를 불문하고 자연을 심각하게 해친다고 확신한다. 땅에 건물을 지을 때마다 그곳에 존재하던 일정 수준의 자연적인 다양성을 파괴한다. 그러나 동시에 도시화가 세계의 생물 다양성을 '구할' 수도 있다고 풀러는 말한다. "도시화는 사람을 작은 지역으로 집중시킵니다. 이에 따라 그 지역의 생물 다양성은 파괴되지만, 지구를 차지하는 인간의 공간적 영향은 최소화됩니다." 그는 오스트레일리아에서 나에게 전화로 이렇게 말한다. 다시 말하면 인간의 정착지가 집중되면 지구의 다른 모든 생물에게 좋지 않지만, 정착지가 확산하면 더 최악의 상황이 된다는 것이다.

풀러는 이것이 인간의 거주지 조성에서 가장 핵심적인 난제라고 말한다. 우리가 콘크리트 상자 안에 많은 사람을 층층이 쌓아 올리면 이 밀집된 삶은 우리 건강을 해치지만 개발에서 배제된 자연환경은 보호받는다. 그러나 우리가 모두에게 녹지를 나눠준다면, 그래서 뒷마당과 정원을 넓히며 그 영향력을 확장한다면 우리에겐 좋겠으나 자연은 비참해진다. "모든 사람이 각각 6,000여 평을 소유하고 살았다면 세계의 생물 다양성은 진작 사라졌을 것입니다."

생물 다양성의 관점에서 우리가 할 수 있는 최선의 일은 인간의 거주지 개발을 멈추고, 이미 점유한 도시를 최대한 치유적 형태로 알차고 풍요롭게 만드는 것이다.

이런 인간의 경관은 인간의 변덕에 잘 맞춰줄 수 있는 형태여야 한다. 즉 도시의 녹지는 방문객의 기분에 따라 다양한 경험이 가능하도록 설계돼야 한다. 나는 반쯤은 환상 속의 완벽한 경관을 찾고 싶은 마음으로 이 프로젝트를 시작했음을 인정한다. 나무와 물과 들판이 도시 속에 자유분방하게 분산되어 모든 이가 다 만족할 만한 조화를 이루는 곳을 찾게 되기를 꿈꾸었다.

그러나 어쩌면 그런 곳은 존재하지 않는 게 나을지 모른다. 같은 종류의 나무가 똑같은 구조를 이루며 이미 어떤 곳일지 뻔히 아는 채로 새로운 공원을 여행하는 일이 얼마나 지루할지 상상해보라. 결국 자연을 경험하는 데 한 가지 방식만 있을 수는 없으며 한 장소가 매일 모두에게 완벽할 수는 없다.

지속적 공평함을 위한 디자인

도시 녹지는 다양한 야생생물과 경험뿐 아니라 사람의 다양성을 고려한 설계도 필요하다. 현재 도시의 녹지는 대부분 백인이 거주하는 부유한 지역에 몰려 있다. 그러나 연구 결과를 비롯한 모든 지표는 녹지가 좀 더 균등하게 조성될 때 열악한 환경의 주민과 특권층 사이의 보건상 격차를 줄일 수 있다고 말한다.[36]

다용도의 녹지 네트워크를 어디에 조성할 것인가 결정할 때는 이런 열악한 지역이 우선시돼야 한다. 그러나 단순히 새로운 녹지를 도시의 취약 지역에 조성하는 것만으로는 충분하지 않다. 장기적으로 그 지역의 기존 거주자들이 쫓겨나지 않을 것을 반드시 정책적으로 보장해야 한다.

'그린 젠트리피케이션green gentrification(또한 '생태학적 젠트리피케이션ecological gentrification' 혹은 '환경적 젠트리피케이션environmental gentrification'으로도 알려진)'은 녹지화 사업이 물리적·문화적 이동을 유발하는(부추기는) 과정을 설명한다. 도시 녹지화의 공평한 분배를 중점적으로 연구하는 유타대학의 도시 및 수도권 계획학부 조교수인 알레산드로 리골론Alessandro Rigolon은 시카고 60과 애틀랜타 벨트라인Atlanta BeltLine을 그 예로 든다.

시카고와 애틀랜타에 몇 킬로미터씩 건설된 푸른 보도들은 개발과 함께 그 수가 계속해서 늘어났고, 그와 동시에 주변 저소득층 지역의 부동산 가격도 급격히 치솟았다. 낙후된 도심 지역이 활성화되면서 기존 저소득층이 내몰리는 젠트리피케이션 현상은 한 공원에만 쐐기를 박고 끝낼 수 있는 것이 아니다. 그러나 녹지 사업은 그 지역을 살기 좋은 곳으로 만들기 마련이므로 현재 거주자들을 위한 보호 정책이 마련되지 않는다면 이런 사업은 사람들을 내쫓는 방식으로 악용될 뿐이다. "많은 도시는 모든 거주자가 공평하게 이익을 가져갈 것이라는 추정하에 지속 가능한 도시 조성 계획을 추진하지만, 현실적으로 가장 큰 이득은 대부분 부유층에게 쏠리는 경향이 있다." 2019년 연구 논문에서 리골론과 제러미 네메트Jeremy Németh는 이렇게 썼다.[37]

그렇다면 어떤 방식으로 녹지를 조성해야 사람들을 내몰지 않고 공평하게 이익을 나눠줄 수 있을까 하는 의문이 생긴다. 리골론에게 몇 가지 생각이 있다. "저소득층 유색인을 위한 사업이 한 번에 한 가지 효과만을 창출할 필요는 없다는 사실이 점차 명백해지고 있습니다. 한 가지 효과만을 목표로 하는 사업은 역효과를 일으킬 수 있습니다. 다양한 욕구를 한 번에 충족하려 할 때, 예를 들어 주택, 일자리, 교통, 거기에 녹지 조성을 한꺼번에 하려 할 때는 좀 더 신중하고 전체적으로 접근해야 합니다." 그는 저렴한 주택 공급, 기존 주택 소유주에 대한 세금 동결, 질 좋은 일자리 창출, 중소기업 지원 등 좀 더 광범위한 경기 부양책의 일부로 녹지 조성이 이루어지는 경우에 젠트리피케이션 현상으로 이어질 가능성이 더 작아진다는 사실을 발견했다.[38]

이처럼 대규모 계획은 가장 회복력 있는 공원이 할 수 있는 것보다 더 효과적으로 지역 보건에 이바지한다. "결국 사람들 대부분에게 가장 중요한 것은 자연을 즐길 수 있느냐보다 내 집이 있고 돈이 두둑한 통장이 있느냐죠. 하지만 이것들은 물론 서로 연결된 문제입니다." 리치 미첼은 이렇게 말한다.

이렇게 공원이 관계된 이주 방지 전략은 경기 부양책의 초기 단계에 시행돼야 하고, 마찬가지로 사업 변동이 생기는 경우에 지역 사회 구성원들과 의논하는 과정도 있어야 한다. "유색인이라고 공원에 관심이 없는 것이 아닙니다. 단지 이들의 의견을 아무도 묻지 않을 뿐이죠." 문화지리학자이자 《백인 사회의 검은 얼굴Black Faces, White Spaces》의 저자인 캐럴린 피니Carolyn Finney는 도시의 녹지 불평등 연구를 위한 공유지신탁기금과의 인터뷰에서 이렇게 말했다.[39] "도시는 이들이 목소리를 낼 기회를 줘야 합니다."

다양한 연령대와 여러 신체장애가 있는 이들도 계획 과정에 참여할 수 있어야 한다. 시각 장애 정도가 서로 다른 사람들과 일해본 경험이 있는 세라 벨은 그 이유에 대해 감각 정원sensory garden을 예로 든다. "감각 정원은 감각을 풍부하게 체험할 수 있도록 대규모 공원에 조성돼야 하지만, 실제로는 한구석에 작게 마련되어 있는 경우가 대부분입니다. 만약 제대로 조정 절차를 거쳤다면(예를 들어 접근하기 쉽게 경로를 조정하고, 공간에 대해 포용적으로 해석하는 등) 다양한 감각 수준을 가진, 움직이고 탐구하는 것에서 즐거움을 느끼고자 하는 이들을 위한 장소가 되었을 겁니다."

서로 다른 배경과 필요를 가진 지역 구성원과 협력하는 것은 녹지가 모두에게 유용하고 사용 가능한 편의 시설이 되기 위해 꼭 필요하다.

기후변화를 고려하는 디자인

녹지화가 비록 나무 몇 그루 심고 끝나는 간단한 것이 아니라고 해도 기후변화의 시대에 도시를 좀 더 회복력 있고 살기 적합한 곳으로 만드는 데 도움이 될 수 있다. 녹지화는 탄소 감소, 에너지 개혁, 친환경 교통수단 확대 등의 해결책과 결합할 필요가 있다. 그리고 지속 가능성의 관점에서 자연을 보호하는 것은 새로운 자연을 도시 속에 들이는 것만큼, 혹은 그 이상으로 중요하다.

그 이유를 이해하기 위해서는 어떻게 도시의 녹지가 생태계 서비스를 제공하는지를 특히 보건과 환경보호 분야에 중점을 맞춰 탐구한 5년간의 학제 간 협력 프로젝트 그린에쿼티헬스 GreenEquityHEALTH의 작업을 살펴봐야 한다.[40] 독일 라이프치히에서 진행한 프로젝트 중 하나는 유독 덥고 건조한 여름날에 노숙림이 있는 도시공원과 신설 공원의 건강상 이점을 비교하는 것이었다. 이들은 오래된 공원이 신설 공원보다 더 많은 생태계 서비스를 제공했으며 전체적으로 좀 더 편안한 장소로 느껴졌다는 사실을 발견했다.[41]

빽빽하게 머리 위를 덮은 나뭇가지들은 더 시원한 그늘을 제공했고, 발밑의 풀과 토양은 뜨거운 태양 아래에서 더 잘 견뎠다. 아마도 좀 더 자리 잡은 나무들의 네트워크가 신설 공원보다 더 많은 탄소를 흡수했을 것이고 생물 다양성도 더 높았기 때문으로 추측된다. 이 결과는 풍부한 생태계로 성장하기까지는 수십 년이 걸리며, 특히 도시가 계속해서 뜨거워지는 지금, 시간의 시험을 견뎌낸 오래된 자연은 더욱 보호돼야 한다는 사실을 우리에게 상기시킨다.

우리 도시의 미래에 무엇이 기다리고 있을지 알 수 없지만, 자연이 도시를 즐거운 곳으로 만들지 않는 미래란 상상하기 어렵다. 물론 도시의 자연을 위해 멀리 떨어진 야생의 자연을 소모품으로 여겨서는 안 된다. 가까운 자연과 멀리 있는 자연은 모두 없어서는 안될 존재로, 온 힘을 다해 보호해야 할 것이다.

자연은 현관 바로 앞에 펼쳐져 있다

나에게는 길 위에서 이 책을 쓰려는 원대한 계획이 있었다. 사막에서 몇 주간 땀을 흘리고, 숲 오두막에서 장기간 머물며 글을 쓰고, 그러다가 용기가 생기면 빙하 지역을 여행해볼 계획도 있었다. 모든 경관에 완전히 파묻혀 그 품에 적응해보고, 그렇게 해서 발견한 것을 쓰고 싶었다. 그러나 코로나19는 우리 모두에게 그랬듯 나에게도 계획이 전혀 다르게 흘러가게 했다.

나는 《리턴 투 네이처》의 주요 부분을 2020년 4월에서 2021년 4월 사이에 썼다. 처음 이 책이 출간될 예정이라는 소식을 들었을 때 세계는 막 전염병으로 인한 상실에 적응하고 있던 때였다. 그 황량한 초봄, 어떤 미래가 다가올 것인가 저마다 큰소리로 고민하며 지냈던 날들은 비록 단편적일지라도 매우 선명한 기억으로 남아 있다.

내가 분명하게 기억하는 순간은 셰릴 스트레이드Cheryl Strayed가 진행하는 팟캐스트를 듣던 중이었는데, 스트레이드의 목소리에는 그 모든 일을 실시간으로 겪으며 우리 전부가 느꼈던 불확실함이

서려 있었다.

"우리는 서로에게서 한 발자국 물러나야 하지만, 어쩌면 우리가 한 발자국 가까워질 수 있는 다른 것이 있을지 모릅니다." 돌이켜 생각해보니 그녀의 말이 맞았다. 그리고 많은 사람은 그것을 자연에서 발견했다.

나는 그토록 고통스러웠던, 그리고 지금 이 글을 쓰면서 그렇듯 계속해서 고통스러울 그 시간이 가르쳐준 것에 대해 분석하려 들지 않을 것이다. 내가 이야기하고자 하는 것은 2020년의 그 음울한 4월 이후, 친구들끼리 공원 벤치에 앉아 탄산수와 치즈를 사이에 두고 거리두기를 한 채 수다를 떨며 소박하게 소풍을 즐기는 것을 본 일이다.

나는 풀로 덮인 들판이 요가원으로 변하여 요가 매트가 2미터씩 간격을 두고 줄줄이 깔리는 것을 보았다. 사람들이 길거리에서 웃고 울고 소리 지르고, 먹고 나누고 사랑하고, 그리고 우리를 인간답게 만드는 모든 일을 하는 것을 옆에서 지켜봤다. 개가 주인과 산책하는 모습을 내가 살면서 볼 수 있으리라 생각했던 것보다 훨씬 더 많이 보았다. 나는 사람들이 밖에서 자기 삶을 있는 힘껏 살아가는 것을 보았다. 그리고 그 때문에 우리를 더 잘 볼 수 있었다.

강제로 멈춰 있어야 했던 그 몇 달, 우리는 세상이 우리 주위를 도는 것을 그저 보고만 있는 법을 배웠다. 그리고 세상의 움직임을 배웠다. 사계절이 지나는 동안 나뭇잎이 순환하는 모습, 구름이 하루 동안 추는 춤, 시시각각 움직이는 태양과 그림자……. 이 풍경은 우리가 창문 앞에서 받아들이고 길을 걸으며 본 중 가장 수수한 드라마다. 우리가 멀리 있는 자연 대신 가까이 있는 자연에 의지해야 했을 때마다 우리 옆의 자연은 수월하게 그 일을 해냈다.

이국적이고 길들지 않은 멋진 황야에 다시 푹 빠지게 되더라도, 나는 우리가 이 창문 앞 여정을, 안락의자 속 여행을 기억하길 바란다. 우리가 야외에서 마주치는 작은 경이와 놀라움의 순간을 계속해서 구하길, 그래서 더 커다란 것들에는 더욱더 벅차오를 수 있길 바란다. 우리가 자연에서 단절된 세상이 어떤 모습으로 변할 수 있는지 기억하길 바란다. 나는 우리가 그런 세상이 현실이 되지 않도록 온 힘을 다해서 할 수 있는 일은 모조리 하길 바란다. 거기에 이 책이 도움이 되길 바란다.

이제 우리는 어디로 가게 될까? 물론 밖으로 나갈 것이다. 이 책을 쓰며 내가 이야기를 나눈 전문가들은 어떻게 자연이 건강에 영향을 주는지에 관해 아직 모르는 것이 많다는 걸 인정했지만, 그렇다고 그 때문에 실내에만 매여 있어서는 안 된다.

나는 한때 이 책을 다 쓰고 나면 모두가 회복된 몸과 새로워진 마음으로 돌아갈 수 있는 아늑함과 경외심이 완벽히 조화를 이루는 어떤 이상적 경관을 찾게 될 것이라고 순진하게 기대했다. 나쁜 소식을 전하자면 그런 장소는 존재하지 않는다. 하지만 이는 또한 멋진 소식이기도 하지 않을까? 그렇다면 우리가 그런 곳을 창조할 수 있다는 뜻이기 때문이다.

결국 자연과 우리의 관계는 몹시 사적이다. 우리가 발견한 외부 세계를 현실 속에 구체화해 나가는 것은 궁극적으로 우리 내면의 경관이다.

몇 달 전, 스트레이드가 이야기를 나누었던 게스트는 왕성하게 활동하는 작가이자 철학자인 피코 아이어Pico Iyer였다. 그는 지난 시간 동안 나도 품어온 생각들을 이야기했다.

"인생은 슬픔의 세계에 기쁘게 함께하는 것입니다. 모든 생명은 죽음으로 끝나고 모든 만남은 헤어짐으로 끝나지만, 그렇다고 비통해할 일은 아닙니다. 지금 당장 우리의 아름다움과 기쁨을 찾아야 할 이유일 뿐입니다."[1]

우리 세상은 이제까지 그래왔듯 슬픔투성이다. 우리는 사회와 환경의 위기라는 벼랑 앞에 서 있고, 이는 단순히 산림욕을 한다고 해서 해결되지 않는 일들이다. 그러나 내가 이 글을 쓰면서 배운 것이 있다면, 우리가 갈구하는 해결책을 우리 안에서만 찾아 헤맬 때 실제로 도움을 받으려면 밖으로 나가야 한다는 사실이다.

자연은 우리처럼 기쁨과 고통으로 가득 차 있다. 그 안에서 우리는 분명하게 자기 모습을 본다. 우리는 눈처럼 강력하고 독단적인, 파도처럼 예측할 수 없고, 강처럼 단호한 자신의 힘을 발견한다. 우리 자신의 미묘함, 즉 인간성을 깨닫는다.

나는 콘크리트 속에 사는 어른인데도 숲속에 살던 어린 시절로 돌아갈 방법을 찾기 위해 이 작업을 시작했다. 그 과정에서 녹색과 회색 사이에 내 상상보다 훨씬 더 많은 색조가 있다는 것을, 그리고 그것들이 전부 현관 바로 앞에 펼쳐져 있으며, 내 내면도 꼭 그렇다는 것을 깨달았다. 나는 도시를 내다보며 선명한 파랑과 보라, 짙은 빨강과 노랑, 불타오르는 주황을 본다. 창문을 열어 처음인 듯 신선한 공기를 들이마시며 그 모든 것을 내 안으로 들여놓는다.

감사의 말

이런 큰 프로젝트를 할 때 나는 보통 삶의 다른 부분은 제쳐놓는 경우가 많다. 그럴 때마다 인내심을 가지고 지켜봐준 필, 준, 에밀리, 존, 그 외의 자가 격리 동지들에게 감사한다. 당신들은 최고다.

주말 동안 산속에서 글을 쓸 동안 집, 냉장고, 커피 메이커를 기꺼이 빌려준 어머니에게, 그리고 계속해서 전화로 나에게 해낼 수 있다고 말해준 아버지에게 무한한 감사를 전한다. 두 분을 영원히 사랑한다.

린지, 당신을 나의 영원한 공동 저자이자 친구라고 말할 수 있어 행운이다. 조언과 격려에 감사한다. 책에 전념할 수 있도록 시간과 공간을 허락해준 마인드보디그린 팀에도 정말 감사하다.

《리턴 투 네이처》는 분명한 길로 가도록 중심을 잡고 수없이 옆길로 새는 것을 막아준 나의 훌륭한 편집자 애나 포스텐바크가 아니었다면 불가능했을 것이다. 첼시 스즈매니아의 철저한 사실 검증에 특별한 감사를 전한다.

나는 이 책을 위한 인터뷰를 배 위에서나 하이킹 중에(혹은 적어도 전망 좋은 연구실에서) 하게 될 것으로 생각했다. 대신에 인터뷰는 모두 줌Zoom을 통해 이루어졌다. 지난 몇 년 동안 나에게 수천 킬로미터의 '여행'을 허락해준, 그리고 부탄의 산들과 잉글랜드의 해안으로, 멜버른과 나이로비만큼 머나먼 곳에 있는 사람들에게게로 연결해준 이 기술에 무척 감사한다.

모든 연구원, 모험가, 그리고 이 책을 위해 나와 이야기해줄 만큼 관대한, 자연을 사랑하는 이들에게 진심 어린 감사의 말을 전한다. 당신들의 지성 덕분에 이 책이 제 모습을 갖추었다. 이보다 더 즐거운 인터뷰는 없었으며, 이 책이 자랑스럽길 희망한다.

나는 이 책의 대부분을 본래 원주민의 것인 영토에서 썼으며, 그곳의 최초 관리자는 카나시Canarsee 부족임을 여러분이 알아주었으면 한다.

글쓰기는 찾고, 받아들이고, 자기 한계와 일하는 것이다. 플로렌스 윌리엄스, 로버트 맥팔레인, 리처드 루브, 그리고 나보다 먼저 자연에 목소리를 준 다른 모든 작가에게 감사한다. 당신의 단어들은 내가 한계에서 한 발자국 더 벗어날 수 있도록 영감을 주었다.

마지막으로, 맨해튼의 스카이라인과 버몬트의 그린 산맥, 매사추세츠의 지평선, 메인주의 해안, 그리고 그 외에 글을 쓰는 기나긴 날 동안 나를 지켜준 모든 풍경에 감사한다. 당신이 있어 이 책이 가치 있다.

함께 읽어보기를 권하는 책

1장 공원과 정원, 공동체 안에서 나를 발견하는 방법

《구름 관찰자를 위한 가이드》(개빈 프레터피니 지음, 김성훈 옮김, 김영사, 2014)

《발밑의 미생물, 몸속의 미생물》(데이비드 몽고메리, 앤 비클레 지음, 권예리 옮김, 눌와, 2019)

2장 바다와 해안, 행복을 일깨워주는 기억

《블루 마인드》(윌러스 니콜스 지음, 신영경 옮김, 프리렉, 2015)

《깊은 바다, 프리다이버》(제임스 네스터 지음, 김학영 옮김, 글항아리, 2019)

《바다》(데보라 크랙넬 지음, 이미숙 옮김, 북스힐, 2019)

《수영의 이유》(보니 추이 지음, 문희경 옮김, 김영사, 2021)

3장 산과 고지대, 세상을 바라보는 관점의 변화

《온 트레일스》(로버트 무어 지음, 전소영 옮김, 와이즈베리, 2017)

《산에 오르는 마음》(로버트 맥팔레인 지음, 노만수 옮김, 글항아리, 2023)

《Chief John Snow, *These Mountains Are Our Sacred Places: The Story of the Stoney People*, Univ of Toronto Pr, 1977》

《Ned Morgan, *In the Mountains: The Health and Wellbeing Benefits of Spending Time at Altitude*, Aster, 2019》

4장 숲과 나무, 지혜와 영감을 채우는 시간

《나무 수업》(페터 볼레벤 지음, 장혜경 옮김, 위즈덤하우스, 2016)

《자연 치유》(칭리 지음, 심우경 옮김, 푸른사상, 2019)
《이끼와 함께》(로빈 월 키머러 지음, 하인해 옮김, 눌와, 2020)
《Julia Plevin, *The Healing Magic of Forest Bathing: Finding Calm, Creativity, and Connection in the Natural World*, Ten Speed Press, 2019》

5장 눈과 빙하, 마음이 회복되는 거대한 힘
《북극을 꿈꾸다》(배리 로페즈 지음, 신해경 옮김, 봄날의책, 2014)
《자기만의 침묵》(엘링 카게 지음, 김민수 옮김, 민음사, 2019)
《언더랜드》(로버트 맥팔레인 지음, 조은영 옮김, 소소의책, 2020)
《Gordon Hempton and John Grossmann, *One Square Inch of Silence: One Man's Quest to Preserve Quiet*, Atria Books, 2009》
《M Jackson, *The Secret Lives of Glaciers*, Green Writers Press, 2019》
《Robert Macfarlane, *Underland: A Deep Time Journey*, W. W. Norton & Company, 2020》

6장 사막과 건조지, 내 안의 두려움과 맞서기
《사막의 고독》(에드워드 애비 지음, 황의방 옮김, 두레, 2023)
《Terry Tempest Williams, *Erosion: Essays of Undoing*, Sarah Crichton Books, 2019》
《Gary Paul Nabhan, *The Nature of Desert Nature*, University of Arizona Press, 2020》

7장 강과 개울, 삶의 여정 되돌아보기
《강으로》(올리비아 랭 지음, 정미나 옮김, 현암사, 2018)
《Heather Hansman, *Downriver: Into the Future of Water in the West*, The University of Chicago Press, 2019》

8장 도시와 시가지, 일상에서 만나는 작은 치유
《생태 영성》(르웰린 보간리 엮음, 김준우 옮김, 한국기독교연구소, 2014)
《플랜 드로다운》(폴 호컨 엮음, 이현수 옮김, 글항아리사이언스, 2019)

《자연에서 멀어진 아이들》(리처드 루브 지음, 김주희, 이종인 옮김, 즐거운상상, 2017)

《자연이 마음을 살린다》(플로렌스 윌리엄스 지음, 문희경 옮김, 더퀘스트, 2018)

《향모를 땋으며》(로빈 월 키머러 지음, 노승영 옮김, 에이도스, 2020)

《아이디얼 시티》(Space 10, 게슈탈텐 지음, 안세라 옮김, 차밍시티, 2022)

《우리가 구할 수 있는 모든 것》(나오미 클라인 외 59인 지음, 아야나 엘리자베스 존 외 2인 엮음, 김현우 외 4인 옮김, 나름북스, 2022)

《Peter H. Kahn Jr. and Patricia H. Hasbach(editor), *Ecopsychology: Science, Totems, and the Technological Species*, MIT Press, 2012》

《Carolyn Finney, *Black Faces, White Spaces: Reimagining the Relationship of African Americans to the Great Outdoors*, The University of North Carolina Press, 2014》

《Dorceta E. Taylor, *The Rise of the American Conservation Movement: Power, Privilege, and Environmental Protection*, Duke University Press Books, 2016》

《Steven Cohen, *The Sustainable City*, Columbia University Press, 2017》

《John Freeman, *Tales of Two Planets: Stories of Climate Change and Inequality in a Divided World*, Penguin Books, 2020》

《Julia Watson, *Lo—TEK: Design by Radical Indigenism*, Taschen America Llc, 2020》

주석

들어가며

1 *The National Human Activity Pattern Survey (NHAPS)*, N. Klepeis, W. Nelson, W. Ott, J. Robinson, A. Tsang, P. Switzer, J. Behar, et al., 2001, 다음 논문 13페이지 참조. https://eta-publications.lbl.gov/sites/default/files/lbnl-47713.pdf.

2 *The Nature of Americans: Disconnection and Recommendations for Reconnection*, S. Kellert, D. Case, D. Escher, D. Witter, J. Mikels-Carrasco, and P.Seng, Yale University, 2017 http://natureofamericans.org/sites/default/files/reports/Nature-of-Americans_National_Report_1.3_4-26-17.pdf.

3 Time Flies: U.S. Adults Now Spend Nearly Half a Day Interacting with Media, Nielsen, 2018, https://www.nielsen.com/us/en/insights/article/2018/time-flies-us-adults-now-spend-nearly-half-a-day-interacting-with-media.

4 World Health Organization, "Depression", 2021, https://www.who.int/news-room/fact-sheets/detail/depression.

5 National Institute of Mental Health, "Mental Illness", 2021, https://www.nimh.nih.gov/health/statistics/mental-illness.sthml; Anciety and Depression Association of America, "Facts and Statistics", n.d, https://adaa.org/understanding-anxiety/facts-statistics.

6 "Heating Arctic May Be to Blame for Snowstorms in Texas, Scientists Argue", Oliver Milman, *Guardian*, 2021, https://www.theguardian.com/science/2021/feb/17/arctic-heating-winter-storms-climate-change.

7 "Two-Thirds of Americans Think Government Should Do More on Climate", A. Tyson and B.Kennedy, Pew Research Center Science & Science & Society, 2020, https://www.pewresearch.org/science/2020/06/23/two-thirds-of-americans-think-government-should-do-more-on-climate.

8 "Urban Nature and Well-Being: Some Empirical Support and Design Implications," C. Knecht, *Berkeley Planning Journal* 17, 2004, https://doi.org/10.5070/ bp317111508.

9 《향모를 땋으며》(로빈 월 키머러 지음, 노승영 옮김, 에이도스, 2020).

10 Wilderness Act of 1964, Public Law 88-577, Wilderness Connect, https:// wilderness.net/learn-about-wilderness/key-laws/wilderness-act/default.php.

11 "A Qualitative Exploration of the Wilderness Experience as a Source of Spiritual Inspiration", L. M. Fredrickson and D. H. Anderson, *Journal of Environmental Psychology* 19, no. 1, 1999, https://doi.org/10.1006/jevp.1998.0110.

12 "Bird Sounds and Their Contributions to Perceived Attention Restoration and Stress Recovery", E. Ratcliffe, B. Gatersleben, and P. T. Sowden, *Journal of environmental Psychology* 36, 2013, https://doi.org/10.1016/j.jenvp.2013.08.004.

13 *The Carbon Majors Database: CDP Carbon Majors Report, Paul Griffin*, 2017, https://cdn.cdp.net/cdp-production/cms/reports/documents/000/002/327/ original/Carbon-Majors-Report-2017.pdf?1501833772.

14 "Meta-analysis of Human Connection to Nature and Proenvironmental Behavior", J. Whitburn, W. Linklater, and W. Abrahamse, *Conservation Biology* 34, no. 1, 2019, https://doi.org/10.1111/cobi.13381.

15 "Associations Between Pro-environmental Behaviour and Neighbourhood Nature, Nature Visit Frequency, and Nature Appreciation: Evidence from a Nationally Representative Survey in England", *Environment International* 136, 2020, https:// doi.org/10.1016/j.envint.2019.105441.

1장 공원과 정원, 공동체 안에서 나를 발견하는 방법

1 "Forgotten Landscapes: Bringing Back the Rich Grasslands of the Southeast", J. Marinelli, Yale Environment 360, 2019, https://e360.yale.edu/features/forgotten-landscapes-bringing-back-the-rich-grasslands-of-the-southeast.

2 "Green Spaces and Mortality: A Systematic Review and Meta-analysis of Cohort Studies", D. Rojas-Rueda, M. J. Nieuwenhuijsen, M. Gascon, D. Perez-Leon, and P. Mudu, *Lancet Planetary Health* 3, no. 11, 2019, https://doi.org/10.1016/s2542-5196(19)30215-3.

3 "A Sibling Study of Whether Maternal Exposure to Different Types of Natural Space Is Related to Birthweight", E. A. Richardson, N. K. Shortt, R. Mitchell, and J. Pearce, *International Journal of Epidemiology* 47, no. 1, 2017, https://doi. org/10.1093/ije/dyx258.

4 "Greenness and Birth Outcomes in a Range of Pennsylvania Communities", J. Casey, P. James, K. Rudolph, C. D. Wu, B. Schwartz, *International Journal of Environmental Research and Public Health* 13, no. 3, 2016, https://doi.org/10.3390/ ijerph13030311.

5 "More Green Spaces Can Help Boost Air Quality, Reduce Heart Disease Deaths", American Heart Association, *ScienceDaily*, 2020, https://www.sciencedaily.com/ releases/2020/11/201109074111.htm.

6 "More Green Space Is Linked to Less Stress in Deprived Communities: Evidence from Salivary Cortisol Patterns", C. Ward Thompson, J. Roe, P. Aspinall, R. Mitchell, A. Clow, and D. Miller, *Landscape and Urban Planning* 105, no. 3, 2012, https://doi.org/10.1016/j.landurbplan.2011.12.015.

7 "Morbidity Is Related to a Green Living Environment", J. Maas, R. A. Verheij, S. de Vries, P. Spreeuwenberg, F. G. Schellevis, and P. P. Epidemiology and Community *Health* 63, no. 12, 2009, https://doi.org/10.1136/jech.2008.079038.

8 "Building the Science Base: Ecopsychology Meets Epidemiology", H. Frumkin, *Ecopsychology: Science, Totem, and the Technological Species*, Cambridge, 2012.

9 "Do Humans Really Prefer Semi-open Natural Landscapes? A Cross-Cultural Reappraisal", C. M. Hagerhall, A. Ode Sng, J.-E. Englund, F.Ahlner, K. Rybka, J. Huber, and N.Burenhult, *Frontiers in Psychology* 9, no. 1, 2018, https://doi. org/10.3389/fpsyg.2018.00822.

10 "Where Does Community Grow?: The Social Context Created by Nature in Urban Public Housing", R. L. Coley, W. C. Sullivan, and F. E. Kuo, *Environment and Behavior* 29, 1997, https://doi.org/10.1023/a:1022294028903.

11 "Fertile Ground for Community: Inner-City Neighborhood Common Spaces", F. E. Kuo, W. C. Sullivan, R. L. Coley, and L. Brunson, *American Journal of Community Psychology* 26, 1998, https://doi.org/10.1023/a:1022294028903.

12 "Resident Appropriation of Defensible Space in Public Housing: Implications for Safety and Community", L. Brunson, F. E. Kuo, W. C. Sullivan, *Environment and Behavior* 33, 2001, https://doi.org/10.1177/00139160121973160.

13 "The Role of Arboriculture in a Healthy Social Ecology", F. E. Kuo, *Journal of Arboriculture*, 2003, http://www.globalbioenergy.org/uploads/media/The_role_of_

arboriculture_in_a_healthy_social_ecology.pdf.

14 "Functional Neurotically Associated with Natural and Urban Scenic Views in the Human Brain: 3.0T Functional MR Imaging", G.-W. Kim, G.-W. Jeong, T.-H. Kim, H.-S. Baek, S.-K. Oh, H.-K. Kang, S.-G. Lee, et al, *Korean Journal of Radiology* 11, 2010, https://doi.org/10.3348/kjr.2010.11.5.507.

15 "Social Relationships and Health: A Flashpoint for Health Policy", D. Umberson and J. Karas Montez, *Journal of Health and Social Behavior* 51, 2010, https://doi.org/10.1177/0022146510383501.

16 "Relationships and Inflammation Across the Lifespan: Social Developmental Pathways to Disease", C. P. Fagundes, J. M. Bennett, H. M. Derry, and J. K. Kiecolt-Glaser, *Social and Personality Psychology Compass* 5, 2011, https://doi.org/10.1111/j.1751-9004.2011.00392.x.

17 "Relationship Between Perceived Social Support and Immune Function", T. Miyazaki, T. Ishikawa, H. Iimori, A. Miki, M. Wenner, I. Fukunishi, and N. Kawamura, *Stress and Health* 19, 2003, https://doi.org/10.1002/smi.950.

18 팟캐스트 〈온 빙On Being〉, G. Hempton, 2019.8.29., https://onbeing.org/programs/gordon-hempton-silence-and-the-presence-of-everything.

19 "Bird Sounds and Their Contributions", Ratcliffe, Gatersleben, and Sowden, Journal of Environmental Psychology, 2013.

20 《삶에서 가장 즐거운 것》(존 러벅 지음, 이순영 옮김, 문예출판사, 2009)

21 "Can Clouds Buy Us More Time to Solve Climate Change?", Kate Marvel, TED, 2017, https://www.youtube.com/watch?v=Tmk7nAvpMXQ.

22 《구름 읽는 책》(개빈 프레터피니 지음, 김성훈 옮김, 도요새, 2014)

23 "Associations of Neighbourhood Greenness with Physical and Mental Health: Do Walking, Social Coherence, and Local Social Interaction Explain the Relationships?", T. Sugiyama, E. Leslie, B. Giles-Corti, and N. Owen, *Journal of Epidemiology and Community Health* 62, 2008.

24 "Physiological and Psychological Effects of a Walk in Urban Parks in Fall", C. Song, H. Ikei, M. Igarashi, M. Takagaki, and Y. Miyazaki, *International Journal of Environmental Research and Public Health* 12, no. 11, 2015, https://doi.org/10.3390/ijerph121114216.

25 *Walk with a Doc 2017 Evaluability Assessment*, Limetree Research, K. Horton and J. Loyo, 2017, https://walkwithadoc.org/wp-content/uploads/Evaluability-

Report-2018.pdf.

26 *Healthy Parks Healthy People: Bay Area, A Roadmap and Case Study for Regional Collaboration*, Institute at the Golden Gate, 2017, https://instituteatgoldengate.org/resources/hphp-bay-area-roadmap-case-studies.

27 "Building Mindfulness Bottom-Up: Meditation in Natural Settings Supports Open Monitoring and Attention Restoration", F. Lymeus, P. Lindberg, and T. Hartig, *Consciousness and Cognition* 59, 2018, https://doi.org/10.1016/j.concog.2018.01.008.

28 "Natural Meditation Setting Improves Compliance with Mindfulness Training", F. Lymeus, P. Lindberg, and T. Hartig, *Journal of Environmental Psychology* 64, 2019, https://doi.org/10.1016/j.jenvp.2019.05.008.

29 "Mindfulness-Based Restoration Skills Training(ReST) in a Natural Setting Compared to Conventional Mindfulness Training: Psychological Functioning After a Five-Week Course", F. Lymeus, M. Ahrling, J. Apelman, C. de Mander Florin, C. Nilsson, J. Vincenti, A. Zetterberg, et al., *Frontiers in Psychology* 11, no 1, 2020, https://doi.org/10.3389/fpsyg.2020.01560.

30 "Meditation, Restoration, and the Management of Mental Fatigue", S. Kaplan, *Environment and Behavior* 33, 2001, https://doi.org/10.1177/00139160121973106.

31 "Forty-Second Green Roof of Views Sustain Attention: The Role of Micro-breaks in Attention Restoration", K. E. Lee, K. J. H. Williams, L. D. Sargent, N. S. G. Williams, and K. A. Johnson, *Journal of Environmental Psychology* 42, 2015, https://doi.org/10.1016/j.jenvp.2015.04.003.

32 *Bird Life*, S. W. Kress and J. D. Dawson, New York: St. Martin's, 2001.

33 "Birdsongs Keep Pace with City Life: Changes in Song over Time in an Urban Songbird Affects Communication", D. A. Luther and E. P. Derryberry, *Animal Behaviour* 83, 2012, https://doi.org/10.1016/j.anbehav.2012.01.034.

34 "Artificial Night Lighting Affects Dawn Song, Extra-Pair Siring Success, and Lay Date in Songbirds", B. Kempenaers, P. Borgstrom, P. Loes, E. Schlicht, and M. Valcu, *Current Biology* 20, 2010, https://doi.org/10.1016/j.cub.2010.08.028.

35 "Using Engagement-Based Strategies to Alter Perceptions of the Walking Environment", J. Duvall, *Environment and Behavior* 45, 2011, https://doi.org/10.1177/0013916511423808.

36 "Benefits of Gardening Activites for Cognitive Function According to Measurement

of Brain Nerve Growth Factor Levels", S.-A. Park, A.-Y Lee, H.-G. Park, and W.-L. Lee, *International Journal of Environmental Research and Public Health* 16, 2019, https://doi.org/10.3390/ijerph16050760.

37 "Gardening Promotes Neuroendocrine and Affective Restoration from Stress", A. E. Van Den Berg and M. H. G. Custers, *Journal of Health Psychology* 16, 2010, https://doi.org/10.1177/1359105310365577.

38 "Lifestyle Factors and Risk of Dementia: Dubbo Study of the Elderly", L. A. Simons, J. Simons, J. McCallum, and Y. Friedlander, *Medical Journal of Australia* 184, 2006, https://doi.org/10.5694/j.1326-5377.2006.tb00120.x.

39 "Effects of Horticultural Therapy on Mood and Heart Rate in Patients Participating in an Inpatient Cardiopulmonary Rehabilitation Program", M. Wichrowski, J. Whiteson, F. Haas, A. Mola, and M. J. Rey, *Journal of Cardiopulmonary Rehabilitation* 25, 2005, https://doi.org/10.1097/00008483-200509000-00008.

40 "The Paradox of Parks in Low-Income Areas: Park Use and Perceived Threats", D. A. Cohen, B. Han, K. P. Derose, S. Williamson, T. Marsh, L. Raaen, and T. L. McKenzie, *Environment and Behavior and Prevention* 48, 2016, https://doi.org/10.1177/0013916515614366.

41 *Reversing America's Wildlife Crisis*, National Wildlife Federation, 2018, https://wildlife.org/wp-content/uploads/2018/03/Reversing-Americas-Wildlife-Crisis-032918.pdf.

42 "UN Report: Nature's Dangerous Decline 'Unprecedented'; Species Extinction Rates 'Accelerating'", *United Nations*, 2019, https://www.un.org/sustainabledevelopment/blog/2019/05/nature-decline-unprecedented-report.

43 "US Imperiled Species Are Most Vulnerable to Habitat Loss on Private Lands", A. J. Eichenwald, M. J. Evans, and J. W. Malcom, *Frontiers in Ecology and the Environment* 18, 2020, https://doi.org/10.1002/fee.2177.

44 "Bee Abundance and Diversity in Suburban Yards", US Department of Agriculture Forest Service, 2020, https://www.nrs.fs.fed.us/urban/landscape_change/bee-habitat.

45 "Nature Is Everywhere—We Just Need to Learn to See It", E. Marris, TED, June 2016, https://www.ted.com/talks/emma_marris_nature_is_everywhere_we_just_need_to_learn_to_see_it?language=en#t-752970.

46 "More Plastic in the World Means More Plastic in Osprey Nests", Erica Cirino,

Audubon, 2017, https://www.audubon.org/news/more-plastic-world-means-more-plastic-osprey-nest.

47 "Availability of Recreational Resources in Minority and Low Socioeconomic Status Areas", L. V. Moore, A. V. Diez Roux, K. R. Evenson, A. P. McGinn, and S. J. Brines, *American Journal of Preventive Medicine* 34, 2008, https://doi.org/10.1016/j.amepre.2007.09.021.

48 "The Heat Is On", Trust for Public Land, 2020, https://www.tpl.org/the-heat-is-on.

49 "Disparities in Distribution of Particulate Matter Emission Sources by Race and Poverty Status", I. Mikati, A. F. Benson, T. J. Luben, J. D. Sacks, and J. Richmond-Bryant, *American Journal of Public Health* 108, 2018, https://doi.org/10.2105/ajph.2017.304297.

50 "Redlining in New Deal America", Mapping Inequality, https://dsl.richmond.edu/panorama/redlining/#loc=5/39.1/-94.58.

51 "Chronic Disease Disparities by County Economic Status and Metropolitan Classification, Behavioral Risk Factor Surveillance System, 2013", K. M. Shaw, K. A. Theis, S. Self-Brown, D. W. Roblin, and L. Barker, *Preventing Chronic Disease* 13, 2016, https://doi.org/10.5888/pcd13.160088.

52 "How Decades of Racist Housing Policy Left Neighborhoods Sweltering", B. Plumer, N. Popovich, and B. Palmer, *New York Times*, 2020, https://doi.org/10.5888/pcd13.160088.

53 "Neighborhood Environments and Socioeconomic Inequalities in Mental Well-Being", R. J. Mitchell, E. A. Richardson, N. K. Shortt, and J. R. Pearce, *American Journal of Preventive Medicine* 49, 2015, https://doi.org/10.1016/j.amepre.2015.01.017.

54 "Parks and the Pandemic", Trust for Public Land, 2020, https://www.tpl.org/parks-and-the-pandemic.

55 "The ParkScore Index: Methodology and FAQ", Trust for Public Land, 2020, https://www.tpl.org/parkscore/about.

2장 바다와 해안, 행복을 일깨워주는 기억

1 "Percentage of Total Population Living in Coastal Areas", United Nations, 2007, https://www.un.org/eas/sustedev/natlinfo/indicators/methodology_sheets/oceans_

seas_coasts/pop_coastal_areas.pdf.

2 "Does Living by the Coast Improve Health and Wellbeing?", B. W. Wheeler, M. White, W. Stahl-Timmins, and M. H. Depledge, *Health & Place* 18, 2012, https://doi.org/10.1016/j.healthplace.2012.06.015.

3 "Coastal Proximity and Mental Health Among Urban Adults in England: The Moderating Effect of Household Income", J. K. Garrett, T. J. Clitherow, M. P. White, B. W. Wheeler, and L. E. Fleming, *Health & Place* 59, 2019, https://doi.org/10.1016/j.healthplace.2019.102200.

4 "Happiness Is Greater in Natural Environments", G. MacKerron and S. Morato, *Global Environmental Change* 23, 2013, https://doi.org/10.1016/j.gloenvcha.2013.03.010.

5 "Feelings of Restoration from Recent Nature Visits", M. P. White, S. Pahl, K. Ashbullby, S. Herbert, and M. H. Depledge, *Journal of Environmental Psychology* 35, 2013, https://doi.org/10.1016/j.jenvp.2013.04.002.

6 "Coastal Blue Space and Depression in Older Adults", S. Dempsey, M. T. Devine, T. Gillespie, S. Lyons, and A. Nolan, *Health & Place* 54, 2018, https://doi.org/10.1016/j.healthplace.2018.09.002.

7 "Effects of the Coastal Environment on Well-Being", C. Peng, K. Yamashita, and E. Kobayashi, *Journal of Coastal Zone Management* 19, 2016, https://www.longdom.org/open-access/effects-of-the-coastal-environment-on-wellbeing-jczm-1000421.pdf.

8 "Using Functional Magnetic Resonance Imaging(fMRI) to Analyze Brain Region Activity When Viewing Landscapes", L.-C. Tang, Y.-P. Tsai, Y.-J. Lin, J.-H. Chen, C.-H. Hsieh, S.-H. Hung, W. C. Sullivan, et al., *Landscape and Urban Planning* 162, 2017, https://doi.org/10.1016/j.landurbplan.2017.02.007.

9 "Effects of Physical Exercise on Cognitive Funtioning and Wellbeing: Biological and Psychological Benefits", L. Mandolesi, A. Polverino, S. Montuori, F. Foti, G. Ferraioli, P. Sorrentino, and G. Sorrentino, *Frontiers in Psychology* 9, 2018, https://doi.org/10.3389/fpsyg.2018.00509.

10 "Neighbourhood Blue Space, Health, and Wellbeing: The Mediating Role of Different Types of Physical Activity", T. P. Pasanen, M. P. White, B. W. Wheeler, J. K. Garrett, and L. R. Elliott, *Environment International* 131, 2019, https://doi.org/10.1016/j.envint.2019.105016.

11 "Moving Beyond Green: Exploring the Relationship of Environment Type and Indicators of Perceived Environmental Quality on Emotional Well-Being Following Group Walks", M. Marselle, K. Irvine, A. Lorenzo-Arribas, and SL. L. Warber, *International Journal of Environmental Research and Public Health* 12, 2014, https://doi.org/10.3390/ijerph120100106.

12 "Negative Air Ions and Their Effects on Human Health and Air Quality Improvement", S.-Y. Jiang, A. Ma, and S. Ramachandran, *International Journal of Molecular Sciences* 19, 2018, https://doi.org/10.3390/ijms19102966.

13 "Controlled Trial Evaluation of Exposure Duration to Negative Air Ions for the Treatment of Seasonal Affective Disorder", B. Bowers, R. Flory, J. Ametepe, L. Staley, A. Patrick, and H. Carrington, *Psychiatry Research* 259, 2018, https://doi.org/10.1016/j.psychres.2017.08.040.

14 "Water-Generated Negative Air Ions Activate NK Cell and Inhibit Carcinogenesis in Mice", R. Yamada, S. Yanoma, M. Akaike, A. Tsuburaya, Y. Sugimasa, S. Takemiya, H. Motohashi, et al., *Cancer Letters* 239, 2006, https://doi.org/10.1016/j.canlet.2005.08.002.

15 "The Historic Healing Power of the Beach", A. Braun, *The Atlantic*, 2013, https://www.theatlantic.com/health/archive/2013/08/the-historic-healing-power-of-the-beach/279175.

16 《바다》(데보라 크랙넬 지음, 이미숙 옮김, 북스힐, 2019)

17 "Blue Spaces: Why Time Spent near Water Is the Secret of Happiness", E. Hunt, *Guardian*, 2019, https://www.theguardian.com/lifeandstyle/2019/nov/03/blue-space-living-near-water-good-secret-of-happiness.

18 "Exploring the Effect of Red and Blue on Cognitive Task Performances", T. Xia, L. Song, T. T. Wang, L. Tan, and L. Mo, *Frontiers in Psychology* 7, 2016, https://doi.org/10.3389/fpsyg.2016.00784.

19 《블루 마인드》(월러스 니콜스 지음, 신영경 옮김, 프리렉, 2015)

20 "Breaking the Surface: Psychological Outcomes Among U.S. Active Duty Service Members Following a SurfTherapy Program", K. H. Walter, N. P. Otis, T. N. Ray, L. H. Glassman, B. Michalewicz-Kragh, A. L. Powell, and C. J. Thomsen, *Psychology of Sport and Exercise* 45, 2019, https://doi.org/10.1016/j.psychsport.2019.101551.

21 *Waves for Change, Waves for Change, Reflections*, 2020, https://www.waves-for-change.org/wp-content/uploads/2020/09/Waves-for-Change_2019-Annual-

Report.pdf.

22 "Surfing and the Senses: Using Body Mapping to Understand the Embodied and Therapeutic Experiences of Young Surfers with Autism", E. Britton, G. Kindermann, and C. Carlin, *Global Journal of Community Psychology Practice* 11, 2020, https://www.researchgate.net/publication/341214795_Surfing_and_the_Senses_Using_Body_Mapping_to_Understand_the_Embodied_and_Therapeutic_Experiences_of_Yong_Surfers_with_Autism.

23 "A Coastal Walk Helps You Sleep Longer", National Trust, 2019, https://nt.global.ssl.fastly.net/documents/sleep-mood-and-coastal-walking---a-report-by-eleanor-ratcliffe.pdf.

24 "Examining the Short-Term Anxiolytic and Antidepressant Effect of Floatation-REST", J. S. Feinstein, S. S. Khalsa, H. Yeh, C. Wohlrab, W. K. Simmons, M. B. Stein, and M. P. Paulus, *PLOS ONE* 13, https://doi.org/10.1371/journal.pone.0190292.

25 "Examinning the Short-Term Anxiolytic and Antidepressant Effect of Floatation-REST", J. S. Feinstein, S. S. Khalsa, H. Yeh, C. Wohlrab, W. K. Simmons, M. B. Stein, and M. P. Paulus, *PLOS ONE* 13, 2018, https://doi.org/10.1371/journal.pone.0190292.

26 "Mind-Wandering and Alterations to Default Mode Network Connectivity When Listening to Naturalistic Versus Artificial Sounds", C. D. Gould van Praag, S. N. Garfinkel, O. Sparasci, A. Mees, A. O. Philippides, M. Ware, C. Ottaviani, and H. D. Critchley, *Scientific Reports* 7, 2017, https://doi.org/10.1038/srep45273.

27 "The Human Relation with Nature and Technological Nature", P. H. Kahn, R. L. Severson, and J. H. Ruckert, *Current Directions in Psychological Science* 18, 2009, https://doi.org/10.1111/j.1467-8721.2009.01602.x.

28 "Our Better Nature: How the Great Outdoors Can Improve Your Life", M. Kuo, *Hidden Brain* (podcast), NPR, 2018, https://www.npr.org/2018/09/10/6464/13667/our-better-nature-how-the-great-outdoors-can-improve-your-life.

29 "Factors That Can Undermine the Psychological Benefits of Coastal Environment, Exploring the Effect of Tidal State, Presence, and Type of Litter", K. J. Wyles, S. Pahl, K. Thomas, and R. C. Thompson, *Environment and Behavior* 48, 2016, https://doi.org/10.1177/0013916515592177.

30 "Marine Biota and Psychological Well-Being: A Preliminary Examination of Dose-Response Effects in an Aquarium Setting", D. Cracknell, M. P. White, S. Pahl, W. J. Nichols, and M. H. Depledge, *Environment of Behavior* 2016, https://doi.org/10.1177/0013916515597512.

31 "Plastic Waste Inputs from Land into the Ocean", J. R. Jambeck, R. Geyer, C. Wilcox, T. R. Siegler, M. Perryman, A. Andrady, R. Narayan, and K. L. Law, *Science* 347, 2015, https://doi.org/10.1126/science.1260352.

32 "An Ocean of Plastic", J. Cohen, *Current*, University of California, Santa Barbara, 2015, https://www.news.uscb.edu/2015/014985/ocean-plastic.

33 "An Expert Debunks the Most Common Myths About Microplastics", E. Loewe, mindbodygreen, 2019, https://www.mindbodygreen.com/articles/microplastics-101-how-they-impact-our-health-and-the-environment.

34 Food and Agriculture Organization of the United Nations, *The State of World Fisheries and Aquaculture*, 2018, http://www.fao.org/3/i9540en/i9540en.pdf.

35 "Averting a Global Fisheries Disaster", B. Worm, *Proceedings of the National Academy of Sciences* 113, 2016, https://doi.org/10.1073/pnas.1604008113.

36 "The Oceanic Sink for Anthropogenic CO2 from 1994 to 2007", N. Gruber, D. Clement, B. R. Carter, R. A. Feely, S. van Heuven, M. Hoppema, M. Ishii, et al., Science 363, 2019, https://doi.org/10.1126/science.aau5153.

37 "The Diver: Sylvia Earle", C. Gutsch, *Atmos*, 2020, https://atmos.earth/sylvia-earle-cyrill-gutsch-ocean-interview.

3장 산과 고지대, 세상을 바라보는 관점의 변화

1 Food and Agriculture Organization of the United Nations, *Mapping the Vulnerability of Mountain Peoples to Food Insecurity*, 2015, http://www.fao.org/3/i5175e/i5175e.pdf.

2 "The Great Outdoors: How a Green Exercise Environment Can Benefit All", V. F. Gladwel, D. K. Brown, C. Wood, G. R. Sandercock, and J. L. Barton, *Extreme Physiology and Medicine* 2, 2013, https://doi.org/10.1186/2046-7648-2-3.

3 "Can Simulated Green Exercise Improve Recovery from Acute Mental Stress?", J. J. Wooller, M. Rogerson, J. Barton, D. Micklewright, and V. Gladwell, *Frontiers in Psychology* 9, 2018, https://doi.org/10.3389/fpsyg.2018.02167.

4 "Influences of Green Outdoors Versus Indoors Environmental Settings on

Psychological and Social Outcomes of Controlled Exercise", M. Rogerson, V. Gladwell, D. Gallagher, and J. Barton, *International Journal of Environmental Research and Publick Health* 13, 2016, https://doi.org/10.3390/ijerph13040363.

5 "The Mental and Physical Health Outcomes of Green Exercise", J. Pretty, J. Peacock, M. Sellens, and M. Griffin, *International Journal of Environmental Health Research* 15, 2005, https://doi.org/10.1080/09603120500155963.

6 "Hiking: A Low-Cost, Accessible Intervention to Promote Health Benefits", D. Mitten, J. R. Overholt, F. I. Haynes, C. C. D'Amore, and J. C. Ady, *American Journal of Lifestyle Medicien* 12, 2016, https://doi.org/10.1177/1559827616658229.

7 "Nature Experience Reduces Rumination and Subgenual Prefrontal Cortex Activation", G. N. Bratman, J. P. Hamilton, K. S. Hahn, G. C. Daily, and J. J. Gross, *Proceedings of the National Academy of Sciences* 112, 2015, https://doi.org/10.1073/pnas.1510459112.

8 "The Restorative Benefits of Nature: Toward an Integrative Framework", S. Kaplan, *Journal of Environmental Psychology* 15, 1995, https://doi.org/10.1016/0272-4944(95)90001-2.

9 "Why Is Earth So Biologically Diverse? Mountains Hold the Answer", University of Copenhagen, ScienceDaily, 2019, https://www.sciencedaily.com/releases/2019/09/190912140454.htm.

10 *The Hindu Kush Himalaya Assessment: Mountains, Climate Change, Sustainability, and People*, P. Wester, A. Mishra, A. Mukherji, and A. B. Shrestha, eds., Springer, 2019, https://doi.org/10.1007/978-3-319-92288-1.

11 "Geomorphic Controls on Elevational Gradients of Species Richness", E. Bertuzzo, F. Carrara, L. Mari, F. Altermatt, I. Rodriguez-Iturbe, and A. Rinaldo, *Proceedings of the National Academy of Sciences* 113, 2016, https://doi.org/10.1073/pnas.1518922113.

12 "Psychological Benefits of Greenspace Increase with Biodiversity", A. R. Fuller, K. N. Irvine, P. Devine-Wright, P. H. Warren, and K. J. Gaston, *Biology Letters* 3, 2007, https://doi.org/10.1098/rsbl.2007.0149.

13 "The Nature of Awe: Elicitors, Appraisals, and Effects on Self-Concept", M. N. Shiota, D. Keltner, and A. Mossman, *Cognition and Emotion* 21, 2007, https://doi.org/10.1080/02699930600923668.

14 "Why Awe Promotes Prosocial Behaviors? The Mediating Effects of Future Time

Perspective and Self-Transcendence Meaning of Life", J.-J. Li, K. Dou, Y.-J. Wang, and Y.-G. Nie, *Frontiers in Psychology* 10, 2019, https://doi.org/10.3389/fpsyg.2019.01140.

15 "Comparing Spiritual Transformations and Experiences of Profound Beauty", A. B. Cohen, J. Gruber, and D. Keltner, *Psychology of Religion and Spirituality* 2, 2010, https://doi.org/10.1037/a0019126.

16 "Transcendence and Sublime Experience in Nature: Awe and Inspiring Energy", L. C. Bethelmy and J. A. Corraliza, *Frontiers in Psychology* 10, 2019, https://doi.org/10.3389/fpsyg.2019.00509.

17 "Do Mountains Inspire Creativity?", N. Morgan, *Psychology Today*, 2019, https://www.psychologytoday.com/us/blog/in-the-mountains/201909/do-mountains-inspire-creativity.

18 "Awe Expands People's Perception of Time, Alters Decision Making, and Enhances Well-Being", M. Rudd, K. D. Vohs, and J. Aaker, *Psychological Science* 23, 2012, https://doi.org/10.1177/0956797612438731.

19 "Let's Talk About 'Awe'", M Shiota, YouTube, 2018, https://www.youtube.com/watch?v=1o2XkcftsMQ.

20 "Awe in Nature Heals: Evidence from Military Veterans, At-Risk Youth, and College Students," C. L. Anderson, M. Monroy, and D. Keltner, *Emotion* 18, 2018, https://doi.org/10.1037/emo0000442.

21 "What Awe in Nature Does for Us", *Outside Podcast*, 2019, https://www.outsideonline.com/2400026/science-of-awe-nature-mental-health.

22 《자연이 마음을 살린다》(플로렌스 윌리엄스 지음, 문희경 옮김, 더퀘스트, 2018)

23 *These Mountains Are Our Sacred Places: The Story of the Stoney People*, Chief J. Snow, Fifth House, 2005.

24 《원형과 무의식》(칼 구스타프 융 지음, 정명진 옮김, 부글북스, 2024)

25 *In the Mountains: The Health and Wellbeing Benefits of Spending Time at Altitude*, N. Morgan, Octopus Publishing Group, 2019.

26 《자연이 마음을 살린다》(플로렌스 윌리엄스 지음, 문희경 옮김, 더퀘스트, 2018)

27 《온 트레일스》(로버트 무어 지음, 전소영 옮김, 와이즈베리, 2017)

28 "Expand Your Breath, Expand Your Time: Slow Controlled Breathing Boosts Time Affluence", M. Rudd, *NA-Advances in Consumer Research* 42, 2014, https://www.acrwebsite.org/volumes/1017176/volumes/v42/NA-42.

29 "How to Make Your Midday Walk a More Mindful Experience, from a 'Walking Professor'", E. Loewe, mindbodygreen, 2019, https://www.mindbodygreen.com/articles/how-to-make-your-midday-walk-a-more-mindful-experience-from-a-walking-professor.

30 "What's Wrong with Virtual Trees? Restoring from Stress in a Mediated Environment", Y. A. W. de Kort, A. L. Meijnders, A. A. G. Sponselee, and W. A. IJsselsteijn, *Journal of Environmental Psychology* 26, 2006, https://doi.org/10.1016/j.jenvp.2006.09.001.

31 "Nepal Everest Cleanup Drive Yields Garbage, Bodies", B. Gurubacharya, AP News, 2019, https://apnews.com/article/f8dc96c20a304590838c47c599f82585.

32 "Topography and Human Pressure in Mountain Ranges Alter Expected Species Responses to Climate Change", P. R. Elsen, W. B. Monahan, and A. M. Merenlender, *Nature Communications* 11, 2020, https://doi.org/10.1038/s41467-020-15881-x.

33 Congressional Research Service, *Federal Land Ownership: Overview and Data*, 2020, https://fas.org/sgp/crs/misc/R42346.pdf.

34 "Climate Change Causes Upslope Shifts and Mountaintop Extirpations in a Tropical Bird Community", B. G. Freeman, M. N. Scholer, V. Ruiz-Gutierrez, and J. W. Fitzpatrick, *Proceedings of the National Academy of Sciences* 115, 2018, https://doi.org/10.1073/pnas.1804224115.

4장 숲과 나무, 지혜와 영감을 채우는 시간

1 Food and Agriculture Organization of the United Nations, FRA 2000: *On Definitions of Forest and Forest Change*, 2000, http://www.fao.org/3/ad665e/ad665e03.htm.

2 "Forest Area(% of Land Area): Data", World Bank, 2016, https://data.worldbank.org/indicator/AG.LND.FRST.ZS.

3 "Goal 15: Biodiversity, Forests, Desertification", United Nations Sustainable Development Goals, 2020, https://www.un.org/sustainabledevelopment/biodiversity.

4 《자연치유》(칭 리 지음, 심우경 옮김, 푸른사상, 2019)

5 《자연치유》(칭 리 지음, 심우경 옮김, 푸른사상, 2019)

6 "A Comparative Study of the Physiological and Psychological Effects of Forest

Bathing(Shinrin-yoku) on Working Age People with and without Depressive Tendencies", A. Furuyashiki, K. Tabuchi, K. Norikoshi, T. Kobayashi, and S. Qriyama, *Environmental Health and Preventive Medicine* 24, 2019, https://doi.org/10.1186/s12199-019-0800-1.

7 "A Before and After Comparison of the Effects of Forest Walking on the Sleep of a Community-Based Sample of People with Sleep Complaints", E. Morita, M. Imai, M. Okawa, T. Miyaura, and S. Miyazaki, *BioPsychoSocial Medicine* 5, 2011, https://doi.org/10.1186/1751-0759-5-13.

8 "Net Transfer of Carbon Between Ectomycorrhizal Tress Species in the Field", S. W. Simard, D. A. Perry, M. D. Jones, D. D. Myrold, D. M. Durall, and R. Molina, *Nature 388*, 1997, https://doi.org/10.1038/41557.

9 "Characteristics and Distribution of Terpenes in South Korean Forests", J. Lee, K. S. Cho, Y. Jeon, J. B. Kim, Y. Lim, K. Lee, and L.-S Lee, *Journal of Ecology and Environment* 41, https://doi.org/10.1186/s41610-017-0038-z.

10 "Physiological and Psychological Effects of Olfactory Stimulation with D-limonene", D. Joung, C. Song, H. Ikei, T. Okuda, M. Igarashi, H. Koizumi, B. J. Park, et al. *Advances in Horticultural Science* 28, 2014, https://doi.org/10.13128ahs-22808.

11 "Effects of Olfactory Stimulation by α-pinene on Autonomic Nervous Activity", H. Ikei, C. Song, and Y. Miyazaki, *Journal of Wood Science* 62, 2016, https://doi.org/10.1007/s10086-016-1576-1.

12 "Autonomic Responses During Inhalation of Natural Fragrance of 'Cedrol' in Humans", S. Dayawansa, K. Umeno, H. Takakura, E. Hori, E. Tabuchi, Y. Nagashima, H. Oosu, et al. *Autonomic Neuroscience* 108, 2003, https://doi.org/10.1016/j.autneu.2003.08.002.

13 《자연치유》(칭 리 지음, 심우경 옮김, 푸른사상, 2019)

14 "Health Effects of a Forest Environment on Natural Killer Cells in Humans: An Observational Pilot Study", T.-M. Tsao, M.-J. Tsai, J.-S. Hwang, W.-F. Cheng, C.-F. Wu, C.-C. K. Chou, and T.-C. Su, *Oncotaget 9*, 2018, https://doi.org/10.18632/oncotarget.247471.

15 "Effect of Viewing Real Forest Landscapes on Brain Activity", C. Song, H. Ikei, T. Kagawa, and Y. Miyazaki, *Sustainability* 12, 2020, https://doi.org/10.3390/su12166601.

16 "View Through a Window May Influence Recovery from Surgery", R. Ulrich,

Science 224, 1984, https://doi.org/10.1126/science.6143402.

17 "Investigations of Human EEG Response to Viewing Fractal Patterns", C. M. Hagerhall, T. Laike, R. P. Taylor, M. Kuller, R. Kuller, and T. P. Martin, *Perception* 37, 2008, https://doi.org/10.1068/p5918.

18 "When Complex Is Easy on the Mind: Internal Repetition of Visual Information in Complex Objects Is a Source of Perceptual Fluency", Y. Joye, L. Steg, A. B. Unal, and R. Pals, *Journal of Experimental Psychology: Human Perception and Performance* 42, https://doi.org/10.1037/xhp0000105.

19 "The Analysis of the Influence of Fractal Structure of Stimuli on Fractal Dynamics in Fixational Eye Movements and EEG Signal", H. Namazi, V. V. Kulish, and A. Akrami, *Scientific Reports* 6, 2016, https://doi.org/10.1038/srep26639.

20 "Fractal Fluency: An Intimate Relationship Between the Brain and Processing of Fractal Stimuli", R. P. Taylor and B. Spehar, editor A. Di Ieva, *The Fractal Geometry of the Brain*, 2016, https://link.springer.com/chapter/10.1007%2F978-1-4939-3995-4_30.

21 《나무 수업》(페터 볼레벤 지음, 장혜경 옮김, 위즈덤하우스, 2016)

22 "Tree and Forest Effects on Air Quality and Human Health in the United States", D. J. Nowak, S. Hirabayashi, A. Bodine, and E. Greenfield, *Environmental Pollution* 193, https://doi.org/10.1016/j.envpol.2014.05.028.

23 "Tree and Forest Effects on Air Quality and Human Health in the United States", Nowak, Hirabayashi, Bodine, and Greenfield, 2014, 링크된 홈페이지의 Read full-text 참조 https://www.researchgate.net/publication/263856845_Tree_and_Forest_Effects_on_Air_Quality_and_Human_Health_in_the_United_States.

24 "Long-Term Exposure to Ambient Air Pollutants and Mental Health Status: A Nationwide Population-Based Cross-Sectional Study", J. Shin, J. Y. Park, and J. Choi, *PLOS ONE* 13, 2018, https://doi.org/10.1371/journal.pone.0195607.

25 "Possible Biological Mechanisms Linking Mental Health and Heat—a Contemplative Review", M. Lohmus, *International Journal of Environmental Research and Public Health* 15, 2018, https://doi.org/10.3390/ijerph15071515.

26 "Physiological and Psychological Efeects of Forest and Urban Sounds Using High-Resolution Sound Sources", H. Jo, C. Song, H. Ikei, S. Enomoto, H. Kobayashi, and Y. Miyazaki, *International Journal of Environmental Research and Public Health* 16, https://doi.org/10.3390/ijerph16152649.

27 "Relaxing Effect Induced by Forest Sound in Patients with Gambling Disorder", H. Ochiai, C. Song, H. Jo, M. Oishi, M. Imai, and Y. Miyazaki, *Sustainability* 12, 2020, https://doi.org/10.3390/su12155969.

28 "Inducing Physiological Stress Recovery with Sounds of Nature in a Virtual Reality Forest — Results from a Pilot Study", M. Annerstedt, P. Jonsson, M., Wallergard, G. Johansson, B. Karlson, P. Grahn, A. M. Hansen, and P. Wahrborg, *Physiology&Behavior* 118, 2013, https://doi.org/10.1016/j.physbeh.2013.05.023.

29 "Physiological Effects of Touching Wood", H. Ikei, C. Song, and Y. Miyazaki, *International Journal of Environmental Research and Public Health* 14, 2017, https://doi.org/10.3390/ijerph14070801.

30 《발밑의 미생물 몸속의 미생물》(데이비드 몽고메리, 앤 비클레 지음, 권예리 옮김, 눌와, 2019)

31 "Ecological Network Analysis Reveals the Inter-connection Between Soil Biodiversity and Ecosystem Function as Affected by Land Use Across Europe", R. E. Creamer, S. E. Hannula, J. P. Van Leeuwen, D. Stone, M. Rutgers, R. M. Schmelz, P. C. de Ruiter, et al., *Applied Soil Ecology* 97, 2016, https://doi.org/10.1016/j.apsoil.2015.08.006.

32 "Identification and Characterization of a Novel Anti-inflammatory Lipid Isolated from Mycobacterium vaccae, a Soil-Derived Bacterium with Immunoregulatory and Stress Resilience Properties", D. G. Smith, R. Martinelli, G. S. Besra, P. A. Illarionov, I. Szatmari, P. Brazda, M. A. Allen, et al., *Psychopharmacology* 236, 2019, https://doi.org/10.1007/s00213-019-05253-9.

33 "Immunization with Mycobacterium vaccae Induces an Anti-Inflammatory Milieu in the CNS: Attenuation of Stress-Induced Microglial Priming, Alarmins and Anxiety-Like Behavior", M. G. Frank, L. K. Fonken, S. D. Dolzani, J. L. Annis, P. H. Siebler, D. Schmidt, L. R. Watkins, et al., *Brian, Behavior, and Immunity* 73, 2018, https://doi.org/10.1016/j.bbi.2018.05.020.

34 *The Healing Magic of Forest Bathing: Finding Calm, Creativity, and Connection in the Natural World*, J. Plevin, Ten Speed Press. 2019.

35 "Walking in 'Wild' and 'Tended' Urban Forests: The Impact on Psychological Effects of Viewing Forest Landscapes in Autumn Season", D. Martens, H. Gutscher, and N. Bauer, *Journal of Environmental Psychology* 31, 2011, https://doi.org/10.1016/j.jenvp.2010.11.001.

36 "The Prefrontal Cortex Activity and Psychological Effects of Viewing Forest Landscapes in Autumn Season", D. Joung, G. Kim, Y. Choi, H. J. Lim, S. Park, J.-M. Woo, and B.-J.Park, *International Journal of Environmental Research and Public Health* 12, 2015, https://doi.org/10.3390/ijerph120707235.

37 "Effect of Viewing Real Forest Landscapes on Brain Activity", C. Song, H. Ikei, T. Kagawa, and Y. Miyazaki, *Sustainability* 12, 2020, https://doi.org/10.3390/su12166601.

38 "Jane Goodall Talks COVID, Conservation, and Her Hope for the Future", E. Loewe, mindbodygreen, 2020, https://www.mindbodygreen.com/articles/jane-goodall-covid-q-and-a.

39 "Cure Yourself of Tress Blindness", G. Popkin, *New York Times*, 2017, https://www.nytimes.com/2017/08/26/opinion/sunday/cure-yourself-of-tree-blindness.html.

40 《오버스토리》(리처드 파워스 지음, 김지원 옮김, 은행나무, 2019)

41 "We're Completely Alienated from Everything Else Alive", E. John, *Guardian*, 2018, https://www.theguardian.com/books/2018/jun/16/richard-powers-interview-overstory.

42 《자연치유》(칭 리 지음, 심우경 옮김, 푸른사상, 2019)

43 "Effect of Phytoncide from Trees on Human Natural Killer Cell Function", Q. Li, M. Kobayashi, Y. Wakayama, H. Inagaki, M. Katsumata, Y. Hirata, K. Hirata, et al., *International Journal of Immunopathology and Pharmacology* 22, 2009, https://doi.org/10.1177/039463200902200410.

44 "Forest Protection", Project Drawdown, 2020, https://drawdown.org/solutions/forest-protection.

45 "Mapping Tree Density at a Global Scale", T. W. Crowther, H. B. Glick, K. R. Covey, C. Bettigole, D. S. Maynard, S. M. Thomas, J. R. Smith, et al., *Nature* 525, 2015, https://doi.org/10.1038/nature14967.

46 "Protecting Intact Forests Requires Holistic Approaches", R. L. Chazdon, *Nature Ecology&Evolution* 2, 2018, https://doi.org/10.1038/s41559-018-0546-y.

47 Regreening Africa home page, n.d., https://regreeningafrica.org.

48 "How Close Are We to the Temperature Tipping Point of the Terrestrial Biosphere?", K. A. Duffy, C. R. Schwalm, V. L. Arcus, G. W. Koch, L. L. Liang, and L. A. Schipper, *Science Advances* 7, 2021, https://doi.org/10.1126/sciadv.aay1052.

5장 눈과 빙하, 마음이 회복되는 거대한 힘

1 "The Impact of Weather on Summer and Winter Exercise Behaviors", A. L. Wagner, F. Keusch, T. Yan, and P. J. Clarke, *Journal of Sport and Health Science* 8, 2019, https://doi.org/10.1016/j.jshs.2016.07.007.

2 "Going Outside—Even in the Cold—Improves Momory, Attention", Vice President for Communication, University of Michigan News, 2008, https://news.umich.edu/going-outsideeven-in-the-coldimproves-memory-attention.

3 "Who Is 'The Iceman' Wim Hof", Wim Hof Method, https://www.wimhofmethod.com/iceman-wim-hof.

4 TEDxAmsterdam, Wim Hof, TED Talks, 2010, https://www.youtube.com/watch?v=L9Cgaa8U4eY.

5 "The Wonders of Winter Workouts", Harvard Health Publishing, Harvard Medical School, 2018, https://www.health.harvard.edu/staying-healthy/the-wonders-of-winter-workouts.

6 "Adapted Cold Shower as a Potential Treatment for Depression", N. A. Shevchuk, *Medical Hypotheses* 70, 2008, https://doi.org/10.1016/j.mehy.2007.04.052.

7 One Square Inch of Silence home page, https://onesquareinch.org.

8 "Military Flights Threaten the Wilderness Soundscapes of the Olympic Peninsula, Washington", L. M. Kuehne and J. D. Olden, *Northwest Science* 94, 2020, https://doi.org/10.3955/046.094.0208.

9 *Burden of Disease from Environmental Noise: Quantification of Healthy Life Years Lost in Europe*, World Health Organization, Regional Office for Europe, 2011, https://apps.who.int/iris/bitstream/handle/10665/326424/9789289002295-eng.pdf.

10 Order of Cistercians of the Strict Observance, *Constitutions of the Monk*, 2016, https://ocso.org/wp-content/uploads/2016/05/1-Const-Monks-Oct-2016-EN.pdf.

11 "American Time Use Survey—2012 Results", Bureau of Labor Statistics, US Department of Labor, 2013, https://www.bls.gov/news.release/archives/atus_06202013.pdf.

12 2014년 한 연구는 아무것도 하지 않고 생각만 하는 시간을 얼마나 잘 견디는지 알아보기 위해 두 가지 실험을 했다. 첫 번째 실험에서는 대학생 55명에게 긍정적 자극(해변 사진, 기타 선율 등)과 부정적 자극(약한 전기 충격, 기분 나쁜 소리 등)을 준 다음, 이 자극 중 한 가지를 다시 한번 받기 위해, 혹은 다시 안 받기 위

해 5달러를 기꺼이 낼 수 있는 자극은 무엇인가 질문했다. 두 번째 실험에서는 대학생들에게 15분간 생각만으로 시간을 보내게 했는데, 그동안 참가자들은 희망하는 경우 부정적 자극을 받을 수 있었다. 앞서 전기 충격을 피하고자 5달러를 내겠다고 대답한 참가자의 64퍼센트가 이 시간 동안 전기 충격을 받겠다고 적어도 한 번 선택했다―옮긴이 주. "Just Think: The Challenges of the Disengaged Mind", T. D. Wilson, D. A. Reinhard, E. C. Westgate, D. T. Gilbert, N. Ellerbeck, C. Hahn, C. L. Brown, and A. Shaked, *Science* 345, 2014, https://doi.org/10.1126/science.1250830.

13 "Cardiovascular, Cerebrovascular, and Respiratory Changes Induced by Different Types of Music in Musicians and Non-musicians: The Importance of Silence", L. Bernardi, C. Porta, and P. Sleight, *Heart* 92, 2005, https://doi.org/10.1136/htr.205.064600.

14 《북극을 꿈꾸다》(배리 로페즈 지음, 신해경 옮김, 봄날의책, 2014)

15 *Basin and Range*, J. McPhee, Farrar, Straus and Giroux, 1982, http://web.mit.edu/allanmc/www/mcphee.pdf.

16 "Global Temperature", NASA, Global Climate Change: Vital Signs of the Planet, n.d., https://climate.nasa.gov/vital-signs/global-temperature/; "State of the Climate: 2020 on Course to Be Warmest Year on Record," Z. Hausfather, Carbon Brief, 2020, https://www.carbonbrief.org/state-of-the-climate-2020-on-course-to-be-warmest-year-on-record.

17 "The Changing Arctic: A Greener, Warmer, and Increasingly Accessible Region", National Oceanic and Atmospheric Administration, US Department of Commerce, 2017, https://www.noaa.gov/explainers/changing-arctic-greener-warmer-and-increasingly-accessible-region

18 "Interactive: When Will the Arctic See Its First Ice-Free Summer?", D. Dunne, 2020, https://interactive.carbonbrief.org/when-will-the-arctic-see-its-first-ice-free-sumer.

19 《지구를 위한 비가》(다르 자마일 지음, 최재봉 옮김, 경희대학교출판문화원, 2022)

20 "Permafrost and the Global Carbon Cycle", T. Schuur, NOAA Arctic Program, 2019, https://arctic.noaa.gov/Report-Card/Report-Card-2019/ArtMID/7916/ArticleID/844/Permafrost-and-the-Global-Carbon-Cycle.

21 "Okjokull Remebered", K. Hansen, NASA Earth Observatory, 2019, https://earthobservatory.nasa.gov/images/145439/okjokull-remembered.

22 《플랜 드로다운》(폴 호컨 엮음, 이현수 옮김, 글항아리사이언스, 2019)

23 "How the Antarctic Icefish Lost Its Red Blood Cells but Survived Anyway", F. Jabr, Scientific American Blog Network, 2012, https://blogs.scientificamerican.com/brainwaves/how-the-antarctic-icefish-lost-its-red-blood-cells-but-survived-anyway.

6장 사막과 건조지, 내 안의 두려움과 맞서기

1 "Vitamin D and Depression: A Critical Appraisal of the Evidence and Future Directions", V. Menon, S. K. Kar, N. Suthar, and N. Nebhinani, *Indian Journal of Psychological Medicine* 42, 2020, https://doi.org/10.4103/ijpsym.ijpsym_160_19.

2 "Effect of Exercise in a Desert Environment on Physiological and Subjective Measures", J. W. Navalta, N. G. Bodell, E. A. Tanner, C. D. Aguilar, and K. N. Radzak, *International Journal of Environmental Health Research* 31, 2019, https://doi.org/10.1080/09603123.2019.1631961.

3 "Sauna Bathing Is Inversely Associated with Dementia and Alzheimer's Disease in Middle-Aged Finnish Men", T. Laukkanen, S. Kunutsor, J. Kauhanen, and J. A. Laukkanen, *Age and Ageing* 46, 2016, https://doi.org/10.1093/ageing/afw212.

4 "Effects of Charcoal Kiln Saunas(Jjimjilbang) on Psychological States", S. Hayasaka, Y. Nakamura, E. Kajii, M. Ide, Y. Shibata, T. Noda, C. Murata, et al., *Complementary Therapies in Clinical Practice* 14, 2008, https://doi.org/10.1016/j.ctcp.2007.12.004.

5 "Harnessing the Four Elements for Mental Health", J. Sarris, M. de Manincor, F. Hargraves, and J. Tsonis, *Frontiers in Psychiatry* 10, 2019, https://doi.org/10.3389/fpsyt.2019.00256.

6 "The Effect of Heat on Tissue Extensibility: A Comparison of Deep and Superficial Heating", V. J. Robertson, A. R. Ward, and P. Jung, *Archives of Physical Medicine and Rehabilitation* 86, 2005, https://doi.org/10.1016/j.apmr.2004.07.353.

7 "Looking for Creativity: Where Do We Look When We Look for New Ideas?", C. Salvi and E. M. Bowden, *Frontiers in Psychology* 7, 2016, https://doi.org/10.3389/jpsyg.2016.00161.

8 《식물의 세계》(조너선 드로리 지음, 루실 클레르 그림, 조은영 옮김, 시공사, 2021)

9 *The Nature of Desert Nature*, G. P. Nabhan, Univ. of Arizona Press, 2020.

10 《사막의 고독》(에드워드 애비 지음, 황의방 옮김, 라이팅하우스, 2023)

11 "Why Now?", United Nations, United Nations Decade for Deserts and the Fight Against Desertification, 2020, https://www.un.org/en/events/desertification_decade/whynow.shtml.

12 Sow a Heart Farm home page, n.d., https://www.sowaheart.com.

13 "USDA Subsidies in the United States Totaled $424.4 Billion from 1995-2020", Environmental Working Group, EWG's Farm Subsidy Database, 2020, https://farm.ewg.org/progdetail.php?fips=00000&progcode=totalfarm⊙ionname=theUnitedStateS.

14 "Commodity Subsidies in the United States Totaled $240.5 Billion from 1995-2020", Environmental Working Group, EWG's Farm Subsidy Database, 2020, https://www.nass.usda.gov/Publications/Highlights/2019/2017Census_Farm_Producers.pdf.

15 Farm Producers: Revised Census Questions Provide Expanded Demographic Information, USDA, *Farm Producers*, 2017, https://www.nass.usda.gov/Publications/Highlights/2019/2017Census_Farm_Producers.pdf.

16 Regenerative Agriculture Alliance home page, n.d., https://www.regenagalliance.org.

17 "World Losing 2,000 Hectares of Farm Soil Daily to Salt-Induced Degradation", United Nations University, 2014, https://unu.edu/media-relations/releases/world-losing-2000-hectares-of-farm-soil-daily-to-salt-induced-degradation.html.

18 "Curbing Desertification in China", World Bank, 2019, https://www.worldbank.org/en/news/feature/2019/07/04/china-fighting-desertification-and-boosting-incomes-in-ningxia.

19 "Twentieth-Century Climate Change over Africa: Seasonal Hydroclimate Trends and Sahara Desert Expansion", N. Thomas and S. Nigam, *Journal of Climate* 31, 2018, https://doi.org/10.1175/jcli-d-17-0187.1.

20 "Living in China's Expanding Deserts", J. Haner, E. Wong, D. Watkins and J. White, *New York Times*, 2016, https://www.nytimes.com/interactive/2016/10/24/world/asia/living-in-chinas-expanding-deserts.html.

21 "Effect of Saharan Dust on the Association Between Particulate Matter and Daily Mortality in Rome, Italy", S. Mallone, M. Stafoggia, A. Faustini, S. Gobbi, F. Forastiere, and C. A. Perucci, *Epidemiology* 20, 2009, https://doi.org/10.1097/01.ede.0000362907.77717.07.

22 *Sand Talk: How Indigenous Thinking Can Save the World*, T. Yunkaporta, 2020,

HarperOne.

23 "Achieving Land Degradation Neurality in Germany: Implementation Process and Design of a Land Use Change Based Indicator", S. Wunder and R. Bodle, *Environmental Science & Policy* 92, 2019, https://doi.org/10.1016/j.envsci.2018.09.022.

7장 강과 개울, 삶의 여정 되돌아보기

1 "Mystery, Complexity, Legibility, and Coherence: A Meta-analysis", A. E. Stamps, *Journal of Environmental Psychology* 24, 2004, https://doi.org/10.1016/s0272-4944(03)00023-9.

2 *The Experience of Nature: A Psychological Perspective*, R. Kaplan and S. Kaplan, Cambridge Univ. Press, 1989.

3 《강으로》(올리비아 랭 지음, 정미나 옮김, 현암사, 2018)

4 "Neural Correlates of Personalized Spiritual Experiences", L. Miller, I. M. Balodis, C. H. McClintock, J. Xu, C. M. Lacadie, R. Sinha, and M. N. Potenza, *Cerebral Cortex* 29, 2019, https://doi.org/10.1093/cercor/bhy102.

5 "Transcendent Experience in Forest Environments", K. Williams and D. Harvey, *Journal of Environmental Psychology* 21, 2001, https://doi.org/10.1006/jevp.2001.0204.

6 *Religions, Values, and Peak-Experiences*, A. H. Maslow, Penguin Books, 1994.

7 《숭고와 아름다움의 관념의 기원에 대한 철학적 탐구》(에드먼드 버크 지음, 김동훈 옮김, 마티, 2019)

8 "A Qualitative Exploration of the Wilderness Experience as a Source of Spiritual Inspiration", L. M. Fredricson and D. H. Anderson, *Journal of Environmental Psychology* 19, 1999, https://doi.org/10.1006/jevp.1998.0110.

9 "Biodiversity and Spiritual Well-Being", K. N. Irvine, D. Hoesly, R. Bell-Williams, and A. Bonn, Springer, 2019, https://doi.org/10.1007/978-3-030-02318-8_10.

10 "Spending at Least 120 Minutes a Week in Nature Is Associated with Good Health and Wellbeing", M. P. White, I. Alcock, J. Grellier, B. W. Wheeler, T. Hartig, S. L. Warber, A. Bone, et al., *Scientific Reports* 9, 2019, https://doi.org/10.1038/s41598-019-44097-3.

11 "Contact with Nature and Children's Restorative Experiences: An Eye to the Future", S. Collad and H. Staats, *Frontiers in Psychology* 7, 2016, https://doi.

org/10.3389/fpsyg.2016.01885.

12 《자연에서 멀어진 아이들》(리처드 루브 지음, 김주희, 이종인 옮김, 즐거운 상상, 2017)

13 "Peak Experiences in Childhood: An Exploratory Study", E. Hoffman, *Journal of Humanistic Psychology* 38, 1998, https://doi.org/10.1177/00221678980381011.

14 "Then and Now: Examining Older People's Engagement in Outdoor Recreation Across the Life Course", K. Colley, M. J. B. Currie, and K. N. Irvine. *Leisure Sciences* 41, 2017, https://doi.org/10.1080/01490400.2017.1349696.

15 《싯다르타》(헤르만 헤세 지음, 박병덕 옮김, 민음사, 2002)

16 "The Kukama-Kukamiria Documentation Project", R. Vallejos, Department of Linguistics, University of New Mexico, 2017, http://www.unm.edu/%7Ervallejos/kukamaproject.html.

17 *The Sacred Headwaters: The Fight to Save the Stikine, Skeena, and Nass*, W. Davis and D. Suzuki, Greystone Books, 2015.

18 "Extinction of Experience: The Loss of Human-Nature Interactions", M. Soga and K. J. Gaston, *Frontiers in Ecology and the Environment* 14, 2016, https://doi.org/10.1002/fee.1225.

19 "Living in Cities, Naturally", T. Hartig and P. H. Kahn, *Science* 352, 2016, https://doi.org/10.1126/science.aaf3759.

20 "Solastalgia: The Distress Caused by Environmental Change", G. Albrecht, G. M. Sartore, L. Connor, N. Higginbotham, S. Fressman, B. Kelly, H. Stain, et al., supplement, *Australasian Psychiatry* 15, 2007, https://doi.org/10.1080/10.98560701701288.

21 *Awake in the Wild: Mindfulness in Nature as a Path of Self-Discovery*, M. Coleman and J. Kornfield, New World Library, 2006.

22 《아티스트 웨이》(줄리아 캐머런 지음, 임지호 옮김, 경당, 2012)

23 "Human Impacts on Global Freshwater Fish Biodiversity", G. S M. Logez, J. Xu, S. Tao, S. Villeger, and S. Brosse, *Science*, 2021, https://doi.org/science.abd3369.

24 *Living Planet Index: Technical Report*, IUCN, WWF, World Fish Migration Foundation, Nature Conservancy, and ZSL, S. Deinet, K. Scott-Gatty, H. Rotton, W. M. Twardex, V. Marconi, L. McRae, L. J. Baumgartner, et al., 2020, https://worldfishmigrationfoundation.com/wp-content/uploads/2020/07/LPI_report_2020.pdf.

25 "River and Lakes Are the Most Degraded Ecosystems in the World", S. Vovgren, *National Geographic*, 2021, https://www.nationalgeographic.com/environment/article/rivers-and-lakes-are-most-degraded-ecosystems-in-world-can-we-save-them.

26 *The Hardest Working River in the West: Common-Sense Solutions for a Reliable Water Futre for the Colorado River Basin*, American Rivers and Western Resource Advocates, 2014, https://westernresourceadvocates.org/wp-content/uploads/dlm_uploads/2015/07/CO_River_Solutions_Whitepaper.pdf.

27 *Downriver: Into the Future of Water in the West*, H. Hansman, Univ. of Chicago Press, 2019.

28 "What Is Rights of Nature?", Global Alliance for the Rights of Nature, https://www.therightsofnature.org/what-is-rights-of-nature.

29 Te Awa Tupua(Whanganui River Claims Settlement) Act 2017, New Zealand Legislation, https://www.legislation.govt.nz/act/public/2017/0007/latest/whole.html.

30 Rights of Rivers: *A Global Survey of the Rapidly Developing Rights of Nature Jurisprudence Pertaining to Rivers*, Cyrus R. Vance Center for International Justice, Earth Law Center, and International Rivers, 2020, https://static1.squarespace.com/static/55914fd1e4b01fb0b851a814/t/5f760119bde1f0691fc7c7e0/1601569082236/Rights+of+Rivers+Report_Final.pdf.

31 "Bangladesh High Cour Declares Country's Rivers 'Legal Persons'", Agence France-Presse, NDTV, 2019, https://www.ndtv.com/world-news/bangladesh-high-court-declares-countrys-rivers-legal-persons-2063061.

32 "Universal Declaration of the Rights of Rivers", Earth Law Center, 2020, https://static1.squarespace.com/static/55914fd1e4b01fb0b851a814/t/5c93e932ec212d197abf81bd/1553197367064/Universal+Declaration+of+the+Rights+of+Rivers_Final.pdf.

33 "Water Pollution: River Bugs Find New Homes on Trash—Study", V. Yurk, *Greenwire*, E&E News, 2021, https://www.eenews.net/greenwire/stories/1063723673.

34 "National Rivers and Streams Assessment 2013-14 Key Findings", United States Environmental Protection Agency, 2014, https://www.epa.gov/national-aquatic-resource-surveys/national-rivers-and-streams-assessment-2013-14-key-

findings.

35 "Global Boom in Hydropower Dam Construction," C. Zarfl, A. Lumsden, J. Berlekamp, L. Tydecks, and K. Tockner, *Aquatic Sciences* 77, 2015, https://doi. org/10.1007/s00027 – 014 – 0377 – 0.

36 "Mapping the World's Free-Flowing Rivers", G. Grill, B. Lehner, M. Thieme, B. Geenen, D. Tickner, F. Antonelli, S. Babu, et al., *Nature* 569, 2019, https://doi. org/10.1038/s41586-019-1111-9.

37 *Downriver*, Hansman.

38 "Barriers to Fish Migration", NOAA, hppts://www.fisheries.noaa.gov/insight/ barriers-fish-migration.

8장 도시와 시가지, 일상에서 만나는 작은 치유

1 "Sixty-Eight Percent of the World Population Projected to Live in Urban Areas by 2050, Says UN", United Nations Department of Economic and Social Affairs, 2018, https://www.un.org/development/desa/en/news/population/2018-revision- of-world-urbanization-prospects.html.

2 "Rural-Urban Differences in the Prevalence of Major Depression and Associated Impairment", J. L. Wang, *Social Psychiatry and Psychiatric Epidemiology* 39, 2004, https://doi.org/10.1007/s00127-004-0698-8.

3 "(Un)Healthy in the City: Respiratory, Cardiometabolic, and Mental Health Associated with Urbanity", W. L. Zijlema, B. Klijs, R. P. Stolk, and J. G. M. Rosmalen, *PLOS ONE* 10, 2015, https://doi.org/10.1371/journal.pone.0143910.

4 "Do Cities or Suburbs Offer Higher Quality of Life? Intrametropolitan Location, Activity Patterns, Access, and Subjective Well-Being", E. A. Morris, *Cities* 89, 2019, https://10.1016/j.cities.2019.02.012.

5 "The Current Status of Urban-Rural Differences in Psychiatric Disorders", J. Peen, R. A. Schoevers, A. T. Beekman, and J. Dekker, *Acta Psychiatrica Scandinavica* 121, 2010, https://doi.org/10.1111/j.1600-0447.2009.01438.x.

6 "The Relation Between Past Exposure to Fine Particulate Air Pollution and Prevalent Anxiety: Observational Cohort Study", M. C. Power, M.-A. Kioumourtzoglou, J. E. Hart, O. I. Okereke, F. Laden, and M. G. Weisskopf, *BMJ* 350, 2015, https://doi. org/10.1136/bmj.h1111.

7 "Association of Air Pollution Exposure with Psychotic Experiences During

Adolescence", J. B. Newbury, L. Arseneault, S. Beevers, N. Kitwiroon, S. Roberts, C. M. Pariante, F. J. Kelly, and H. L. Fisher, *JAMA Psychiatry* 76, 2019, https://doi.org/10.1001/jamapsychiatry.2019.0056.

8 "Decibel Hell: The Effects of Living in a Noisy World", R. Chepesiuk, *Environmental Health Perspectives* 113, 2005, https://doi.org/10.1289/ehp.113-a34.

9 "Stress in the City: Brain Activity and Biology Behind Mood Disorders of Urbanites", Douglas Mental Health University Institute, ScienceDaily, 2011, https://www.sciencedaily.com/releases/2011/06/110622135216.htm.

10 "Patterns and Trends in Urban Biodiversity and Landscape Design", N. Muller, M. Ignatieva, C. H. Nilon, P. Werner, and W. C. Zipperer, in *Urbanization, Biodiversity, and Ecosystem Services: Challenges and Opportunities*, Springer, 2013, https://doi.org/10.1007/978-94-007-7088-1_10.

11 "Urban Areas as Hotspots for Bees and Pollination but Not a Panacea for All Insects", P. Theodorou, R. Radzevičiūtė, G. Lentendu, B. Kahnt, M. Husemann, C. Bleidorn, J. Settele, et al., *Nature Communications* 11, 2020, https://doi.org/10.1038/s41467-020-14496-6.

12 "Cities and Wilderness:A New Perspective", I. Kowarik, *International Journal of Wilderness* 19, 2013, https://www.researchgate.net/publication/259389620_Cities_and_wilderness_A_new_perspective.

13 "Richard Louv Wants You to Bond with Wild Animals", *Outside Podcast*, 2019, https://www.outsideonline.com/2405410/our-wild-calling-richard-louv-book-podcast.

14 "Perceived Biodiversity, Sound, Naturalness, and Safety Enhance the Restorative Quality and Wellbeing Benefits of Green and Blue Space in a Neotropical City", J. C. Fisher, K. N. Irvine, J. E. Bicknell, W. M. Hayes, D. Fernandes, J. Mistry, and Z. G. Davies, *Science of the Total Environment* 755, 2021, https://doi.org/10.1016/j.scitotenv.2020.143095.

15 "Go Greener, Feel Better? Urban and Peri-urban Green Areas", G. Carrus, M. Scopelliti, R. Lafortezza, G. Colangelo, F. Ferrini, F. Salbitano, M. Agrimi, et al., *Landscape and Urban Planning* 134, 2015, https://doi.org/10.1016/j.landurbplan.2014.10.022.

16 "The Influence of Urban Green Environments on Stress ReliefMeasures: A Field

Experiment*, L. Tyrvainen, A. Ojala, K. Korpela, T. Lanki, Y. Tsunetsugu, and T. Kagawa, *Journal of Environmental Psychology* 38, 2014, https://doi.org/10.1016/j.jenvp.2013.12.005.

17 "Effects of Urban Street Vegetation on Judgments of Restoration Likelihood", P. J. Lindal and T. Hartig, *Urban Forestry & Urban Greening* 14, 2015, https://doi.org/10.1016/j.ufug.2015.02.001.

18 "Urban Street Tree Biodiversity and Antidepressant Prescriptions", M. R. Marselle, D. E. Bowler, J. Watzema, D. Eichenberg, T. Kirsten, and A. Bonn, *Scientific Reports* 10, 2020, https://doi.org/10.1038/s41598-020-79924-5.

19 "Relationships Between Characteristics of Urban Green Land Cover and Mental Health in U.S. Metropolitan Areas", W.-L. Tsai, M. R. McHale, V. Jennings, O. Marquet, J. A. Hipp, Y.-F. Leung, and M. F. Floyd, *International Journal of Environmental Research and Public Health* 15, 2018, https://doi.org/10.3390/ijerph15020340.

20 "Exposure to Neighborhood Green Space and Mental Health: Evidence from the Survey of the Health of Wisconsin", K. M. M. Beyer, A. Kaltenbach, A. Szabo, S. Bogar, F. J. Nieto, and K. M. Malecki, *International Journal of Environmental Research and Public Health* 11, 2014, https://doi.org/10.3390/ijerph110303453.

21 "Multiple Health Benefits of Urban Tree Canopy: The Mounting Evidence for a Green Prescription", J. M. Ulmer, K. L. Wolf, D. R. Backman, R. L. Tretheway, C. J. A. Blain, J. P. M. O'Neil-Dunne, and L. D. Frank, *Health & Place* 42, 2016, https://doi.org/10.1016/j.healthplace.2016.08.011.

22 "Restoration in Nature: Beyond the Conventional Narrative", T. Hartig, Nature and Psychology: Biological, Cognitive, Developmental, and Social Pathways to Well-Being, Springer Nature, 2021.

23 "Examining Group Walks in Nature and Multiple Aspects of Well-Being: A Large-Scale Study", M. Marselle, K. Irvine, and S. Warber, *Ecopsychology* 6, 2014, httsp://www.liebertpub.com/doi/abs/10.1089/eco.2014.0027.

24 "Acclaimed Environmentalist Paul Hawken on Trump, Greenwashing & the Future of Our Planet", *The mindbodygreen Podcast*, 2018, https://podcast.apple.com/us/podcast/the-mindbodygreen-podcast.

25 "Using Geonarratives to Explore the Diverse Temporalities of Therapeutic Landscapes: Perspectives from 'Green' and 'Blue' Settings", S. L. Bell, B. W.

Wheeler, and C. Phoenix, *Annals of the American Association of Geographers* 107, 2016, https://doi.org/10.1080/24694452.2016.1218269.

26 Susan J. Hewitt's profile, iNaturalist, https://www.inaturalist.org/users/50920.

27 "Restorative Potential, Fascination, and Extent for Designed Digital Landscpe Models", R. Kuper, *Urban Forestry & Urban Greening* 28, 2017, https://doi.org/10.1016/j.ufug.2017.10.002.

28 "The Nature of the View from Home: Psychological Benefits", R. Kaplan, *Environment and Behavior* 33, 2001, https://doi.org/10.1177/00139160121973115.

29 "Window View and Relaxation: Viewing Green Space from a High-Rise Estate Improves Urban Dwellers' Wellbeing", M. Elsadek, B. Liu, and J. Xie, *Urban Forestry & Urban Greening* 55, 2020, https://doi.org/10.1016/j.ufug.2020.126846.

30 "Window View to the Sky as a Restorative Resource for Residents in Densely Populated Cities", S. Masoudinejad and T. Hartig, *Environment and Behavior* 52, 2018, https://doi.org/10.1177/0013916518807274.

31 "Cities and Pollution", United Nations, 2018, https://www.un.org/en/climatechange/climate-solutions/cities-pollution.

32 "Does Green Space Matter? Exploring Relationships Between Green Space Type and Health Indicators", A. Akpinar, C. Barbosa-Leiker, and K. R. Brooks, *Urban Forestry & Urban Greening* 20, 2016, https://doi.org/10.1016/j.ufug.2016.10.013.

33 "Would You Be Happier Living in a Greener Urban Area? A Fixed-Effects Analysis of Panel Data", M. P. White, I. Alcock, B. W. Wheeler, and M. H. Depledge, *Psychological Science* 24, 2013, https://doi.org/10.1177/0956797612464659.

34 "Are Urban Landscapes Associated with Reported Life Satisfaction and Inequalities in Life Satisfaction at the City Level? A Cross-Sectional Study of Six European Cities", J. R. Olsen, N. Nicholls, and R. Mitchell, *Social Science & Medicine* 226, 2019, https://doi.org/10.1016/j.socscimed.2019.03.009.

35 "Achieving Climate Connectivity in a Fragmented Landscape", J. L. McGuire, J. J. Lawler, B. H. McRae, T. A. Nunez, and D. M. Theobald, *Proceedings of the National Academy of Sciences* 113, 2016, https://doi.org/10.1073/pnas.1602817113.

36 "Green Space and Health Equity: A Systematic Review on the Potential of Green Space to Reduce Health Disparities", A. Rigolon, M. H. E. M. Browning, O. McAnirlin, and H. V. Yoon, *International Journal of Environmental Research and Public Health* 18, 2021, https://doi.org/10.3390/ijerph18052563.

37 "Green Gentrification or 'Just Green Enough': Do Park Location, Size, and Function Affect Whether a Place Gentrifies or Not?", A. Rigolon and J. Nemeth, *Urban Studies* 57, 2019, https://doi.org/10.1177/0042098019849380.

38 *Greening Without Gentrification: Learning from Parks-Related Anti-Displacement Strategies Nationwide*, A. Rigolon and J. Christensen, 2019, https://www.ioes.ucla.edu/wp-content/uploads/Greening-without-Gentrification-report-2019.pdf.

39 The Heat Is On, *Trust for Public Land*, 2020, https://www.tpl.org/sites/default/files/The-Heat-is-on_A-Trust-for-Public-Land_special-report_r10.pdf.

40 "GreenEquityHEALTH", Humboldt-Universitat Zu Berlin, https://www.geographie.hu-berlin.de/en/Members-en/1684583/Greenequityhealth.

41 *GreenEquityHEALTH Factsheet Ⅱ : The Value of Urban Parks for Health and Wellbeing*, N. Kabisch, R. KRamer, J. Hemmerling, O. Masztalerz, M. Adam, M. Brenck, et al., 2020, https://www.researchgate.net/publication/343473722_GreenEquityHealth_Factsheet_Ⅱ_-_The_Value_of_Urban_Parks_for_Health_and_Wellbeing.

나오며

1 "Joyful Participation in a World of Sorrows", *Sugar Calling*(podcast), 2020, https://www.nytimes.com/2020/04/15/podcasts/sugar-calling-pico-iyer-coronavirus.html.

리턴 투 네이처

초판 1쇄 인쇄 2024년 9월 2일
초판 1쇄 발행 2024년 9월 11일

지은이 에마 로에베
옮긴이 이성아
펴낸이 최순영

출판1 본부장 한수미
와이즈 팀장 장보라
편집 선세영
디자인 윤정아

펴낸곳 ㈜위즈덤하우스 **출판등록** 2000년 5월 23일 제13-1071호
주소 서울특별시 마포구 양화로 19 합정오피스빌딩 17층
전화 02) 2179-5600 **홈페이지** www.wisdomhouse.co.kr

ISBN 979-11-7171-277-9 03400

"자연은 모든 삶의 출발점이다."

− 라이너 마리아 릴케